全国中等职业技术学校汽车类专业通用教材

Jixie Shitu

机械识图

（第二版）

冯建平　郑小玲　主　编
江爱平　副主编

人民交通出版社股份有限公司
China Communications Press Co.,Ltd.

内 容 提 要

本书是全国中等职业技术学校汽车类专业通用教材,依据《中等职业学校专业教学标准(试行)》以及国家和交通行业相关职业标准编写而成。主要内容包括:图样的基本知识、投影作图、机件形状的表达方法、零件图、常用零件的画法、装配图,共计6个单元。

本书供中等职业学校汽车类专业教学使用,亦可供汽车维修相关专业人员学习参考。

图书在版编目(CIP)数据

机械识图/冯建平,郑小玲主编. —2版. —北京:人民交通出版社股份有限公司, 2016.11

ISBN 978-7-114-13227-8

Ⅰ.①机… Ⅱ.①冯… ②郑… Ⅲ.①机械图—识别—中等专业学校—教材 Ⅳ.①TH126.1

中国版本图书馆CIP数据核字(2016)第171046号

全国中等职业技术学校汽车类专业通用教材

书　　名:机械识图(第二版)

著 作 者:冯建平　郑小玲

责任编辑:闫东坡　郭　跃

出版发行:人民交通出版社股份有限公司

地　　址:(100011)北京市朝阳区安定门外外馆斜街3号

网　　址:http://www.ccpress.com.cn

销售电话:(010)59757973

总 经 销:人民交通出版社股份有限公司发行部

经　　销:各地新华书店

印　　刷:北京市密东印刷有限公司

开　　本:787×1092　1/16

印　　张:10.5

字　　数:241千

版　　次:2004年9月　第1版

2016年11月　第2版

印　　次:2023年1月　第2版　第4次印刷　累计第21次印刷

书　　号:ISBN 978-7-114-13227-8

定　　价:25.00元

第二版前言

FOREWORD

为适应社会经济发展和汽车运用与维修专业技能型紧缺人才培养的需要，交通职业教育教学指导委员会汽车(技工)专业指导委员会于2004年陆续组织编写了汽车维修、汽车电工、汽车检测等专业技工教材、高级技工教材及技师教材，受到广大中等职业学校师生的欢迎。

随着职业教育教学改革的不断深入，中等职业学校对课程结构、课程内容及教学模式提出了更高的要求。《教育部关于深化职业教育教学改革全面提高人才培养质量的若干意见》提出："对接最新职业标准、行业标准和岗位规范，紧贴岗位实际工作过程，调整课程结构，更新课程内容，深化多种模式的课程改革"。为此，人民交通出版社股份有限公司根据教育部文件精神，在整合已出版的技工教材、高级技工教材及技师教材的基础上，依据教育部颁布的《中等职业学校汽车运用与维修专业教学标准(试行)》，组织中等职业学校汽车专业教师再版修订了全国中等职业技术学校汽车类专业通用教材。

此次再版修订的教材总结了全国技工学校、高级技工学校及技师学院多年来的汽车专业教学经验，将职业岗位所需要的知识、技能和职业素养融入汽车专业教学中，体现了中等职业教育的特色。教材特点如下：

1.“以服务发展为宗旨，以促进就业为导向”，加强文化基础教育，强化技术技能培养，符合汽车专业实用人才培养的需求；

2.教材修订符合中等职业学校学生的认知规律，注重知识的实际应用和对学生职业技能的训练，符合汽车类专业教学与培训的需要；

3.教材内容与汽车维修中级工、高级工及技师职业技能鉴定考核相吻合，便于学生毕业后适应岗位技能要求；

4.依据最新国家及行业标准，剔除第一版教材中陈旧过时的内容，教材修订量在20%以上，反映目前汽车的新知识、新技术、新工艺；

5.教材内容简洁，通俗易懂，图文并茂，易于培养学生的学习兴趣，提高学习效果。

《机械识图》是汽车运用与维修专业技术基础课之一，教材主要内容包括：图样的基本知识、投影作图、机件形状的表达方法、零件图、常用零件的画法、装配图，共计6个单元。全书图例均采用三视图与轴测图穿插应用、并列对照。注意零件与部件、汽车零件与装配图的有机结合，尽量采用汽车零件图、装配图等图样。教材编写时，将技术制图与机械制图等国家标准按照课程内容编排于正文或附录中，培养学生贯彻、查询、采用国标的意识和能力。与本教材配套使用的还有习题集及习题集解。

本书由浙江交通技师学院冯建平、郑小玲、江爱平编写，冯建平、郑小玲担任主编，江爱平担任副主编。编写分工为：冯建平编写绪论、单元一；郑小玲编写单元二、单元三、单元四；江爱平编写单元五、单元六。

限于编者经历和水平，教材内容难以覆盖全国各地中等职业学校的实际情况，希望各学校在选用和推广本系列教材的同时，注重总结教学经验，及时提出修改意见和建议，以便再版修订时改正。

编　者

2016年3月

目　录

CONTENTS

绪　论

同学们，当你打开本书，准备潜心学习时，映入眼帘的是一组轿车的平面图（如图 0-1 所示），你想驾驭这辆汽车吗？那就请你首先学习识图知识吧！只有了解、熟悉、掌握这门学科知识，今后才能更好地学习、识读现代各类汽车图纸，从而掌握汽车专业新知识、新工艺、新技术、新方法。

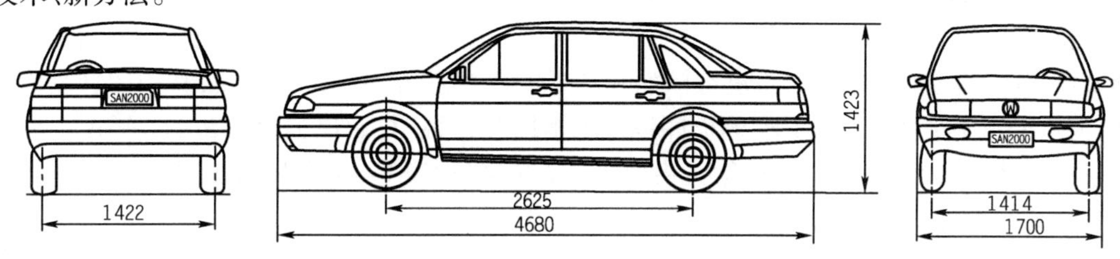

图　0-1

在汽车工程机械中，根据投影原理、标准或有关规定，表示机件的结构形状、大小尺寸，并注有技术要求的图称为图样。

图样是现代汽车生产的重要技术文件，无论是汽车的设计、制造、装配、检验、调试、使用、维修，都必须用图样来表达。

图样是汽车现代化组织生产的指导书，汽车需要更新换代，设计或改进零部件，可以通过图样表达设计思想，制造汽车零件及装配汽车和检验其质量，必须按图样的要求进行生产，驾驶、维修汽车时，也要通过图样了解、掌握汽车的性能、原理、结构和使用要求，图样还是当今信息时代的信息库，其储存了大量的工程技术领域的信息，使人们得以方便、快捷地获取有效信息。

图样是人们表达设计意图和交流技术思想的工具，是国际通用的工程技术语言，在技术交流、引进新技术、新材料、新方法的过程中，图样发挥着重要的作用。

一、本课程的主要任务

（1）学习正投影的基本原理及其应用，培养学生的空间想象和思维能力。

（2）熟悉制图国家标准的有关规定，培养学生的基本绘图技能。

（3）培养学生的识图能力，看懂较为简单的零件图和装配图。

二、本课程的学习方法

本课程具有规律性的投影法则和规范性的制图标准等特点。因此，在学习过程中，应根据其特点，联系空间形体和平面图形的对应关系，由图画物、由物画图，不断提高空间想象能

力。具体应遵循如下方法:

(1)认真预习、听课和复习,牢固掌握正投影法的基本原理和作图方法。

(2)理论联系实际,勤看多练,按时完成规定的练习和作业,逐步提高识图能力和尺规绘图技能及徒手绘图技能。

(3)培养学生一丝不苟的工作作风和耐心细致的实习态度,为后续课程打下良好的基础。

*三、我国工程图学发展简介

我国是世界文明古国之一,工程图学发展也有着悠久的历史。在机械图、建筑图、制图工具等方面都有一些杰出的成就。据考证,早在2000多年前的春秋时代,《周礼考工记》中就有制图工具“规”“矩”“绳墨”“悬”“水”的记载。“规”就是圆规,“矩”就是直角尺,“绳墨”就是弹线的墨斗“悬”“水”则是定铅垂线和水平线的工具。成语“没有规矩,不成方圆”就是我国古代对尺规作图的认识与理解。历代在工程上使用图样很多,公元1100年,宋代李诫所著的《营造法式》是一部建筑标准和图样的辉煌巨著,此书共36卷,其中图样就有6卷,大量采用了平面图、立面图、断面图以及轴测图和透视图,元代王桢所著的《农书》,明代宋应星所著的《天工开物》,清代徐光启所著的《农政全书》等,说明我国在图学方面很早就有相当高的成就。

新中国成立后,特别是改革开放以来,随着科学技术的迅猛发展,我国陆续颁布了一系列相应的制图新标准,而且已与国际标准接轨,这对加强国内外的技术交流、促进生产管理,对我国的社会主义现代化建设起到了极大的推进作用。

计算机技术的飞速发展,有力地推动了制图技术的自动化。目前,计算机绘图技术已运用于机械、交通、建筑、电子等各行各业的工程设计中,如零件图、装配图、展开图、轴测图、透视图、地形图、管路图、建筑图、电子工程图样等,这必将进一步促进我国制图技术向更新更高的水平发展。

注:*者为选学内容。

单元一
图样的基本知识

学习目标

1. 遵守国家标准有关图纸幅面及格式、比例、字体、图线及尺寸注法等规定；
2. 熟悉各种形式图线的主要用途及应用；
3. 理解比例的概念及应用；
4. 掌握常见平面图形的画法。

课题一　图　　样

本单元重点介绍图、图样的基础理论知识，机械制图国家标准中的基本规定，技术制图，绘图仪器及使用，平面几何作图、平面图形尺寸的标注等基本技能，为以后的学习打下识图的基础。

一、图的基础理论知识

平时生活中常会看到各种各样的图，通过看图，不仅可以识别物体的颜色，而且更主要的是认识物体的形状、特征，如图 1-1 所示的汽车。人们在不用其他文字描述的前提下，可以直观地看到和看懂汽车的造型、用途及特征。

图 1-1　汽车图片

例如，我们通过看汽车上的标志图，可以识读出汽车是属于哪个品牌，可以了解汽车的产地，甚至了解汽车的其他知识，如图1-2所示为汽车标志图。

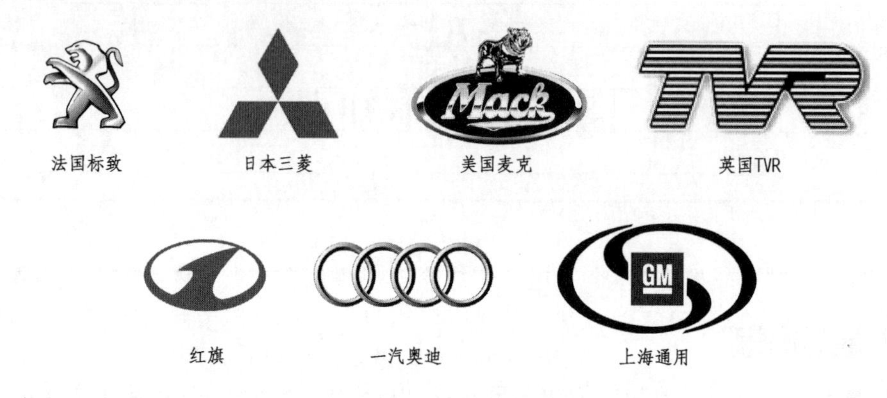

图1-2　汽车标志图

二、图样及机械工程图样的概念

图样是根据投影原理、标准或基本规定表达的工程对象并附有必要技术说明的图（生产上人们把它称之为图纸）。表达的工程对象有如市政工程、土木工程、电气工程、机械工程，等等。

机械工程图（或图样）是用点、线、符号、文字和数字描绘物体或机件几何特性、形状、位置及大小的一种形式，如图1-3所示。表达的工程对象是机械工程中的机械类零件、部件或整台机器。每辆汽车是由许许多多的机械零件、部件，通过不同的组合而成，课程中讨论的是有关机械工程中的机件图样知识。

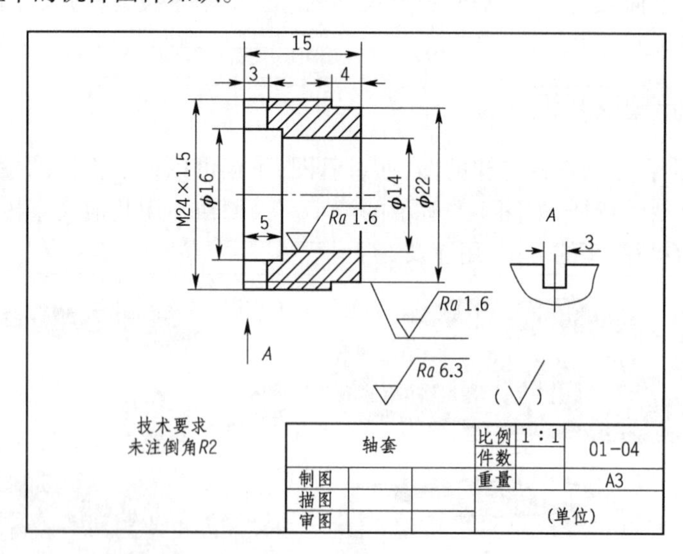

图1-3　零件图

图样中各部分的作用：其中点、线构成图表达物体的形状，数字表示大小及位置，文字表示其他内容。

三、图样的作用

图样的作用:图样是设计人员构思的表达方式,是技术加工时的依据,是设计人员与加工人员的交流平台、是企业的重要技术资料。

四、机械工程常用的图型类型

1. 按图的画法方式

(1)视图(正投影图)。即根据有关标准和规定,用正投影法所绘制出物体的图形,如图1-4所示,用三个方向的视图(正投影图)来表达圆柱的结构、形状。

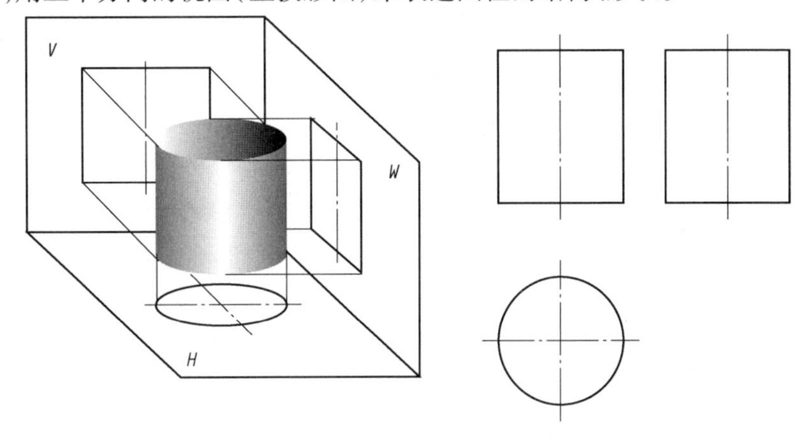

图1-4　圆柱体三视图

(2)轴测投影图(轴测图)。将物体连同其参考直角坐标系,沿不平行于任一坐标面的方向,用平行投影法将其投影在单一投影面上所得到的图形。

图1-5字母P平面上的图即为物体的轴测图。此类图直观性好,人们非常容易看懂、识读,但由于轴测图作图难、不便于标注尺寸,有些结构、图线存在不可见性,所以在图样上常作为辅助用图。图1-6所示为轴测图图例。

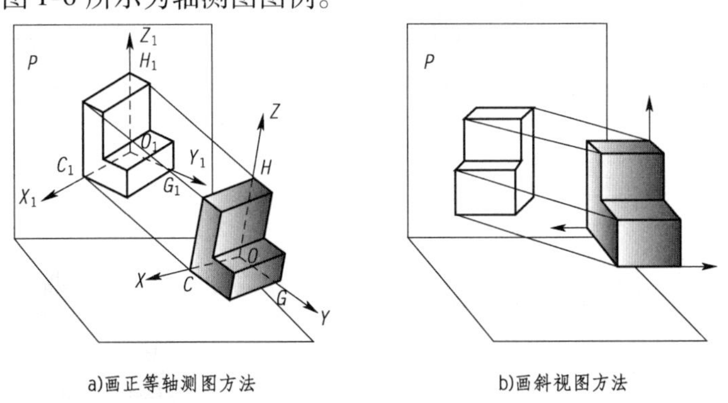

a)画正等轴测图方法　　b)画斜视图方法

图1-5　轴测图投影方法

2. 按图的种类

(1)零件图。零件图是表示单个机械零件的结构、形状、大小及有关技术要求的图样,是零件生产和检验的技术依据。零件图图样中采用的画法方式如下。

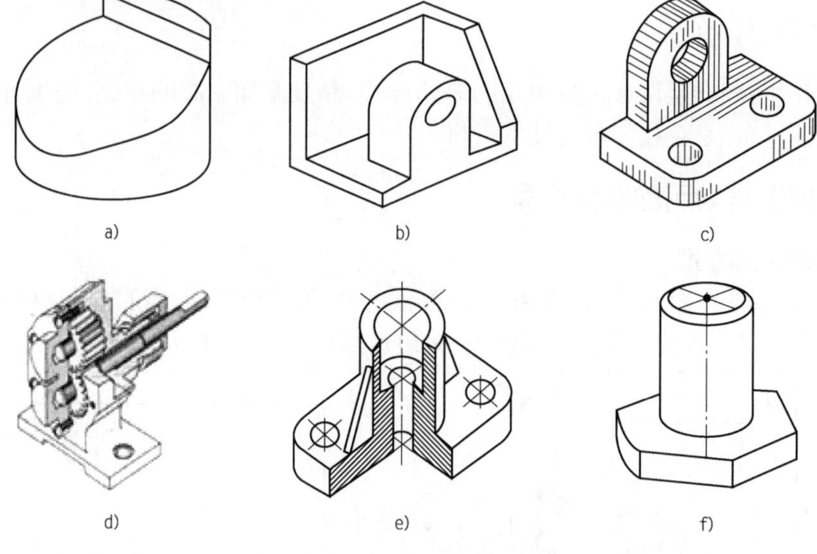

图 1-6　轴测图图例

画法方式 1：在同一张图样中，只用单一的视图（正投影图）来表达机件的结构、形状，如图 1-3 零件图所示。

画法方式 2：以视图（正投影图）为主，再加上轴测图作为辅助用图。如图 1-7 所示。随着计算机的进步，很多企业设计人员考虑到交流的方便，在图样上既画出了视图（单个投影面或多个投影面的正投影图），同时又画出了零件所对应的轴测图，这样便于看图人员迅速想象出机件的结构、形状，达到快捷、正确地识图。

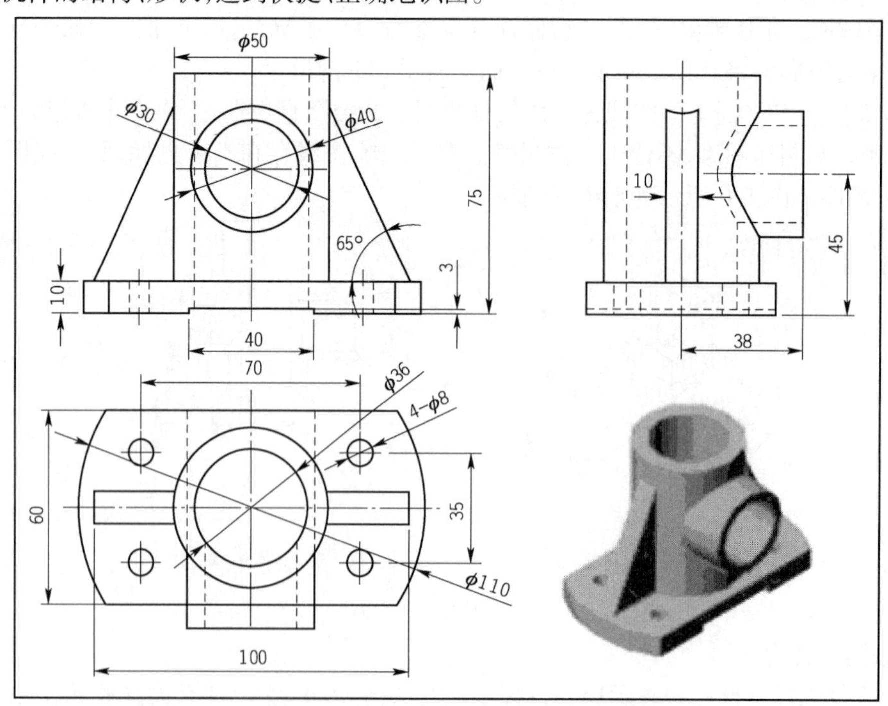

图 1-7　视图为主、轴测图为辅的图样

(2)装配图。装配图是表示组成机器(或部件)各零件之间的连接、装配关系的图样。用于表达其工作原理、装配关系、传动线路、技术要求和主要零件的结构形状。是汽车部件组成调试的技术依据,如图 1-8 所示为千斤顶装配图。

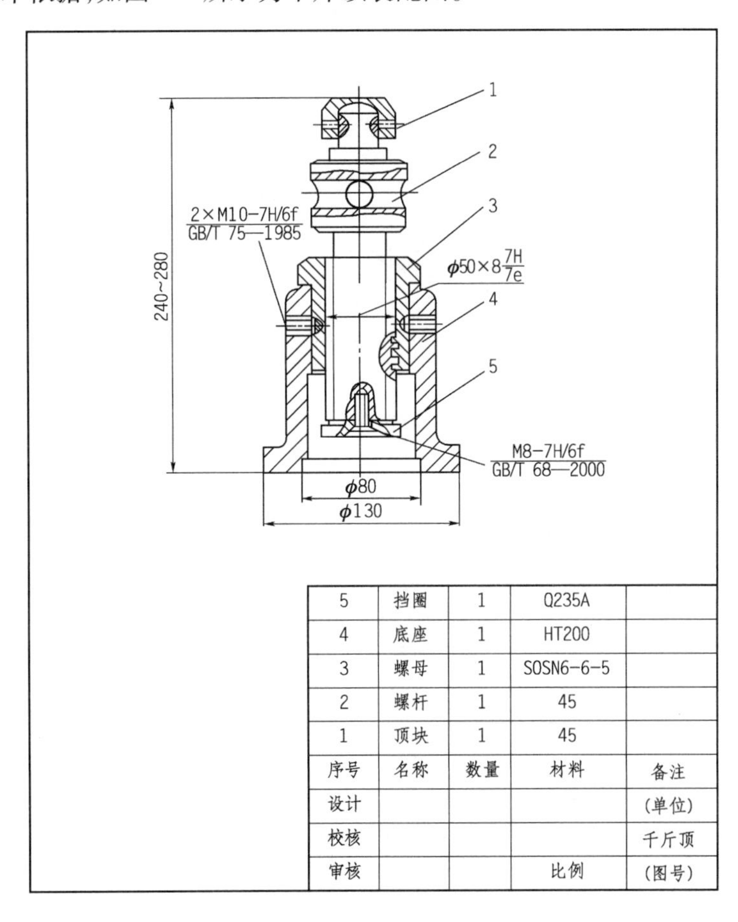

5	挡圈	1	Q235A	
4	底座	1	HT200	
3	螺母	1	SOSN6-6-5	
2	螺杆	1	45	
1	顶块	1	45	
序号	名称	数量	材料	备注
设计				(单位)
校核				千斤顶
审核			比例	(图号)

图 1-8 千斤顶装配图

课题二 图线(GB/T 4457.4—2002)

图样是工程界表达和交流技术思想的共同语言。因此,图样绘制必须遵守统一的规范,这个统一的规范就是国家标准。国家标准代号“GB/T 4457.4—2002”中的“GB/T”,称为推荐性国家标准,简称“国标”。G 是“国家”一词汉语拼音的首写字母,B 是“标准”一词汉语拼音的首写字母,T 是“推”字汉语拼音的第一个字母,“4457.4”表示标准的编号(其中 4557 位标准的顺序号,后面的 4 表示本标准的第 4 部分),“2002”是标准批准的年份。

图线(GB/T 4457.4—2002):图中所采用的各种形式的线,多称为图线。图线是组成图形的基本要素,由点、短间隔、画、长画、间隔等线素组成。图线可以是直线、曲线、连续线或不连续的线。如图 1-9 所示。

图线的长度小于或等于图线宽度的一半,称为点。

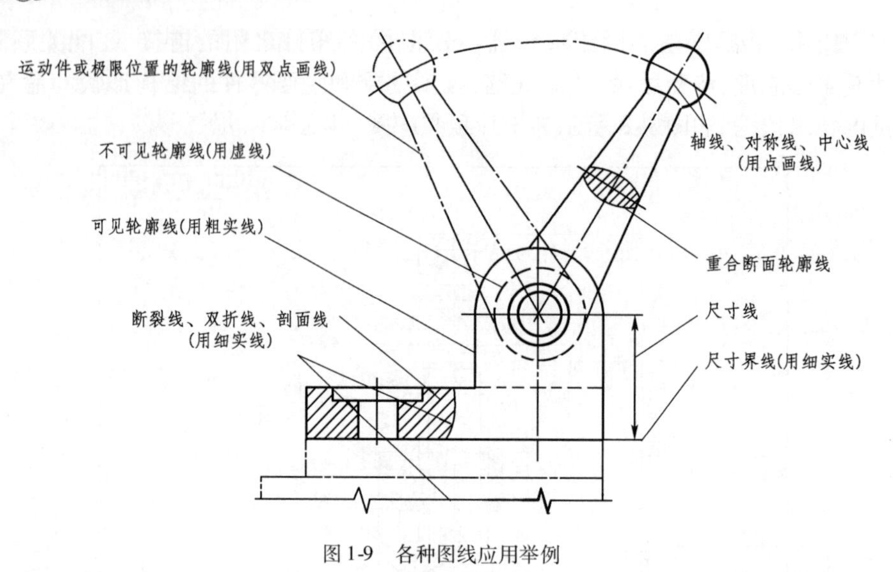

图 1-9　各种图线应用举例

一、图线的线型

国家标准 GB/T 4457.4—2002《机械制图　图样画法　图线》规定了在机械图样中常用图线的名称、形式、结构、标记及画法。几种常用基本线型的画法及用途见表 1-1。

图线的线型和用途　　表 1-1

名称代号	线　型	宽　度	主　要　用　途
粗实线		b (0.5～2mm)	可见轮廓线
细实线		约 b/2	尺寸线、尺寸界线、剖面线、引出线等
虚线	1　2~6	约 b/2	不可见轮廓线
细点画线	≈3　15~30	约 b/2	轴线、对称中心线
粗点画线		b	有特殊要求的表面的表示线
双点画线	≈5　15~20	约 b/2	假想投影轮廓线、中断线
双折线		约 b/2	断裂处的边界线
波浪线		约 b/2	断裂处的边界线、视图和局部剖视的分界线

二、图线的尺寸

机械图样中采用粗细两种线宽时，宽度比率为2∶1。例如：粗实线(b)的宽度为0.7mm时，则与之对应的细线宽度为0.35mm。

在同一图样中，同类图线的宽度应一致。

图线宽度，应按图样的类型和大小在下列数系中选择：0.13mm、0.18mm、0.25mm、0.35mm、0.5mm、0.7mm、1.0mm、1.4mm、2mm。

图线的宽度允许有偏差，使用固定线宽的绘图仪器的图线宽度的偏差（不大于正负0.1b）

三、两图线之间的图线画法

1. 两平行图线之间的间隙要求

除另有规定，两条平行线之间的最小间隙不得小于0.7mm。

2. 图线的交叉画法

点画线或双点画线的首末两端应是线段而不是点。点画线（或双点画线）相交时，其交点应是线段相交，如图1-10a)所示。

在较小图形上绘制细点画线或双点画线有困难时，可用细实线代替。如图1-10b)所示。

当虚线位置处于粗实线的延长线上时，应留空隙，再画虚线的短画线，如图1-10c)中的A指引处所示。

点画线与虚线相交、虚线与实线相交、虚线与虚线相交时，相交位置处都应画成线段相交状态。如图1-10c)中字母B指引处所示。

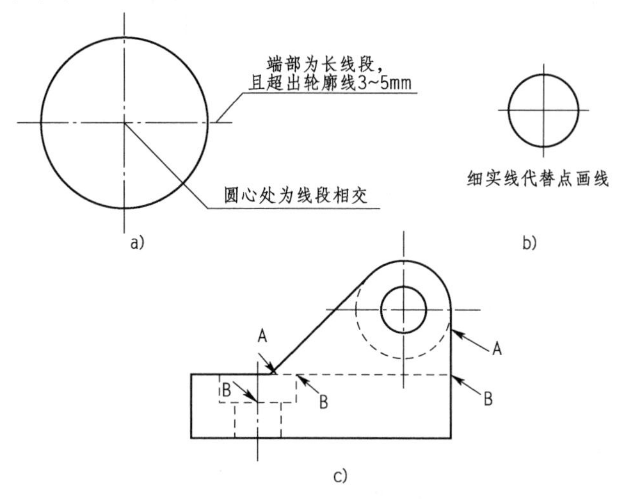

图1-10 图线交叉画法

四、图线的标记

基本线型的标记应包括以下给定的要素：

(1)图线；

(2)本标准代号及顺序号;

(3)与表 1 相一致的基本线型的代码;

(4)与 4.1 条相一致的图线宽度;

(5)颜色(如适用时)。

例如:

(1)线型 N0.3(03)线宽为 0.25mm(0.25)图线的标记是图线 GB/T 4457.4—2002—03 × 0.25;

(2)线型 N0.5(05)线宽为 0.13mm(0.13)白色图线的标记是图线 GB/T 4457.4—2002—05 ×0.13/白。

课题三 尺寸注法

在机械图样中,其图形只能表达物体的结构、形状,而其大小则必须由尺寸来表示。如图 1-11 所示,我们把尺寸按照一定的格式表达到图形上,称为尺寸的标注。尺寸即是加工制造机件的主要依据,也是图样中指令性最强的内容。故在识读、绘制图样时,应严格遵照"尺寸注法"的国家规定。

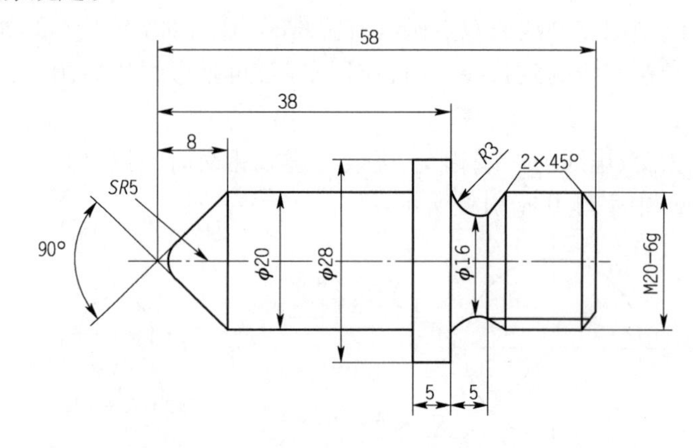

图 1-11 尺寸标注图例

一、标注尺寸的基本规则(GB/T 4458.4—2003)

机件的真实大小应以图样上所标注的尺寸数据为依据,与图形的大小及绘图的准确度无关。

图样中(包括技术要求和其他说明)的尺寸以毫米为单位时,不需标注单位符号(或名称),如采用其他单位,则应注明相应的单位符号(或名称)。

机件中所标注的尺寸,为该图样所示机件的最后完工尺寸,否则,应在图样的空白处另加说明。

机件的每一尺寸,一般只标注一次,并应标注在反映该结构最清晰的图形上。

标注尺寸时,应尽可能使用符号和缩写词见表 1-2。标注尺寸的符号及缩写词符合表 1-2的规定。

常用的符号和缩写词　　表 1-2

名　称	符号和缩写词	名　称	符号和缩写词	名　称	符号和缩写词
直径	ϕ	厚度	t	沉孔或锪平	⌴
半径	R	正方形	□	埋头孔	V
球直径	$S\phi$	45°倒角	C	均　布	EQX
球半径	SR	深度	↧	—	—

投影图上可以标注尺寸，轴测图中可以标注尺寸。但在视图上标注的尺寸为加工时的依据。

二、尺寸组成的三要素

在图形上标注一个完整的尺寸时，一般要完成三个内容：尺寸界线、尺寸线和尺寸数字。通常称为尺寸的三要素。如图 1-12 所示。

尺寸标注应符合国标规定的要求，如图 1-13 所示。

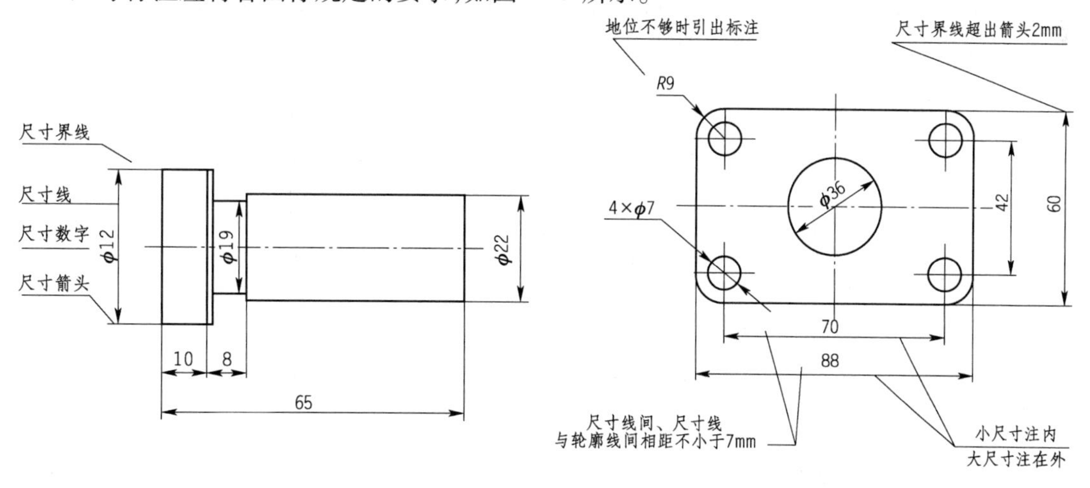

图 1-12　尺寸的组成　　图 1-13　尺寸标注要求规范

1. 尺寸界线

尺寸界线所表示的是尺寸的度量范围。尺寸界线用细实线绘制，并应由图形的轮廓线、轴线或对称中心线处引出，也可利用轮廓线、轴线或对称中心线作为尺寸界线，如图 1-14 所示。

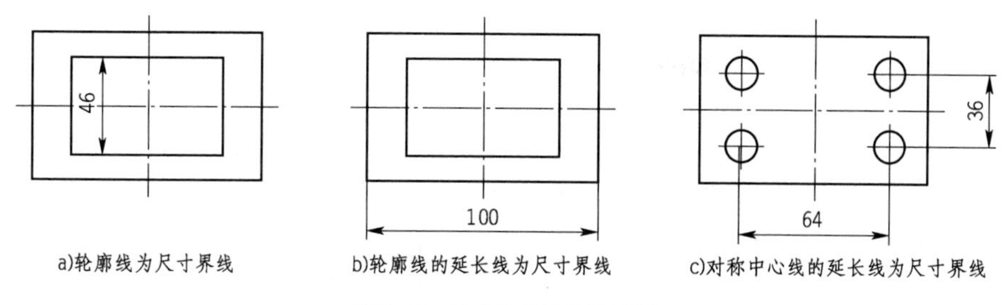

图 1-14　尺寸界线的种类示例

2. 尺寸界线与尺寸线位置

(1)尺寸界线一般应与尺寸线垂直,如图 1-15 所示。

(2)尺寸线的终端采用斜线形式时,尺寸线与尺寸界线应相互垂直,如图 1-16 所示。

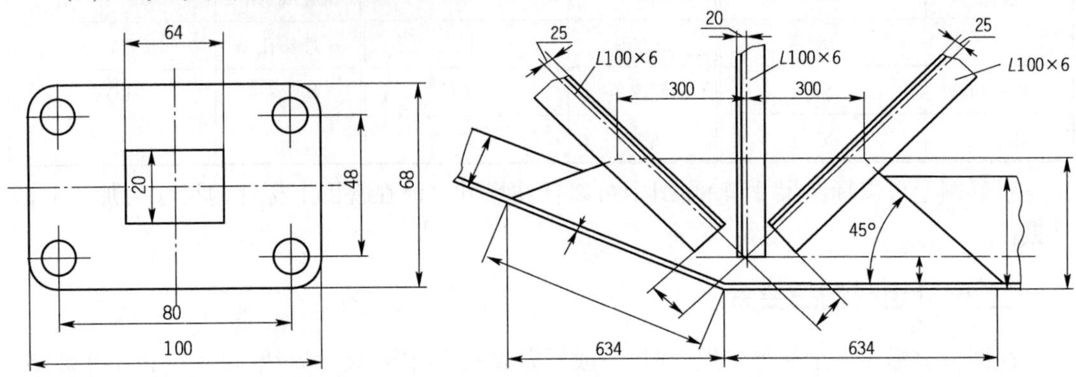

图 1-15　尺寸界线与尺寸线垂直画法　　　　图 1-16　尺寸线终端斜线与尺寸线垂直

(3)在光滑过渡处标注尺寸时,应用细实线将轮廓线延长,从它们的交点处引出尺寸界线;尺寸界线与尺寸线允许倾斜,如图 1-17 所示。

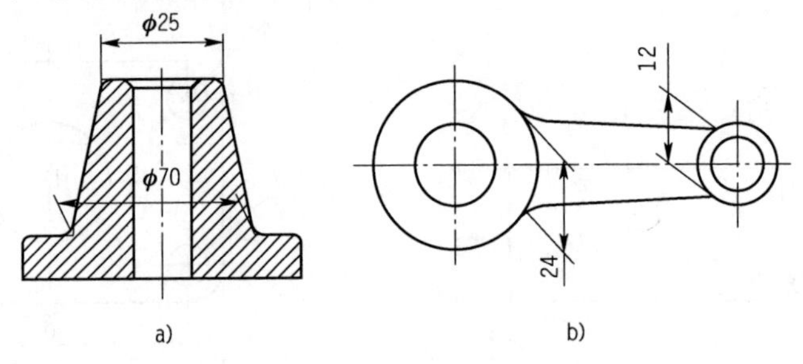

图 1-17　尺寸界线与尺寸线斜交画法

标注尺寸的图例:

标注角度、弦长、弧长的尺寸界线画法,如图 1-18 所示。

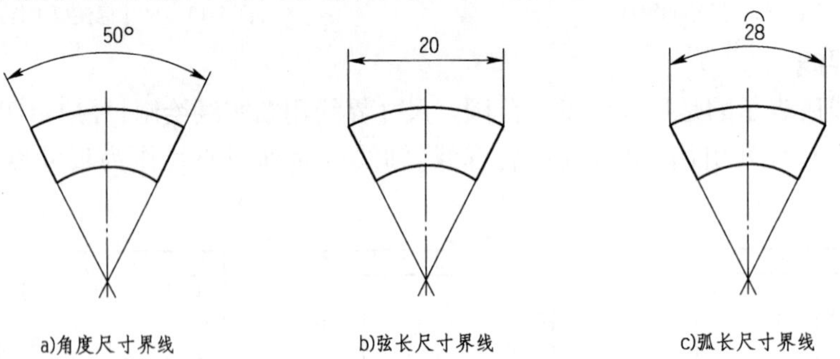

图 1-18　角度、弦长、弧长的尺寸界线画法

(1)标注角度的尺寸界线应沿径向引出,如图 1-18a)所示。

(2)标注弦长的尺寸界线应平行于该弦的垂直平分线,如图 1-18b)所示。

(3)标注弧长的尺寸界线应平行于该弧长所对圆心角的角平分线,如图 1-18c)所示。

三、尺寸线的终端形式及尺寸线

(1)尺寸线终端最常用的形式是箭头和斜线两种,画法如图 1-19 所示。斜线用细实线绘制。其中,箭头的形式适用各种类型的图样。机械图样中,尺寸线终端一般采用箭头的形式。

同一张图样上,尺寸线终端采用相同的终端形式。不能交替使用。

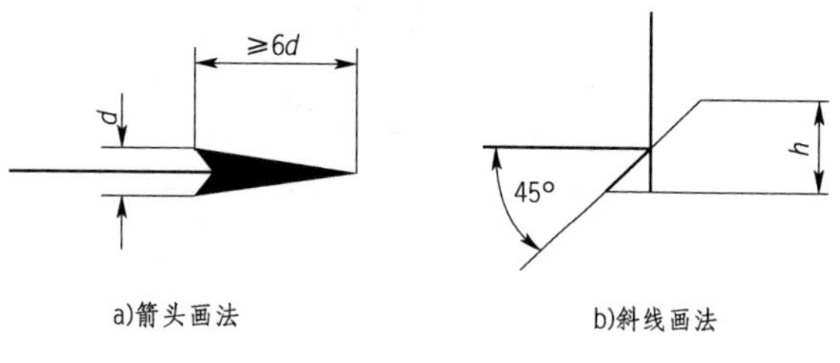

图 1-19 尺寸线终端形式的画法

d-粗实线的宽度;h-字体高度

(2)尺寸线。尺寸线表示尺寸的度量方向。尺寸线用细实线绘制。画尺寸线的注意事项:如图 1-20 所示,尺寸线不能用其他图线代替;一般也不得与其他图线重合或画在延长线上。标注线性尺寸时,尺寸线应与所标注的线段平行。

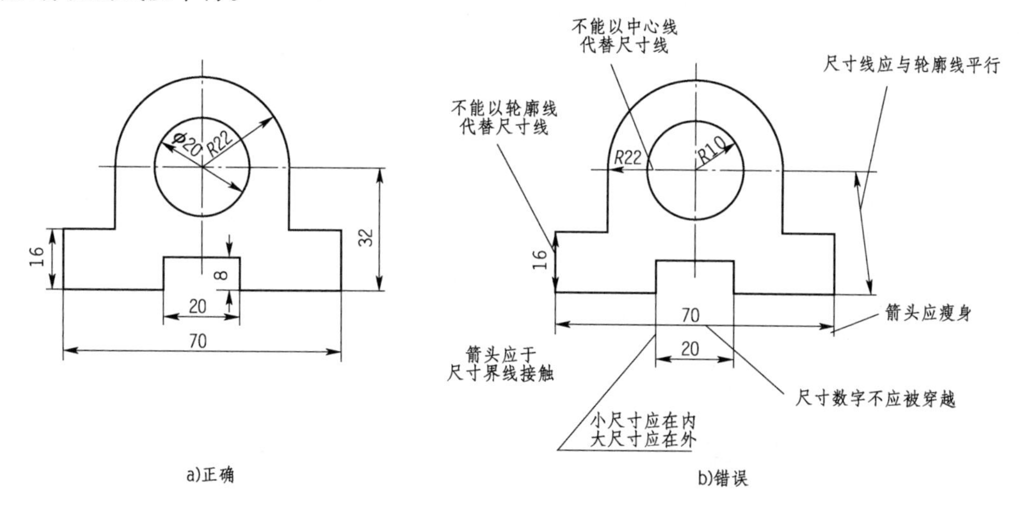

图 1-20 尺寸线应用

(3)尺寸数字。尺寸数字表达的是尺寸的大小。

尺寸数字书写的位置和朝向:水平方向线性尺寸的数字一般应写在尺寸方向的上方,如图 1-21;也可注写在尺寸线的中间断开处,字头朝向正上方,如图 1-22 所示。

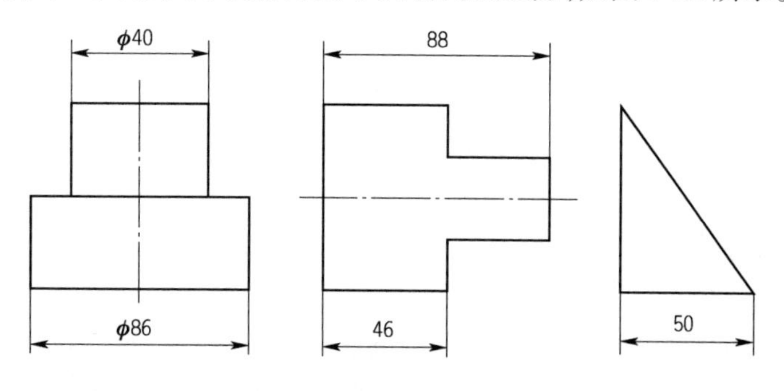

图 1-21 水平方向尺寸数字标注

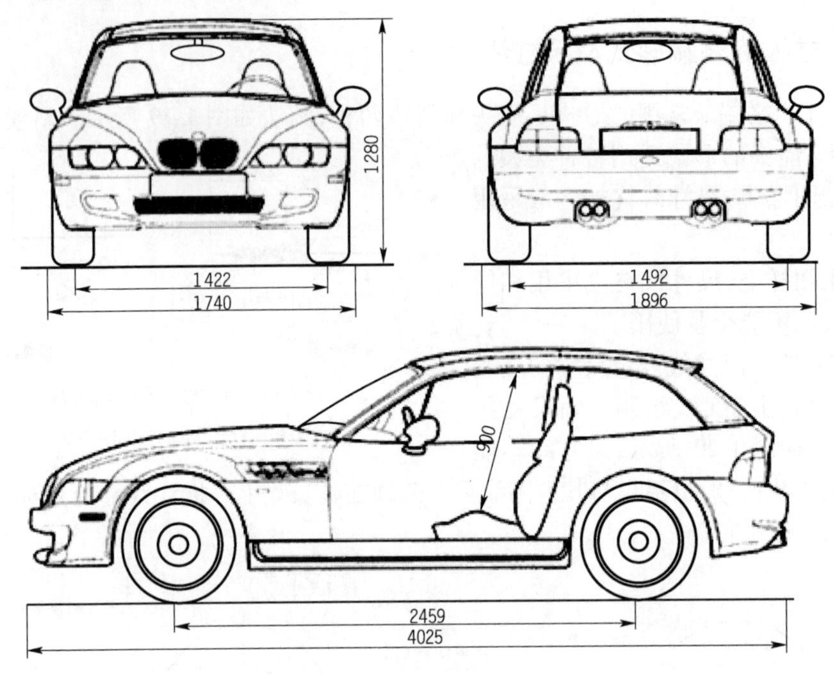

图 1-22　数字标在尺寸线中间断开处

非水平状态尺寸数字注写有两种方法，一般应采用方法 1 注写；在不至于引起误解时，也允许采用方法 2，但在同一张图样中，应尽可能采用同一种注写方法。

方法 1：非水平状态尺寸数字按图 1-23 所示的方法注写。

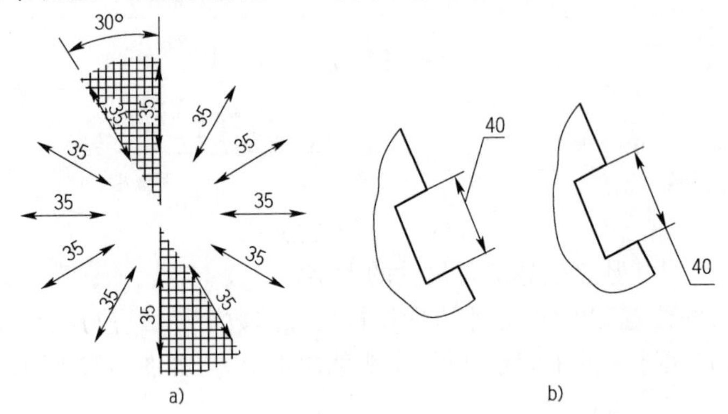

图 1-23　非水平状态尺寸数字标注法

字头朝斜上方，尺寸数字与尺寸线处于平行状态，并尽可能避免在图示 30°范围内标注尺寸。当无法避免时，可按图的形式标注。

方法 2：对于非水平方向的尺寸，其数字可注写在尺寸线的中断处，字头朝正上方。如图 1-24 中所示的尺寸数字 32。

垂直方向尺寸的数字，一般注写在尺寸线的左侧，字头朝左，如图 1-25 所示。

标注角度的数字，一律写成水平方向，字头朝正上方。一般注写在尺寸线的中断处，如图 26 所示。必要时，也可按图 1-26 的形式引出标注。

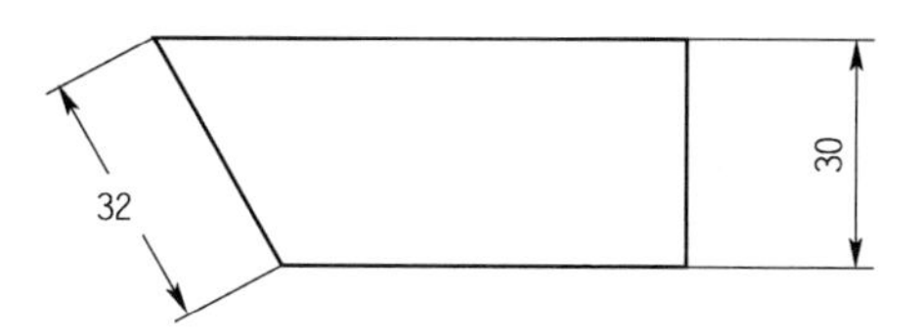

图 1-24　非水平方向尺寸标注图例

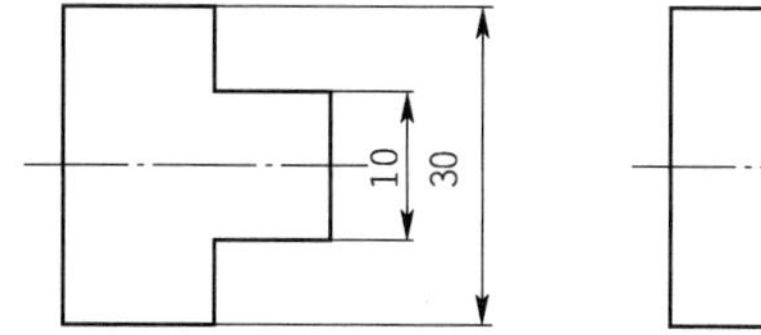

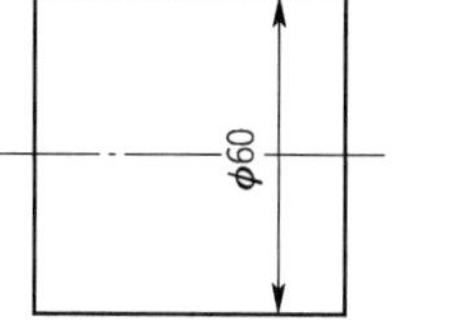

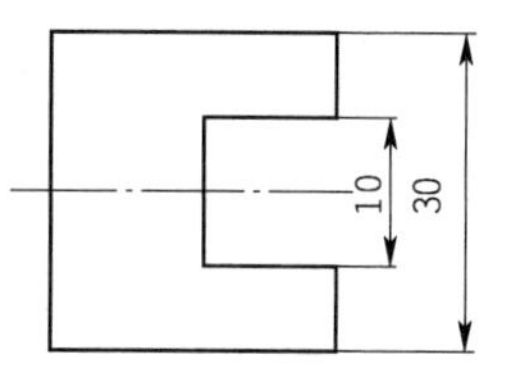

图 1-25　垂直方向尺寸标注图例

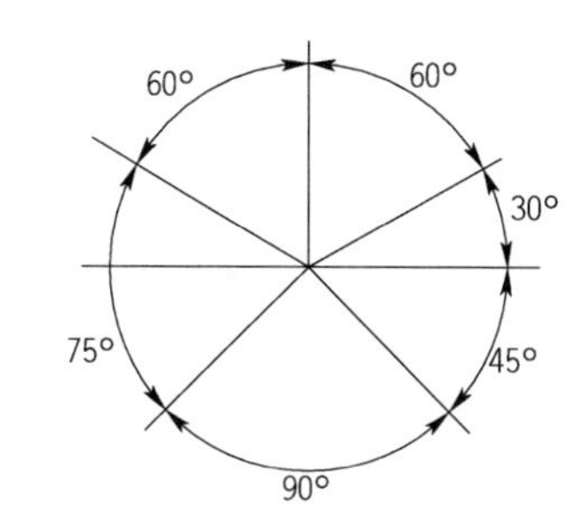

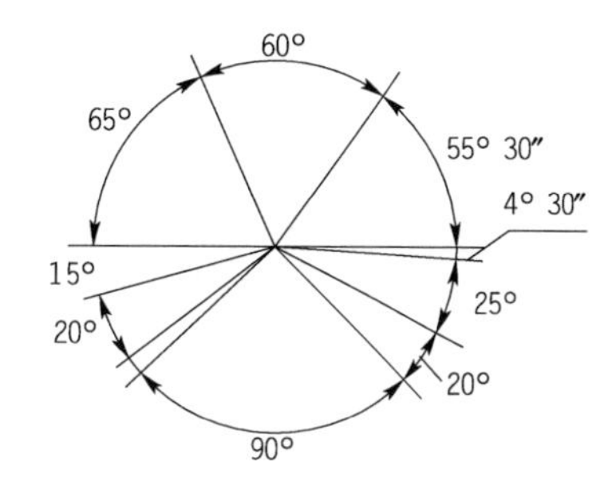

图 1-26　角度数字注写位置、方向

尺寸数字不可被任何图线所通过，否则，应将图线断开，如图 1-27 所示。图中尺寸数字 Φ40 处轮廓线断开，尺寸数字 Φ15 处中心点画线断开，尺寸数字 10 和 30 处点剖面线断开。

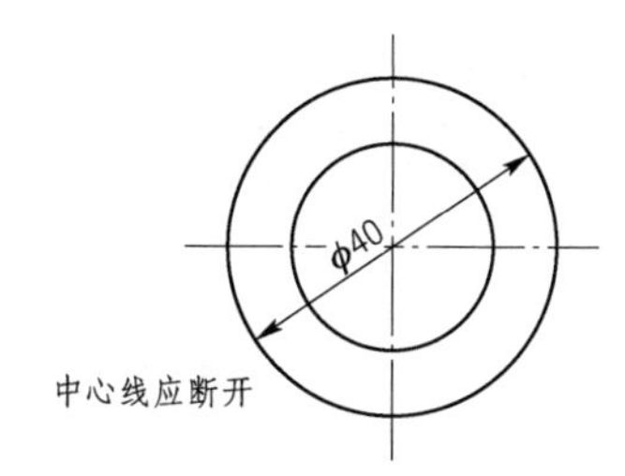

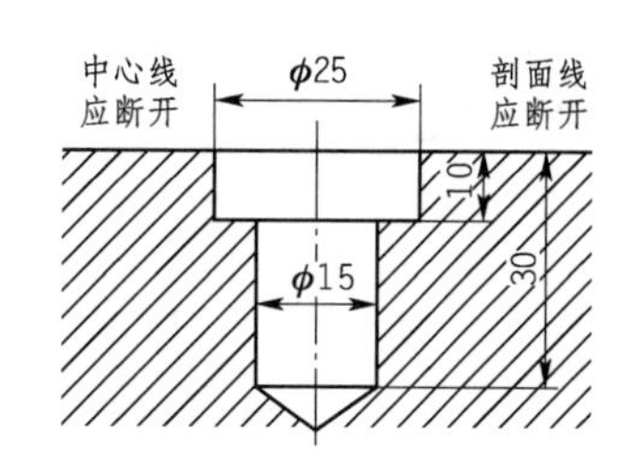

图 1-27　尺寸数字不被任何图线通过

四、常用标注尺寸的符号及缩写词应用示例

（1）标注圆直径或半径数字前应加直径符号“Φ”或加半径符号“R”。如图 1-28 所示。

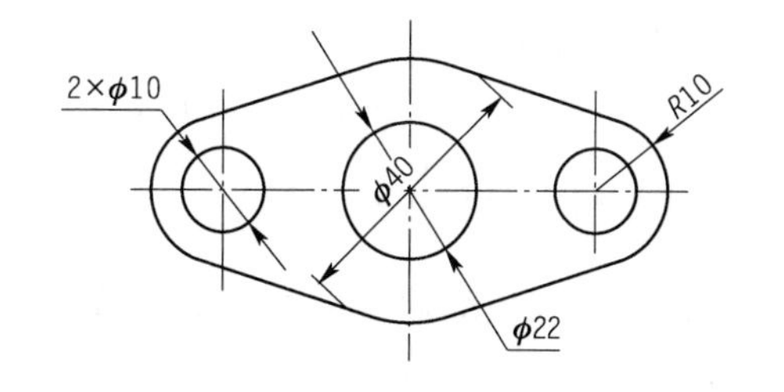

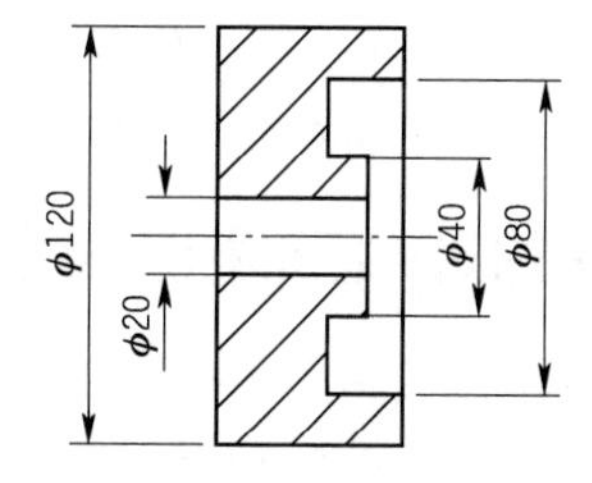

图 1-28　圆及圆弧的尺寸标注

(2)标注球面直径或半径数字前应加符号“$S\phi$”或符号“SR”。在不引起误解时,可省略“S”如图1-29所示。

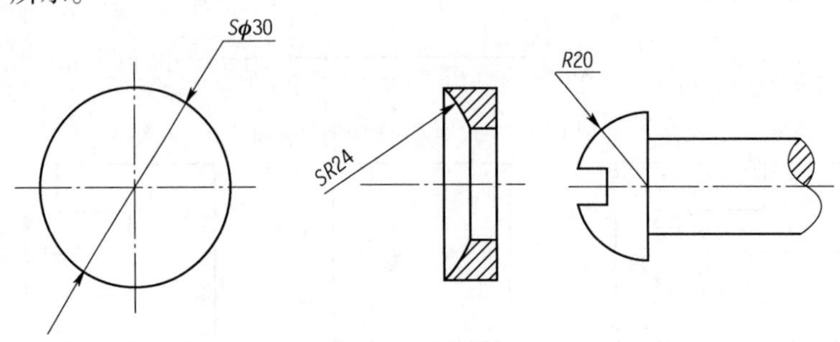

图1-29　球的尺寸标注图例

(3)标注剖面为正方形结构的尺寸时,在正方形边长尺寸数字前加注符号“□”,如图1-30a)所示。

(4)45°倒角的标注,在尺寸数字前加注符号“C”。如图1-30b)所示。

(5)标注板状零件的厚度时,可在尺寸数字前加注符号“t”。如图1-30c)所示。

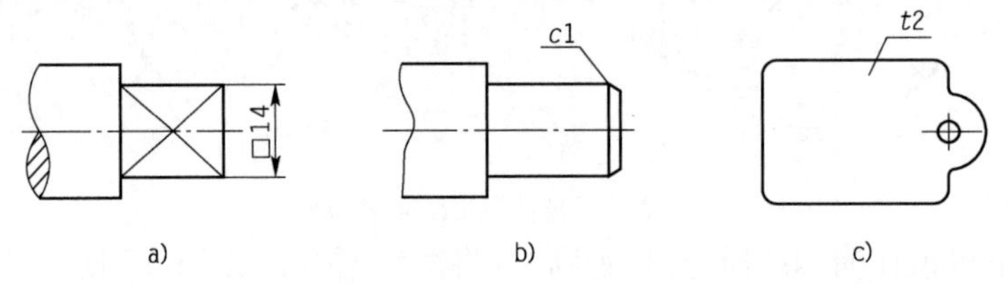

图1-30　正方形、45°倒角、板状厚度标注

(6)斜度、锥度尺寸,在标注数字前加注斜度、锥度符号可按图1-31a)、b)所示形标注,符号的方向应与斜度、锥度的方向一致。沉孔的深度数字前加注深度符号,如图1-31c)所示。

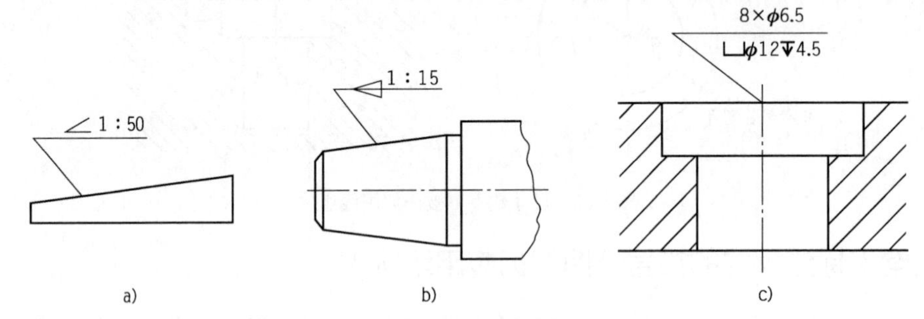

图1-31　斜度、锥度、沉孔标注图例

(7)大圆弧无法标出圆心位置时,可按图1-32形式标注。

(8)标注参考尺寸时,应将尺寸数字加上圆括弧“(　)”如图1-33所示。

五、简化的对称图形标注尺寸方法(GB/T 4458.4—2003)

对称机件图形只画出一半或大于一半时,尺寸线应略超过对称中心线或断裂处的边界线,且在尺寸线的一端画出箭头,如图1-34所示。这些部位的尺寸数字应写完整,如图1-34a)中的尺寸数字88、70及ϕ36,图1-34b)中的尺寸数字120°、ϕ10、ϕ32、ϕ20和M30-6H。

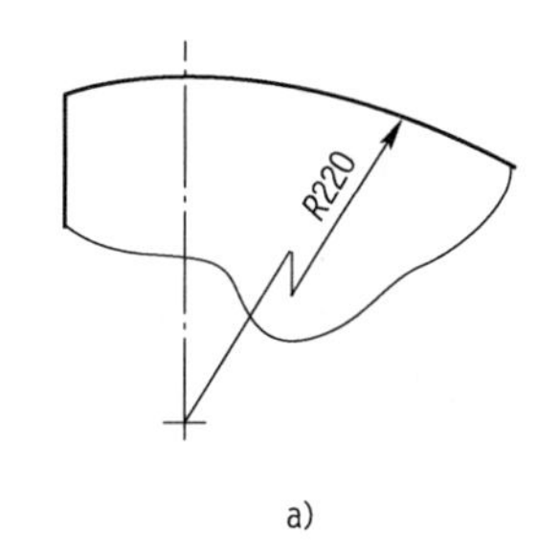

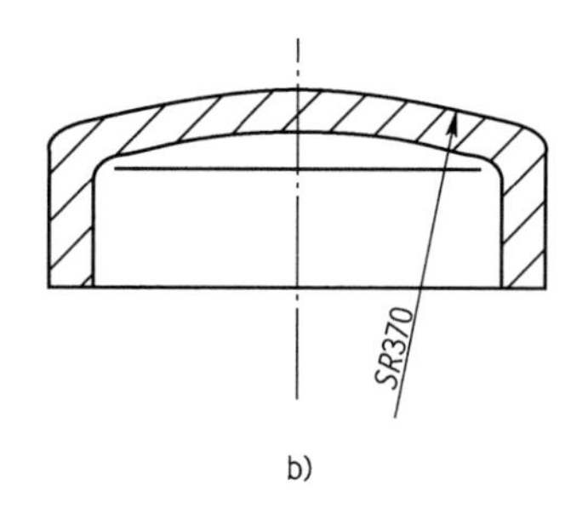

图 1-32　大圆弧尺寸标注图例

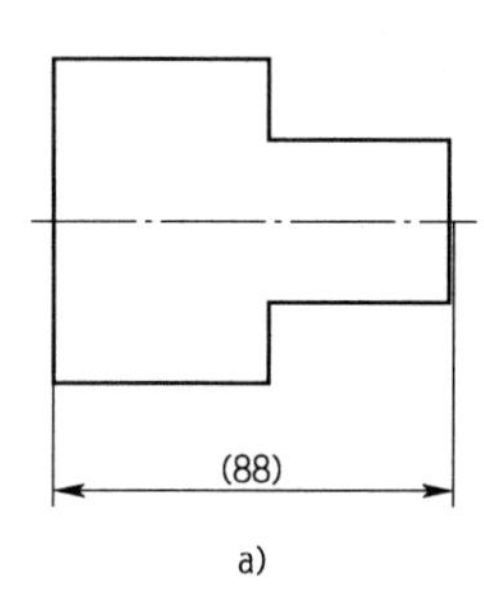

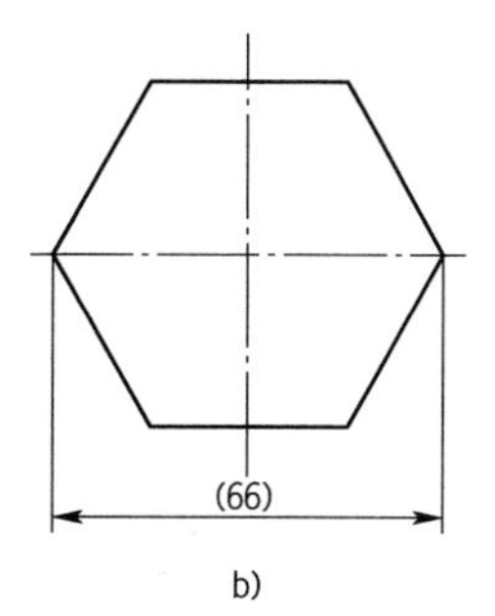

图 1-33　参考尺寸标注图例

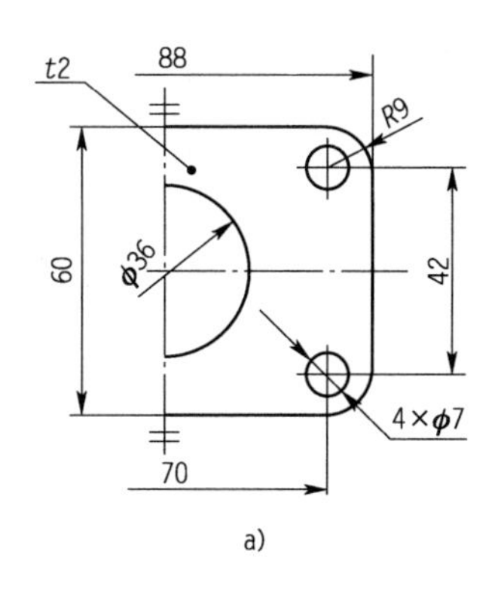

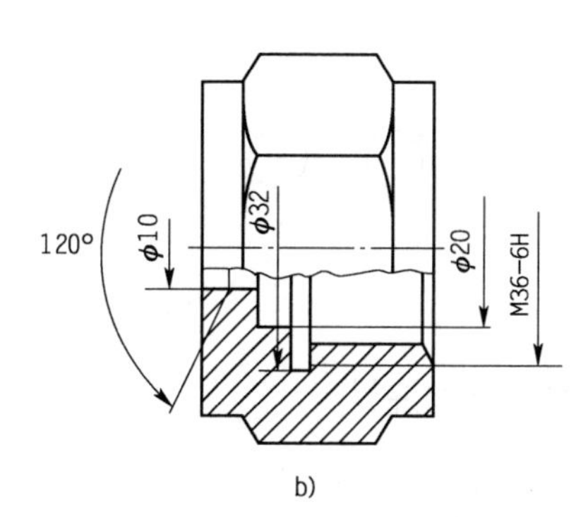

图 1-34　简化的对称图形尺寸标注图

六、在轴测图上标注尺寸

如图 1-35 所示。

七、小尺寸的注法

当图形小，对于尺寸界线之间没有足够的位置画箭头或注写尺寸数字的小尺寸，可以按图 1-36 所示的形式进行标注。

标注一连串的小尺寸时，可以用小圆点来代替箭头，但最外两端的箭头仍应画出。当直径或半径尺寸较小时，箭头和数字可以布置在圆弧的外面引出标注。

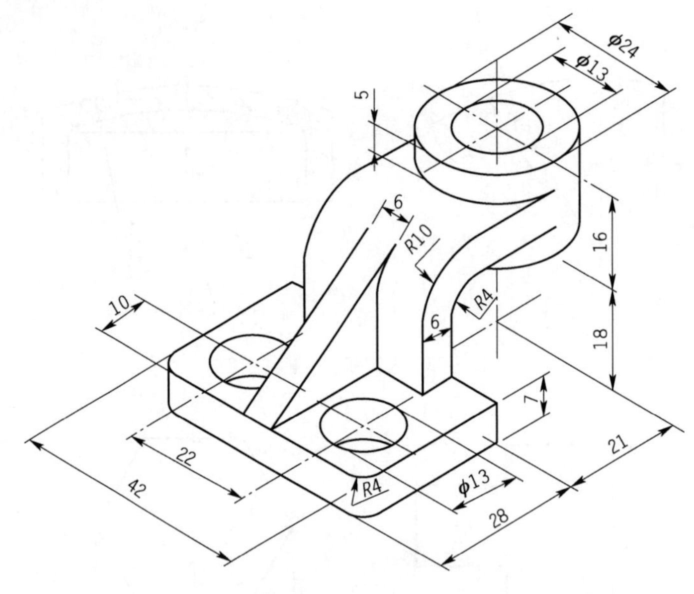

图 1-35　轴测图中标注尺寸图例

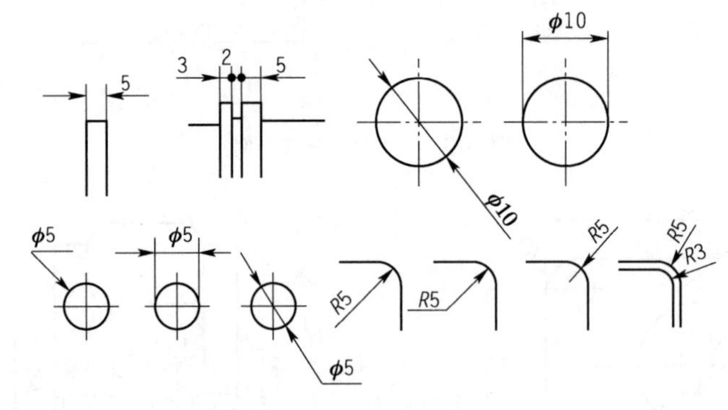

图 1-36　小尺寸标注图例

八、尺寸的简化注法

(1)标注尺寸时,可使用单边箭头,如图 1-37a)所示;也可以采用带箭头的指引线,如图 1-37b)所示;还可采用不带箭头的指引线,如图 1-37c)所示。

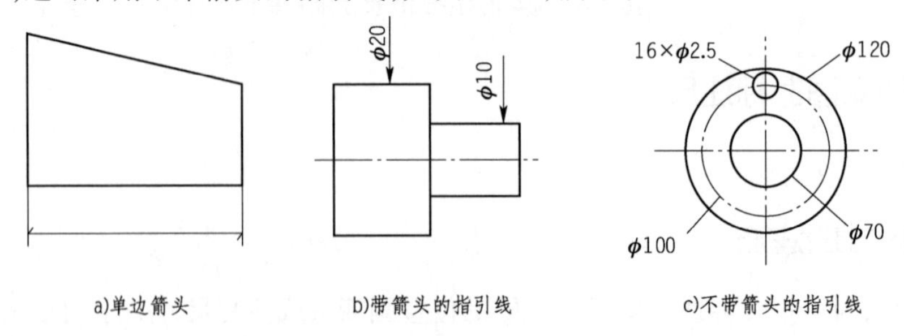

图 1-37　尺寸简化标注法(一)

(2)一组同心圆弧,可用共用的尺寸线和箭头依次标注半径,如图 1-38a)所示。圆心位于一条直线上的多个不同心的圆弧,可用共用的尺寸线和箭头依次标注半径,如图 1-38b)所示。一组同心圆,可用共用的尺寸线和箭头依次标注直径,如图1-38c)所示。

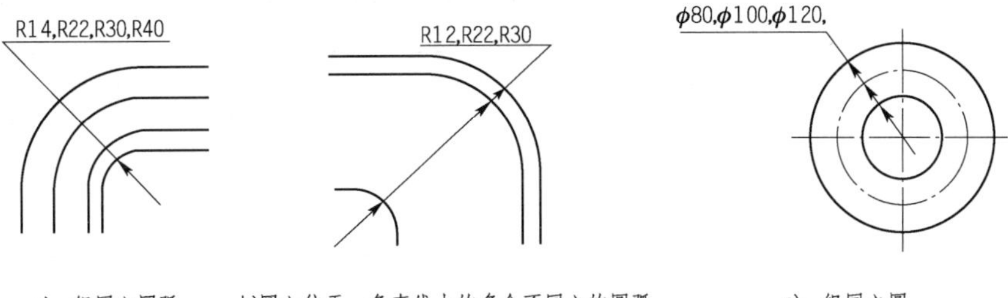

图1-38　尺寸简化标注法(二)

(3)在同一图形中,对于尺寸相同的孔、槽等组成的要素,可仅在一个要素上标注出尺寸和数字,并用缩写词"EQS"表示"均匀分布"的意思,如图1-39a)所示。当组成要素的定位和分布情况在图形中已经明确时,可以不标注其角度,并省略"EQS",如图1-39b)所示。对于从同一基准出发的尺寸可以按图1-39c)所示标注。

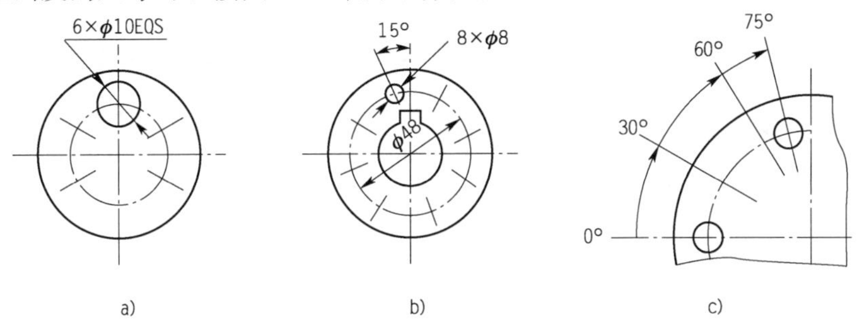

图1-39　尺寸简化标注法(三)

课题四　图样上的其他规定

本课题摘要介绍制图标准中的图纸幅面、比例、字体等制图基本规定。

一、图纸幅面及格式(GB/T 14689—2008)

1. 图纸幅面

图纸为长方形形状,有长宽两个尺寸,工程上把图纸纸张的大小称为图幅。组成的平面称为幅面。国家标准对图幅的大小作了统一规定。基本幅面有五种,代号有A0、A1、A2、A3和A4号图纸。其中数字越大,图幅越小,如图1-40所示。A1号的图幅是A0号的1/2,A2号是A1号的1/2,依次类推。

五种图幅的各自尺寸见表1-3。如有特殊情况需要加长、加宽,则按国家的相关规定来进行加大尺寸。

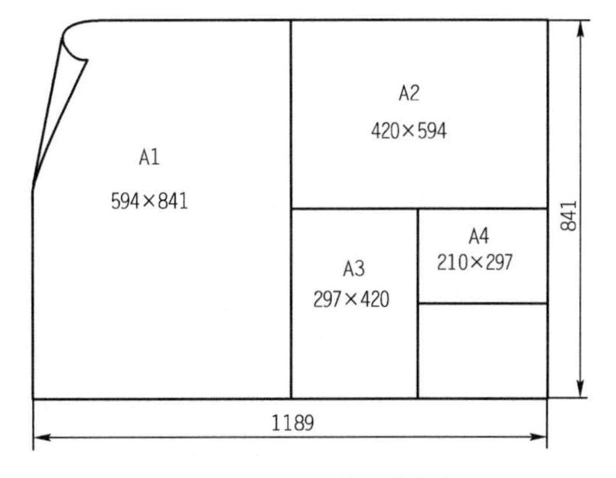

图1-40　图纸幅面的尺寸关系

图纸幅面的代号及尺寸　　表 1-3

幅面代号	A0	A1	A2	A3	A4
$B \times L$	841 × 1198	549 × 841	420 × 594	297 × 420	210 × 297
e	20		10		
c	10			5	
a	25				

注：a、c、e 为留边宽度，参见图 1-41、图 1-42。

2. 图框格式

在图纸上必须用粗实线沿着图幅的四个边缘画出一个框，称图框。图框的四条粗实线离图纸边缘的距离根据使用情况不同来定。分为不留装订边和留装订边两种，但同一产品的图样只能采用一种格式，优先采用不留装订边的格式。

不留装订边的图纸，其图框格式如图 1-41 所示；留装订边的图框格式，如图 1-42 所示。

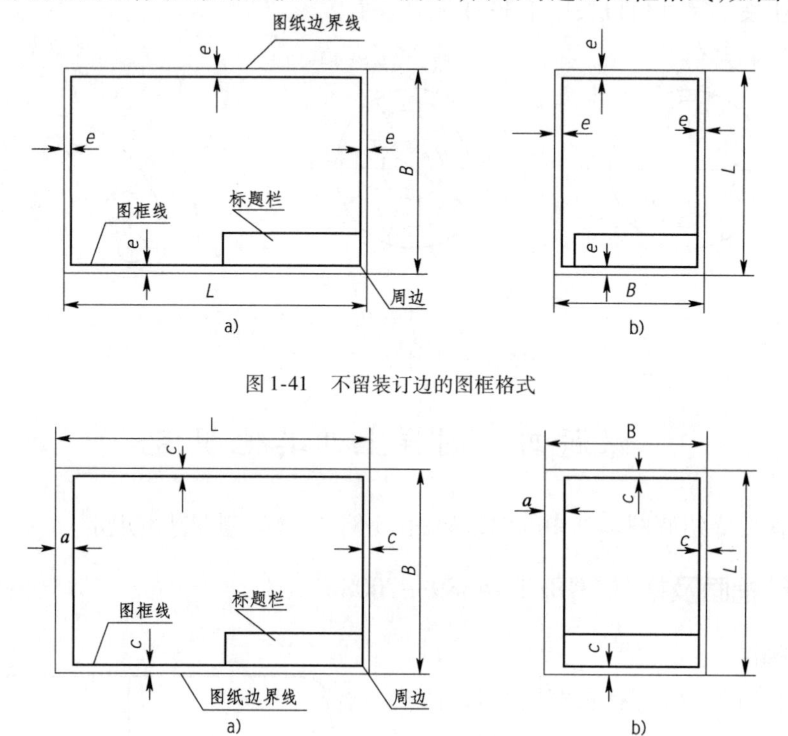

图 1-41　不留装订边的图框格式

图 1-42　留装订边的图框格式

基本幅面的图框及留边宽度 a、c、e 尺寸，按表 1-3 的规定。

3. 标题栏及方位

每张机械图样上均应用细实线绘制出一个标题栏（其实就是表格）。用于填写图样的相关信息。其内容、格式和尺寸应依照（GB/T 14689—2008）的规定。

标题栏一般应置于图样的右下角，标题栏中的文字方向与看图方向一致。

在学生学习期间，一般的制图练习时，为了方便作图，可采用图 1-43 所示的简化标题栏。

(图样名称)			比例		材料	
制图	(签名)	(年月日)	件数		(图样代号)	
			重量			
描图			(学校名称)			
审核						

图 1-43　学校用标题栏

装配图图样中简化的标题栏和明细栏的格式见图 1-44。

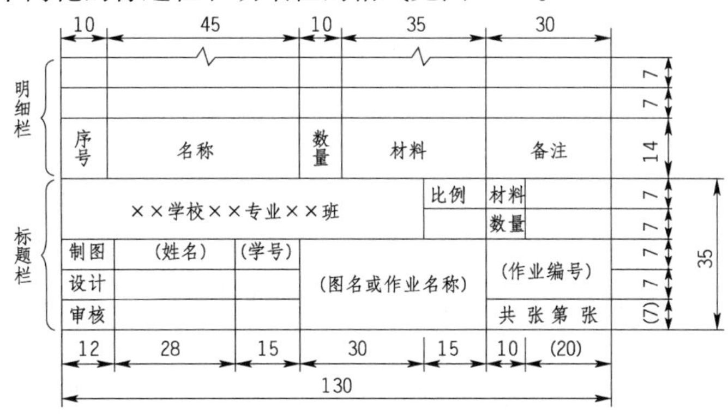

图 1-44　简化的标题栏和明细栏格式

4. 附加符号

(1)对中符号。

为了使图样复制和缩微摄影时定位方便,对基本幅面(含部分加长幅面)的各号图纸各边的中点处分别画出对中符号。如图 1-45 所示。

对中符号用粗实线绘制,线宽不小于 0.5mm,长度从纸边界开始至伸入图框内约 5mm。当对中符号处在标题栏范围内时,则伸入标题栏部分省略不画,对中符号的位置误差应不大于 0.55mm。

(2)方向符号。

当使用预先印制的图纸时,应在图纸的下边对中符号处画出一个方向符号,表明绘图与看图的方向,如图 1-45 所示。方向符号是用细实线绘制的等边三角形,其大小和所处的位置见图 1-45。

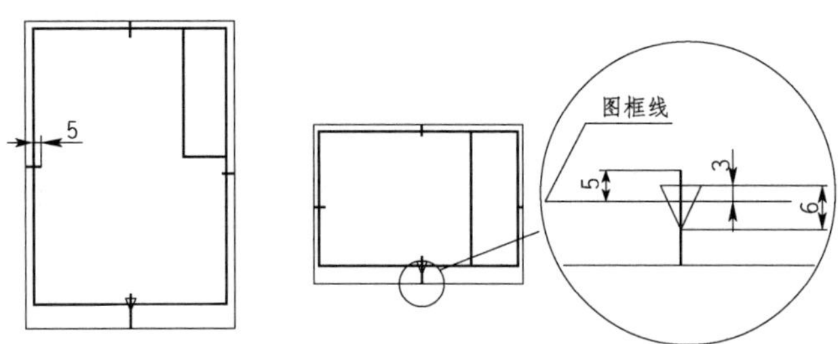

图 1-45　对中符号和方向符号的画法

二、比例

图样中图形与其实物相应要素的线性尺寸之比,称为比例。国标规定的比例系列,在绘制图样时，应首先选用“第一系列”，必要时，也可选用“第二系列”，见表1-4。

比 例 系 列　　表1-4

种　　类	第一系列	第二系列
原值比例	1:1	—
放大比例	2:1　5:1 1×10^n:1　2×10^n:1 5×10^n:1	2.5:1　4:1 2.5×10^n:1　4×10^n:1
缩小比例	1:2　1:5 1:10　1:2×10^n 1:5×10^n 1:1×10^n	1:1.5　1:1.25　1:3 1:1.5×10^n　1:2.5×10^n 1:3×10^n　1:4×10^n 1:6×10^n

注：n 为正整数。

为了从图样上直接反映出实物的大小，绘图时应尽量采用原值比例。因各种实物的大小与结构各异，绘图时，应根据实际需要选取放大比例或缩小比例。比例一般应在标题栏中的“比例”一栏内填写。

图样中所标注的尺寸数值必须是机件的实际大小，与绘制图形所采用的比例无关，如图1-46所示。

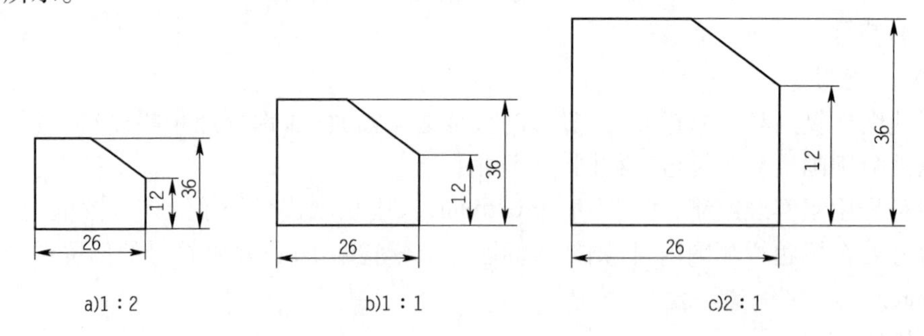

图1-46　图形比例与尺寸数字关系

三、字体（GB/T 17450—1998）

图样上除了用图形来表达零件的结构形状外，还必须用文字填写标题栏、技术要求，用数字、字母等标注图形、尺寸等内容。

1. 基本规定

（1）在图样和技术文件中书写的汉字、数字和字母，都必须做到：字体工整、笔画清楚、间隔均匀、排列整齐。

（2）字体高度（用 h 表示）的尺寸系列为：1.8、2.5、3.5、7、10、14、20mm。如需要书写更大的字，其字体高度应按$\sqrt{2}$的比率递增。

字体高度代表字体的号数。

（3）汉字应写成长仿宋体字，并应采用国家正式公布的简化字。汉字的高度 h 应不小于3.5mm，其字宽一般为 $h/2$。

书写长仿宋体汉字的要领：横平竖直、注意起落、结构匀称、填满方格。

(4)字母和数字分A型和B型。A型字体的笔画宽度(d)为字高(h)的1/14，B型字体的笔画宽度(d)为字高(h)的1/10。在同一张图样上，只允许选用一种形式的字体。

(5)字母和数字可写成斜体和正体。斜体字字头向左倾斜，与水平基准线成75°。

2. 字体示例

汉字、数字和字母的示例，见表1-5所示。

字　体　示　例　　表1-5

字体		示例
长仿宋体汉字	10号	学好制图课，培养和发展空间想象能力
	7号	长仿宋体字书写要领：横平竖直、注意起落、结构均匀、填满方格
	5号	徒手绘图、尺规绘图和计算机绘图都是工程技术人员必须具备的绘图技能
	3.5号	图样是设计、制造和技术交流的重要技术文件，是工程技术人员表达设计意图和交流技术思想的语言和工具
拉丁字母	大写斜体	*ABCDEFGHIJKLMNOPQRSTUVWXYZ*
	小写斜体	*abcdefghijklmnopqstuvwxyz*
阿拉伯数字	斜体	*0123456789*
	正体	0123456789
罗马数字	斜体	*I II III IV V VI VII VIII IX X*
	正体	I II III IV V VI VII VIII IX X
字体的应用		10Js5(±0.003)　M24－6h　$\phi 20^{+0.010}_{-0.023}$　φ25H6/m5 38kPa　5%　1/mm　m/mg　460r/min

课题五　绘图工具及其使用

绘制工程图样有三种方法：一是用尺规绘图、二是徒手绘图、三是计算机绘图。

尺规绘图是绘制各类工程图样的基础。具备了良好的尺规绘图能力，就为借助其他绘图手段和工具绘制高质量的工程图奠定了基础。尺规绘制是借助丁字尺、三角尺、圆规、分规等绘图工具和仪器进行手工操作的一种绘图方法。正确使用各种尺规工具和仪器既能保证绘图质量,加快绘图速度,又能为计算机绘图奠定基础。因此,必须养成正确使用和维护绘图工具和仪器的良好习惯。本课题介绍几种常用绘图工具的使用方法。

一、图板、丁字尺和三角板

图板是供固定铺放图纸用的矩形木板,一般用胶合板制成,板面要求平整光滑,左侧为丁字尺的导边,必须光滑平直。

丁字尺由尺头和尺身构成,尺身的上边为工作边,主要用来画水平线。使用丁字尺时,尺头内侧必须靠紧图板的导边,用左手推动丁字尺上、下移动,沿尺身的上边、由左至右画出一系列水平线,如图 1-47a)所示。

三角板由 45°和 30°(60°)各一块组成一副。三角板与丁字尺配合使用时,可画垂直线,如图 1-47b)所示,也可画 30°、45°、60°的斜线,如图 1-47c)所示。

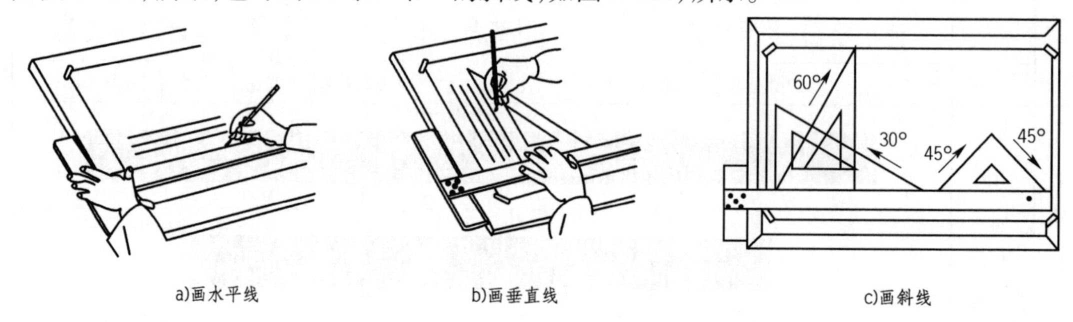

图 1-47　丁字尺和三角尺的使用方法

如将两块三角板配合使用,还可以画出已知直线的平行线或垂直线,如图 1-48 所示。

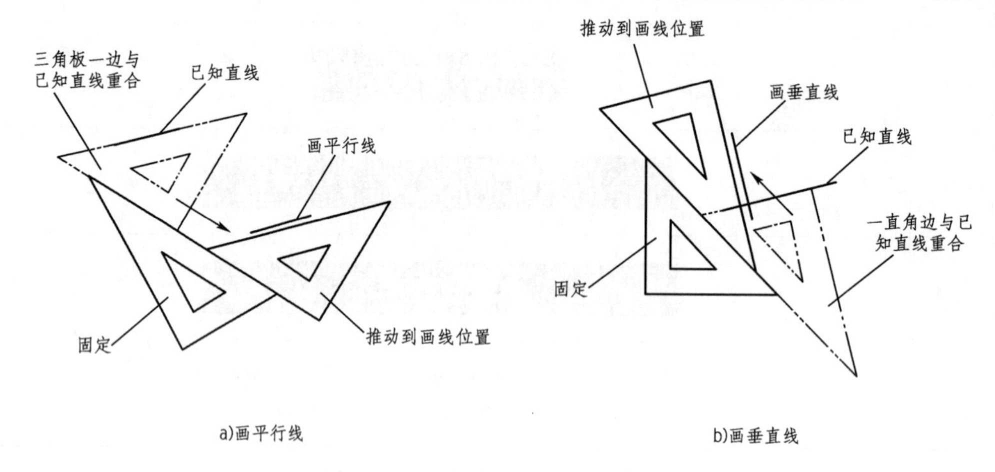

图 1-48　画已知直线的平行线和垂直线

二、圆规和分规

圆规是用来画圆或圆弧的工具。圆规的附件有钢外插脚、鸭嘴插脚和延伸插杆等。圆规的钢针应使用有肩台的一端(以防止圆针孔的扩大),并使肩台与铅芯平齐。如图 1-49 所示。

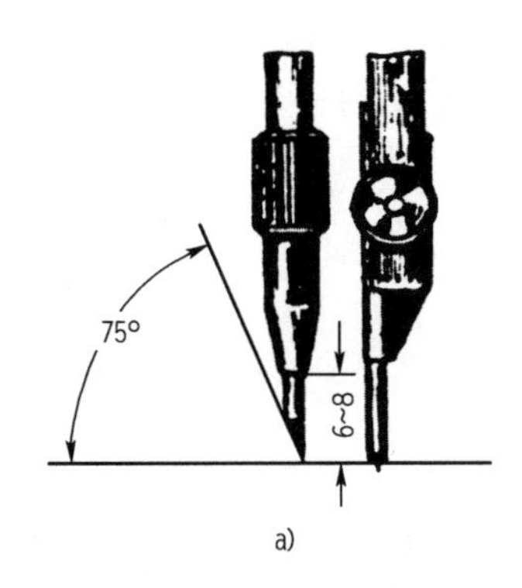

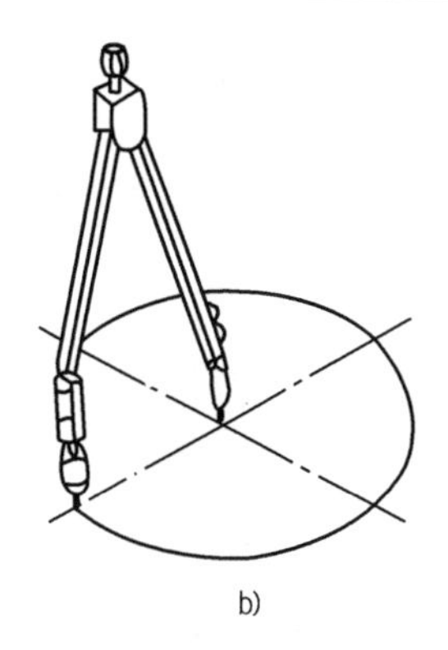

图 1-49　圆规的使用

画圆时,先将圆规两腿分至所需半径尺寸,借左手食指把针尖放在圆心位置,将钢针扎入图纸和图板,按顺时针方向稍微倾斜地转动圆规,转动时用力和速度要均匀。画大圆弧时,可加上延伸杆。如图 1-50 所示。

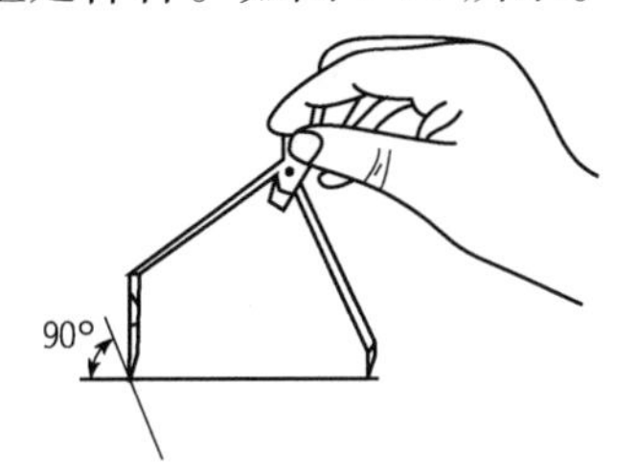

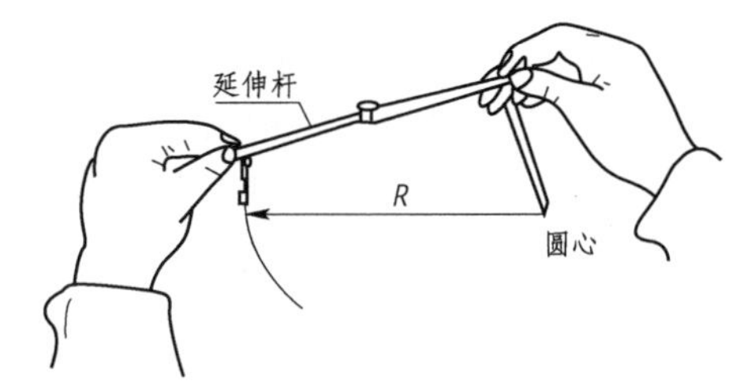

图 1-50　圆规的使用方法

分规是用来量取尺寸和等分线段或圆周的工具。分规的两条腿均安有钢针,当两条腿并拢时,分规的两个针尖应对齐。调整分规两脚间距离和用分规量取尺寸的手法,如图 1-51 所示。

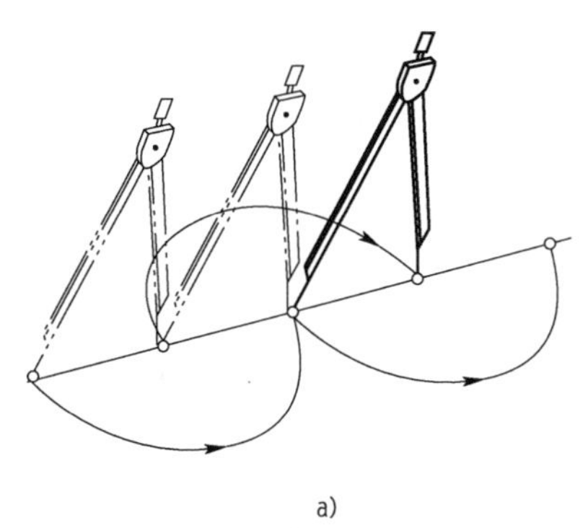

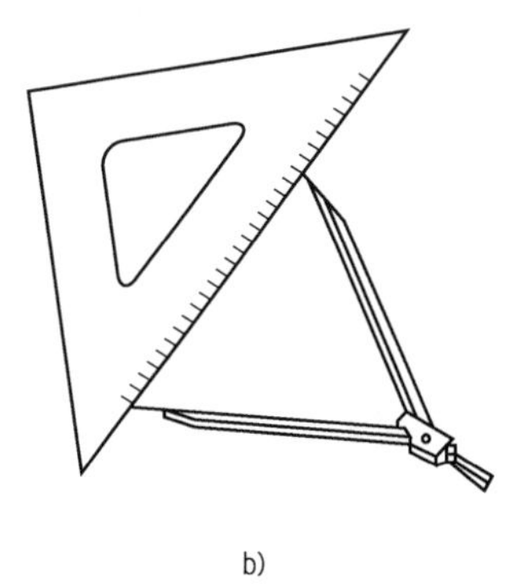

图 1-51　分规的使用方法

三、铅笔

绘图铅笔的铅芯有软硬之分,用代号 H、B 和 HB 来表示。B 前的数字越大,表示铅芯越软,绘出的图线颜色越深;H 前的数字越大,表示铅芯越硬;HB 表示软硬适中。

画底稿线常用 2H 的铅笔;画粗实线常用 2B 的铅笔;画细实线、虚线、细点画线和写字时，常用 H 或 HB 的铅笔。加深圆弧时用的铅芯，一般要比画粗实线的铅芯软一些。

铅笔应从没有标号的一端开始使用，以便保留软硬的标号，画粗实线时，应将铅芯磨成铲形，其余的线型铅芯磨成圆锥形，如图 1-52 所示。

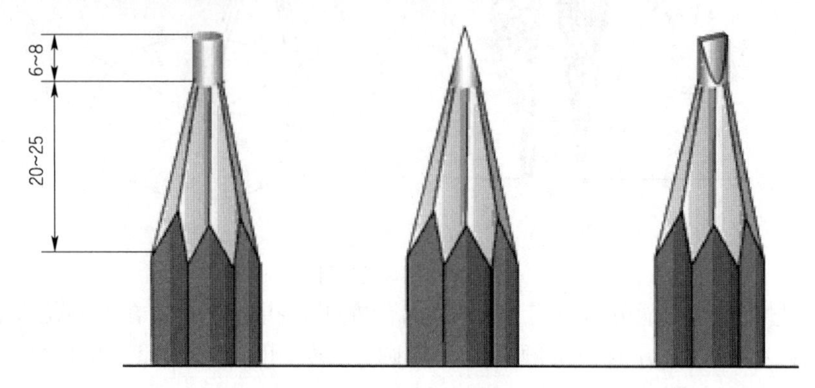

图 1-52　铅笔芯的削制形状

除上述工具和用品外，绘图时还要配备削修铅笔的小刀、固定图纸的胶带纸，清理图纸的小刷子，以及橡皮、擦图片等工具和用品。

曲线板和擦图板。曲线板是绘制非圆曲线的常用工具。如图 1-53。擦图板使用时，是利用其上面各种形式的镂孔，擦去多余的线条，从而保证图纸幅面的清洁。

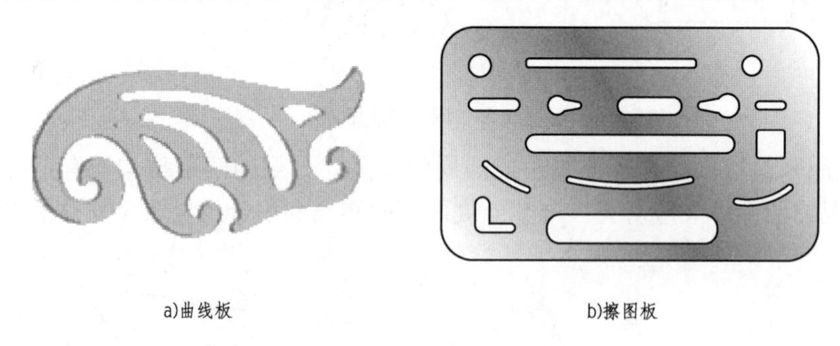

a)曲线板　　b)擦图板

图 1-53　绘图工具

四、作图技能

零件的轮廓形状基本上都是由直线、圆弧及其他平面曲线所组成的几何图形。掌握常见几何图形的作图方法，是提高绘图速度、保证图样质量的重要技能基础知识。

（一）斜度和锥度

1. 斜度（GB/T 4096—2001）

斜度是指一直线（或平面）相对于另一直线（或平面）的倾斜程度。其大小用它们之间夹角的正切值来表示，代号为“S”。如图 1-54 所示，斜度为最大棱体高 H 与最小棱体高 h 之差对棱体长度之比，即 $S = H - h/L$。通常把比例的前项化为 1，而以简单分数 1∶n 的形式表示。

标注斜度时，在比数之前加注符号“∠”，例如图中斜度标注∠1∶15。符号的倾斜方向应与斜度的方向一致。

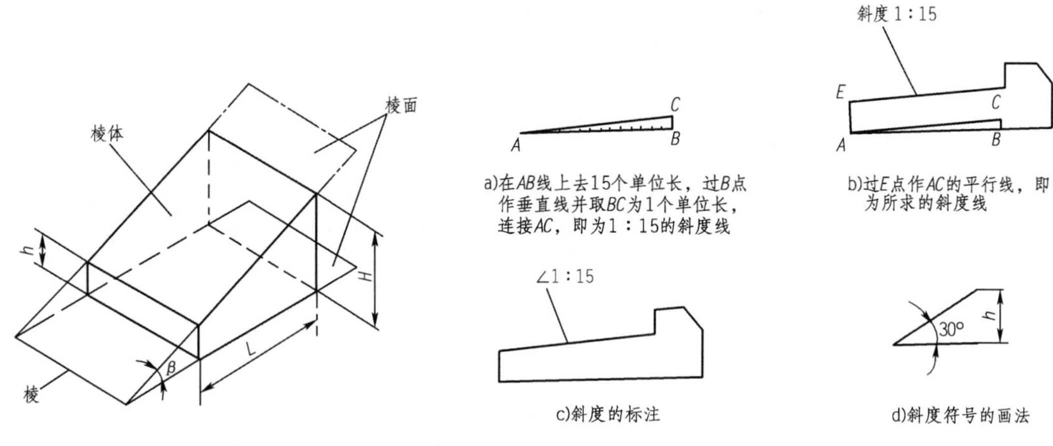

图 1-54　斜度的画法及标注

2. 锥度(GB/T 15754—1995)

锥度是指两个垂直圆锥轴线的圆直径差与该两截面间的轴向距离之比,称为锥度,代号为"C"。如图 1-55 所示。锥度为最大端圆锥直径与最小端圆锥直径 d 之差对锥体长度之比,即 $C = D - d/L$。与斜度的表示方法一样,通常也把锥度的比例前项化为 1,写成 1∶n 的形式,见图 1-55e)。

过已知点作锥度的方法及步骤,见图 1-55a)、b)、c);锥度用引出线从锥面的轮廓线上引出标注,锥度符号的尖端指向锥度的小头方向;锥度符号按图 1-55d)绘制。锥度的标注方法见图 1-55e),符号的尖端方向应与锥面方向一致。

例如,画出图 1-55e 中所示的 1∶8 锥度的图形。

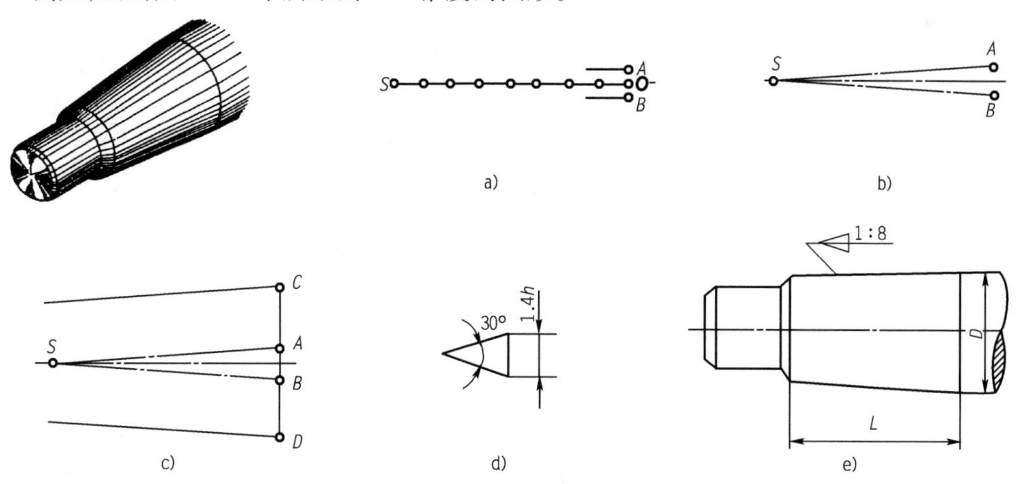

图 1-55　锥度的画法及标注

a)在 SD 线上取 8 个单位长,过 O 作垂线并各取 OA、OB 为 1/2 单位长;b)连接 SA、SB 即为 1∶8 的锥度;c)过 CD 分别作 SA、SB 的平行线,得所求的锥度线;d)锥度符号的画法;e)锥度的标注(在锥度数字前加注锥度符号"◁")。

(二)作正多边形及等分

(1)用三角尺画圆内接正多边形的画法见表 1-6。

用三角尺画圆的内接正四边形、八边、六边形的画法 表 1-6

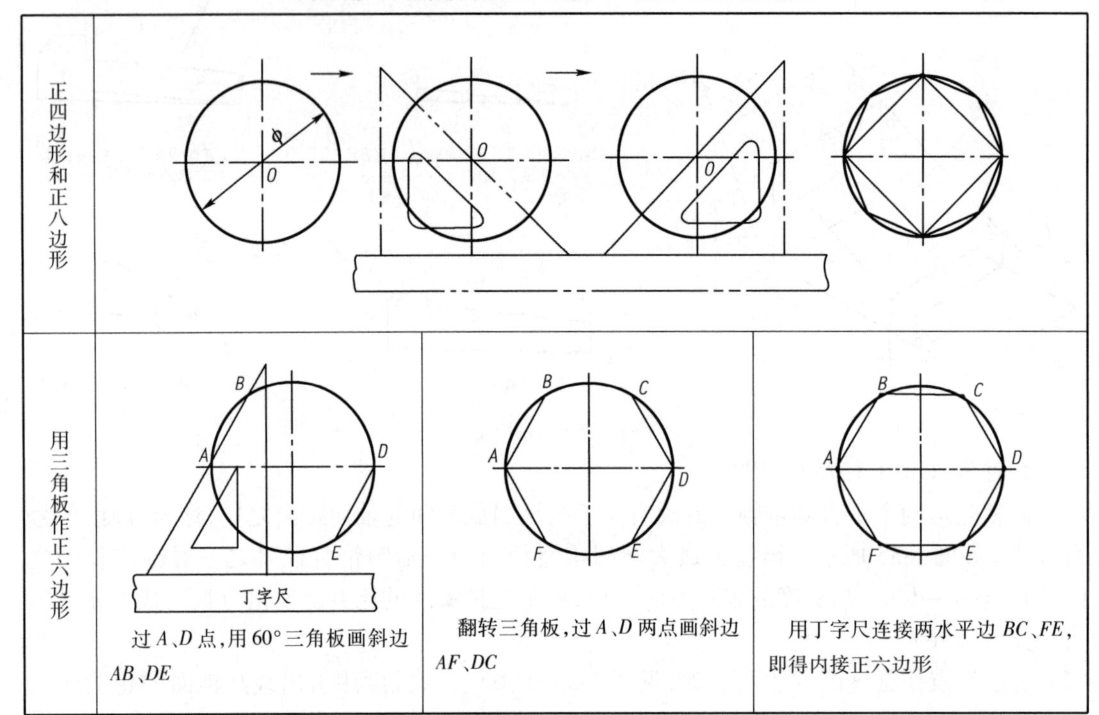

（2）用圆规画圆内接正多边形的画法见表 1-7。

用圆规画圆内接正多边形的画法 表 1-7

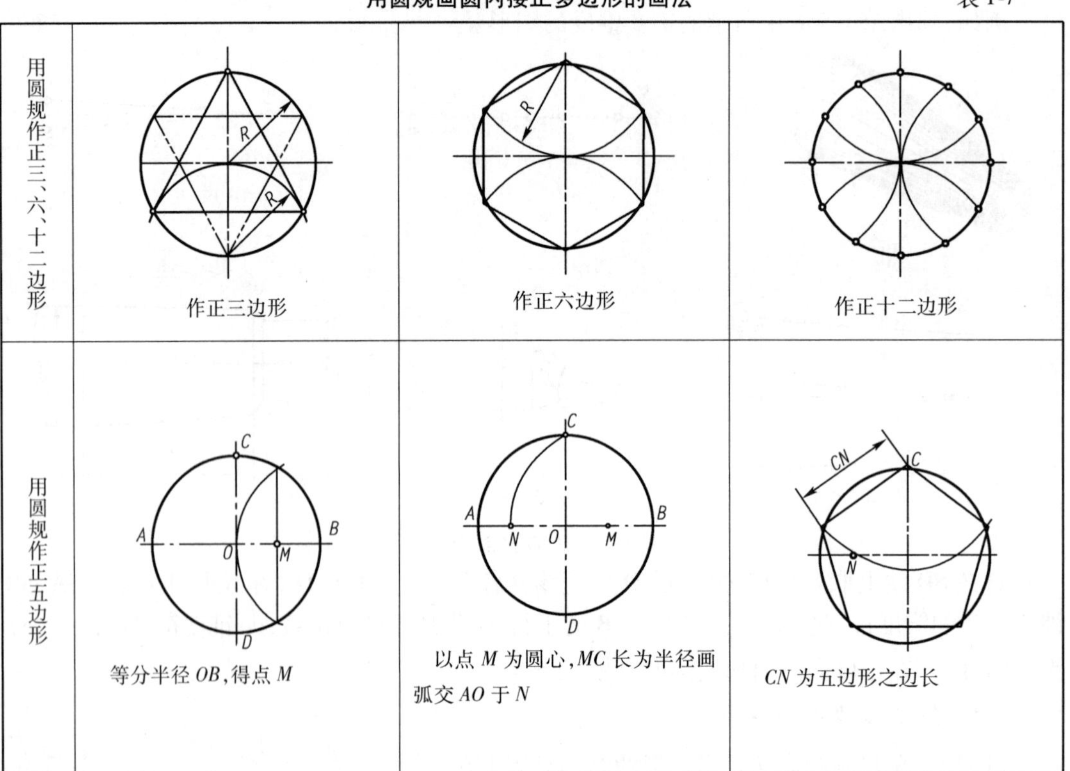

线段及角度等分画法的见表 1-8。

线段及角度等分的画法　　表 1-8

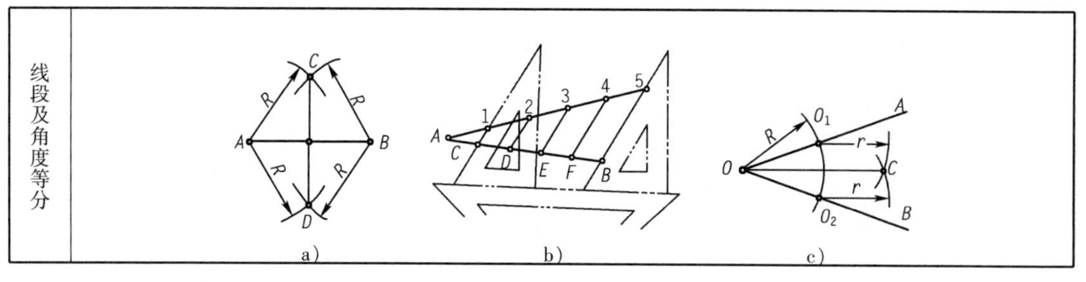

（三）圆弧连接

用一圆弧光滑地连接相邻两线段（直线或圆弧）的作图方法，称为圆弧连接。在机件轮廓图中经常可见，图 1-56a）、图 1-56b）分别为连杆和扳手的轮廓图。

这里讲的连接是指相切关系：圆弧与直线相切，圆弧与圆弧相切。

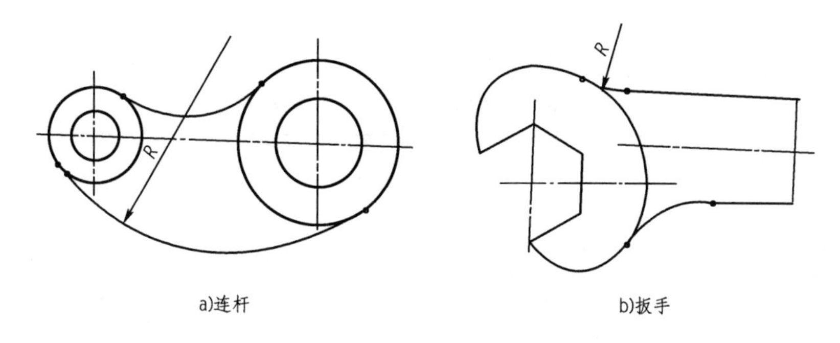

图 1-56　圆弧连接图例

圆弧连接的作图步骤：如表 1-9 ~ 表 1-11。

（1）直线与圆弧之间的圆弧连接画法，其作图步骤见表 1-9 所示。

直线与圆弧之间的圆弧连接画法　　表 1-9

类别	已知条件和作图要求	作图步骤		
直线和圆弧间的圆弧连接	以已知的连接弧半径 R 画弧，与直线 I 和 O_1 圆外切	1. 作直线Ⅱ平行于直线Ⅰ（其间距离为 R）；再作已知圆弧的同心圆（半径为 R_1+R）与直线Ⅱ相交于 O	2. 作 OA 垂直于直线 I：连 OO_1 交已知圆弧于 B，A、B 即为切点	3. 以 O 为圆心，R 为半径画圆弧，连接直线 I 和圆弧 O_1 于 A、B 即完成作图

（2）两直线之间的圆弧连接画法，其作图步骤见表 1-10。

两直线间圆弧连接 表 1-10

类别	用圆弧连接锐角或钝角的两边	用圆弧连接直角的两边
图例	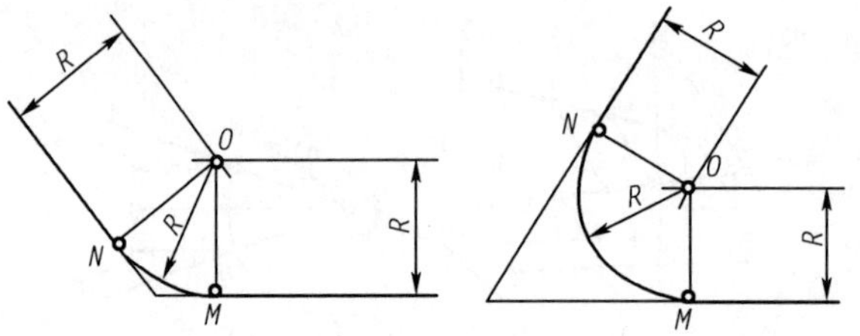	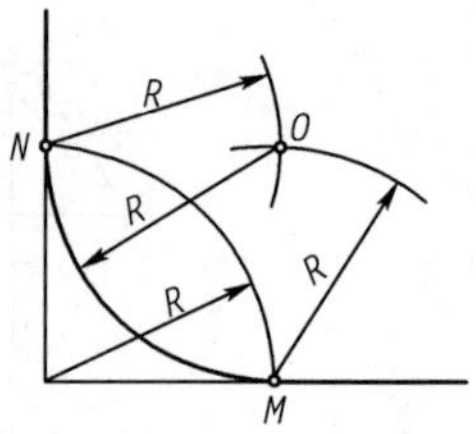
作图步骤	1. 作与已知角两边分别相距为 R 的平行线，交点 O 即头连接弧圆心 2. 自 O 点分别向已知角两边作垂线，垂足 M、N 即为切点 3. 以 O 为圆心，R 为半径在两切点 M、N 之间画连接圆弧即为所求	1. 以角顶为圆心，R 为半径画弧，交直角 M、N 2. 以 M、N 为圆心，R 为半径画弧，相交得连接圆心 O 3. 以 O 为圆心，R 为半径在 M、N 之间画连接圆弧即为所求

（3）两圆弧之间用圆弧连接的内接、混合连接画法，其作图步骤见表 1-11 所示。

两圆弧之间用圆弧连接的内接、混合连接 表 1-11

类别		已知条件和作图要求	作图步骤		
两圆弧间的圆弧连接	内连接	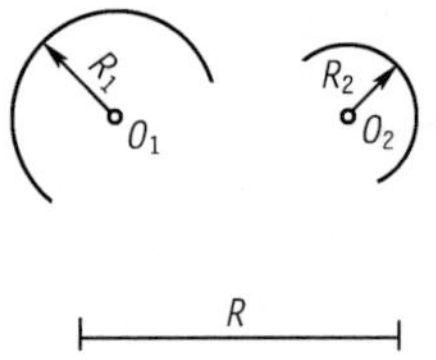 以已知的连接弧半径 R 画弧，与两圆内切	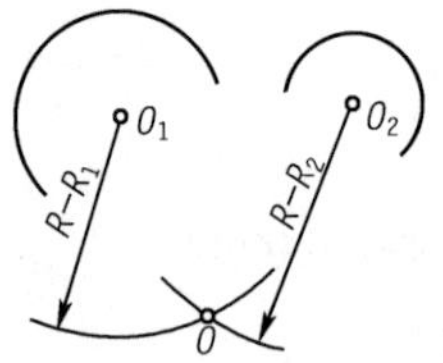 1. 分别以（$R-R_1$）和（$R-R_2$）为半径，O_1 和 O_2 为圆心，画弧交于 O	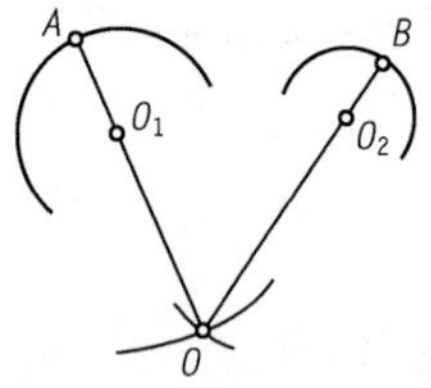 2. 连 OO_1、OO_2 并延长，分别交已知弧于 A、B，A、B 即为切点	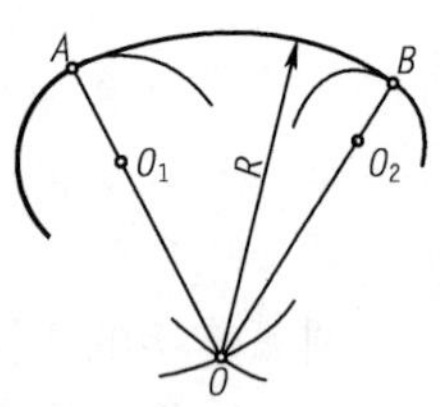 3. 以 O 为圆心，R 为半径画圆弧，连接两已知弧于 A、B 即完成作图
	混合连接	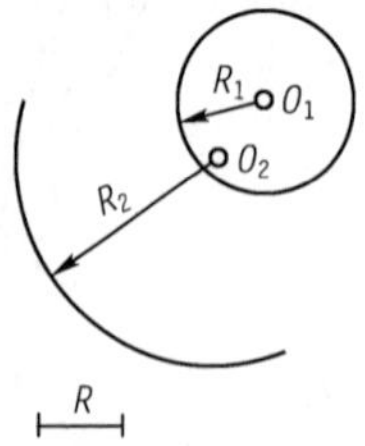 以已知的连接弧半径 R 画弧，与 O_1 圆外切，与 O_2 圆内切	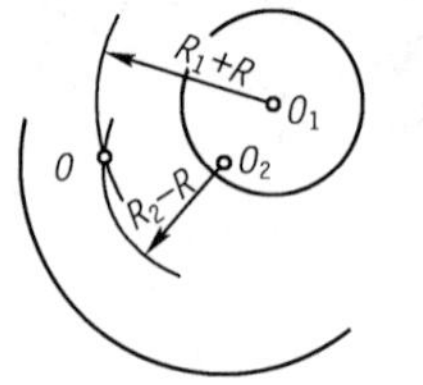 1. 分别以（R_1+R）及（R_2-R）为半径，O_1、O_2 为圆心，画弧交于 O	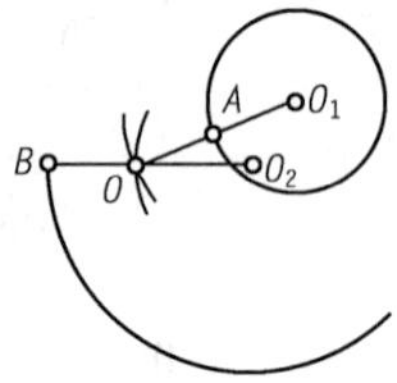 2. 连 OO_1 交已知弧于 A，连 OO_2 并延长交已知弧于 B，A、B 即为切点	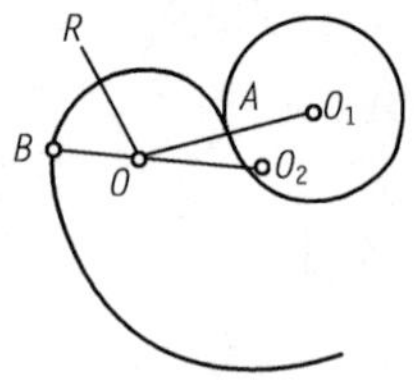 3. 以 O 为圆心，R 为半径画圆弧，连接两已知弧于 A、B 即完成作图

（4）两圆弧之间用圆弧连接的外接画法，其作图步骤见表 1-12 所示。

两圆弧之间用圆弧连接的外接画法　　表 1-12

类别		已知条件和作图要求	作图步骤		
两圆弧间的圆弧连接	外连接	以已知的连接弧半径 R 画弧，与两圆外切	1. 分别为 (R_1+R) 及 (R_2+R) 为半径，O_1、O_2 为圆心，画弧交于 O	2. 连 OO_1 交已知弧于 A，连 OO_2 交已知弧于 B，A、B 即为切点	3. 以 O 为圆心，R 为半径画圆弧，连接已知圆弧于 A、B 即完成作图

(四)平面图形的分析及作图方法

平面图形是由许多线段连接而成，这些线段之间的相对位置和连接关系，靠给定的尺寸来确定。画平面图形时，只有通过分析尺寸和线段之间的关系，才能掌握正确的作图方法和步骤。

1. 尺寸分析

平面图形中的尺寸，按其作用可分为两类：

(1)定形尺寸。用于确定平面图形上几何元素形状大小的尺寸称为定形尺寸。如线段长度、圆的直径、半径以及角度大小等尺寸。

(2)定位尺寸。确定平面图形上几何元素相对位置的尺寸称为定位尺寸。如图 1-57 所示，同一个图形中的定形尺寸 a)和定位尺寸 b)。

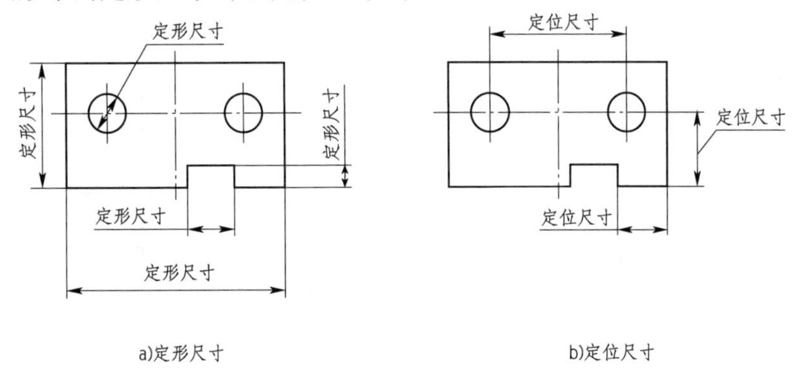

图 1-57　平面图形的尺寸类型

标注定位尺寸时，应先确定起点，该起点称为尺寸基准。尺寸的基准可以是点、轮廓线、中心线等。

平面图形有长和高两个方向，每个方向至少应有一个尺寸基准。定位尺寸通常以图形的对称线、中心线、较长的底线或边线作为尺寸基准。

2. 线段分析

在平面图形中，有些线段具有完整的定形和定位尺寸，绘图时，可根据标注的尺寸直接绘出；而有些线段的定形和定位尺寸并未完全注出，要根据已注出的尺寸和该线段的相邻线段的连接关系，通过几何作图才能画出。因此，按线段的尺寸是否标注齐全，通常将线段分为已知线段、中间线段和连接线段三类。

(1)已知线段。注有完整的定形和定位尺寸的线段,可根据所注尺寸直接画出,见图1-58中 R32、ϕ15、ϕ20、ϕ27、ϕ20 等。

(2)中间线段。有定形尺寸但定位尺寸不全,不能按给定的尺寸直接作图,需将有关线段,作出后才能画出该线段,见图1-58中的 R28、R15 的弧。

(3)连接线段。已知定形尺寸而无定位尺寸,需通过作图后才能画出该线段,见图1-58中的 R3、R28、R40 的弧。

画图时,应先画已知线段,再画中间线段,最后画连接线段。

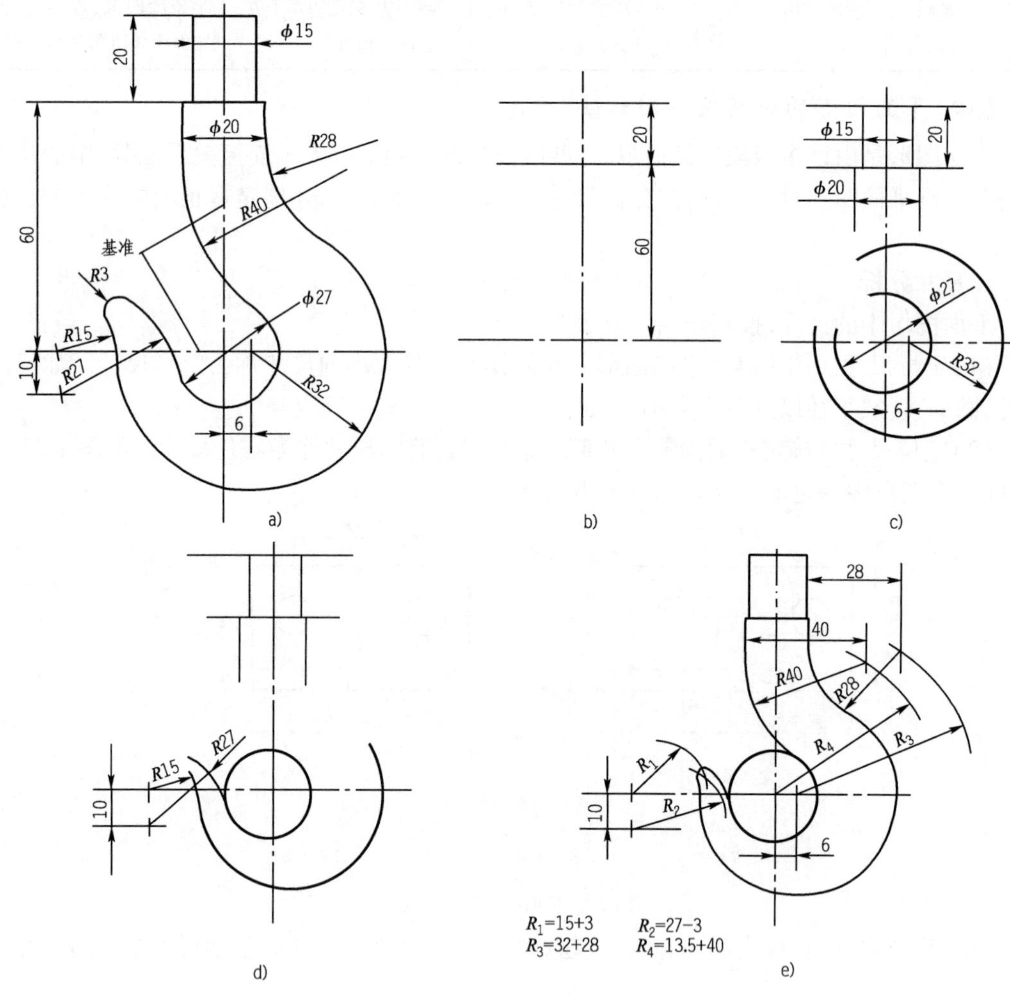

图1-58 吊钩平面作图示例

a)吊钩;b)~e)作图步骤

3.平面图形的绘图方法和步骤

(1)确定比例、选择图幅、固定图纸;

(2)打底稿:

①画出图框和标题栏;

②合理、匀称地布图;

③画出基准线,依次画已知、中间、连接线段;

④画尺寸界线、尺寸线。

绘制底稿时,图线要清淡、准确,并保持图面整洁。

(3)检查加深。加深描粗前,要全面检查底稿,修正错误,擦去画错的线条及作图辅助线:

加深描粗的步骤如下:

①先细后粗;

②先曲后直;

③先水平、后垂斜;

④画箭头、注尺寸、填写标题栏。

加深描粗时,应尽量使同类图线同一粗细、浓淡一致,连接光滑,字体工整,图面整洁。

(五)徒手画图的方法

徒手绘制的图又称草图。是一种以目测估计图形与实物的比例,按一定画法要求徒手(或部分使用绘图仪器)绘制的图样。草图是工程技术人员交流、记录、构思、创作的有力工具,是工程技术人员必须掌握的一项重要的基本技能。在学习过程中,应通过反复实践,逐步提高徒手绘图的速度和技巧。

1. 直线的画法

徒手画直线时,执笔要自然,手腕抬起,不要靠在图纸上,眼睛朝着前进的方向,注意画线的终点。同时可用小手指作为支点与纸面接触,以保持运笔平稳,如图1-59所示为徒手画水平线、垂直线、倾斜线的方法。

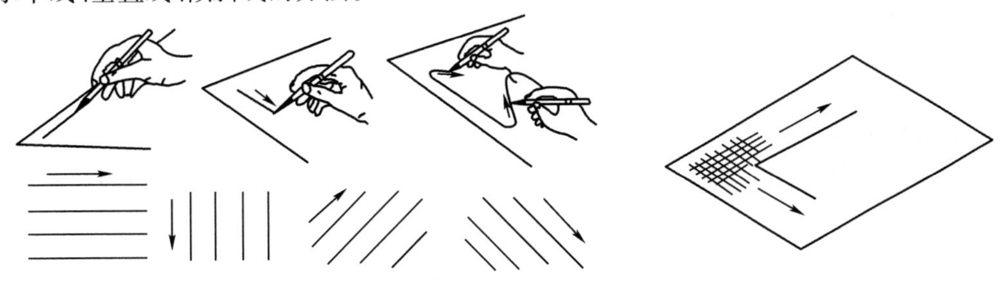

图1-59　徒手直线的画法

短直线应一笔画出,长直线则可分段相接而成。画水平线时,可将图纸稍微倾斜放置,从左到右画出。画垂直线时,由上向下较为顺手。画斜线时可将图纸移动到适合运笔的角度。

2. 常用角度的画法

徒手画45°、30°、60°等常见角度时,可根据两直角边的比例关系,在两直角边上定出两端点,然后连接而成,如图1-60所示。

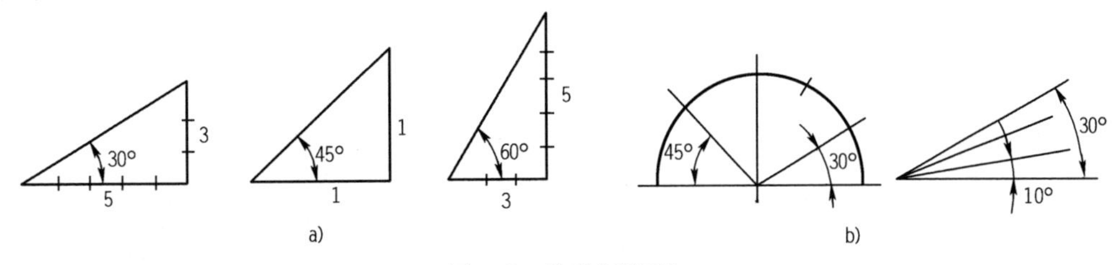

图1-60　徒手角度画法

3. 圆角的画法

画直角圆角时,先按半径大小画出正方形,找出图形的圆心,作垂足得切点,然后在正方形中画出圆弧,如图1-61a)所示;画任意角圆角时,可目测估计画平行线,找出图形的圆心,作垂足得切点,最后在任意角中画出圆弧,如图1-61b)所示。

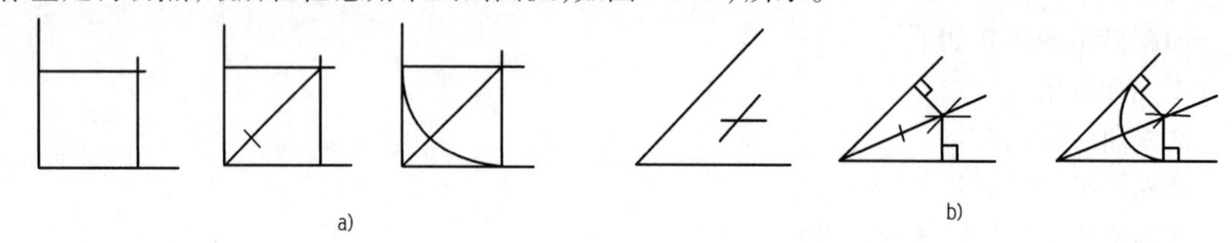

图1-61 圆角的画法

4. 圆的画法

画较小的圆时,可先画中心线,在中心线上按半径大小目测定出四点,然后过四点分两半画出,如图1-62a)所示;也可过四点先作正方形,再作内切四段圆弧,如图1-62b)所示。

画直径较大的圆时,可过圆心加画一对十字线,按半径大小,目测定出八点,然后估计逐段画出,如图1-62c)所示。

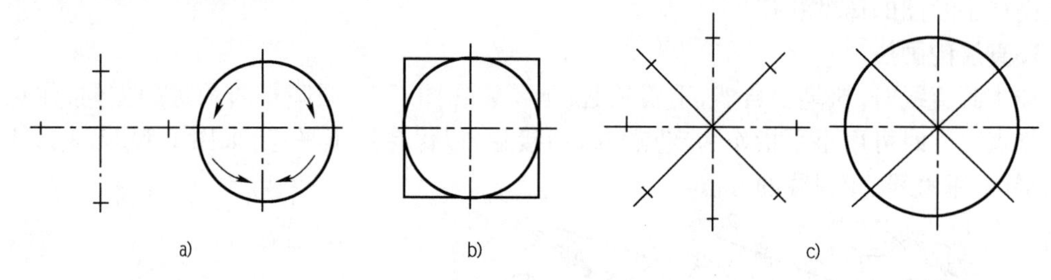

图1-62 圆的徒手画法

5. 椭圆的画法

画椭圆时,先根据长、短轴定出四点,画出一个矩形,然后画出与矩形相切的椭圆,如图1-63a)所示。也可先画出椭圆的外切菱形,然后画出椭圆,如图1-63b)所示。

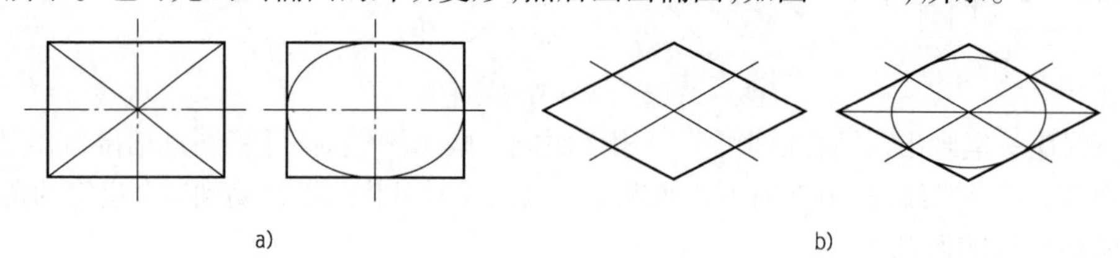

图1-63 椭圆的徒手画法

单元二
投影作图

学习目标

1. 理解投影的方法。掌握点的投影规律，熟悉点的投影与直角坐标的关系；

2. 熟悉直线的三面投影作法，两直线相对位置的判定方法；

3. 理解平面的表示方法，掌握各种位置平面的投影特性，熟悉平面上的直线和点的投影关系；

4. 理解基本立体的定义及分类，掌握常见平面体和曲面体的投影特征和作图要领；

5. 了解截交线和相贯线的概念和性质，掌握求作截交线和相贯线的基本方法；

6. 理解组合体的组合形式及组合体相邻表面连接关系，掌握组合体的尺寸标注与读图的基本方法

课题一　投影法的基本概念

一、投影的形成

日常生活中，常见到物体被阳光或灯光照射后，会在地面或在墙上留下一个灰色的影子，如图 2-1 所示。这个影子只能反映物体的轮廓，却无法表达物体的形状和大小。人们将这种现象进行科学的抽象，总结出影子与物体之间的几何关系而形成了投影法，使在图纸上表达物体形状和大小的要求得以实现。

投影的光线称为投影线，用于画图的平面称为投影面，在投影面上所画的图为投影图，画图的过程称为投影作图。如图 2-1 所示。

二、投影法的分类

投影法分为中心投影法和平行投影法两类。

1. 中心投影法

投射线交于一点的投影方法叫中心投影法。用中心投影法得到的投影称为中心投影，

如图 2-1 所示。图示中的投射线相交于一点 S，被投影物体 $ABCD$ 在投影面 P 上的投影为 $abcd$。用中心投影法所得投影不能反映物体的真实大小，中心投影法适用于绘制建筑物的外观图，以及美术画等。

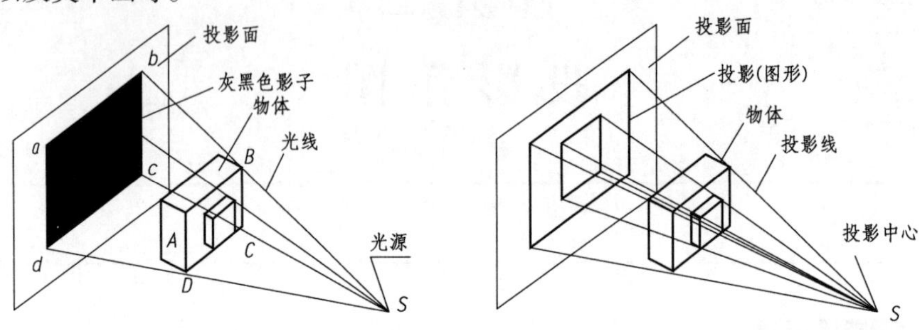

图 2-1　投影的形成及各部分的名称

2. 平行投影法

投射线互相平行的投影法叫作平行投影法。用平行投影法得到的投影称为平行投影，如图 2-2 所示。

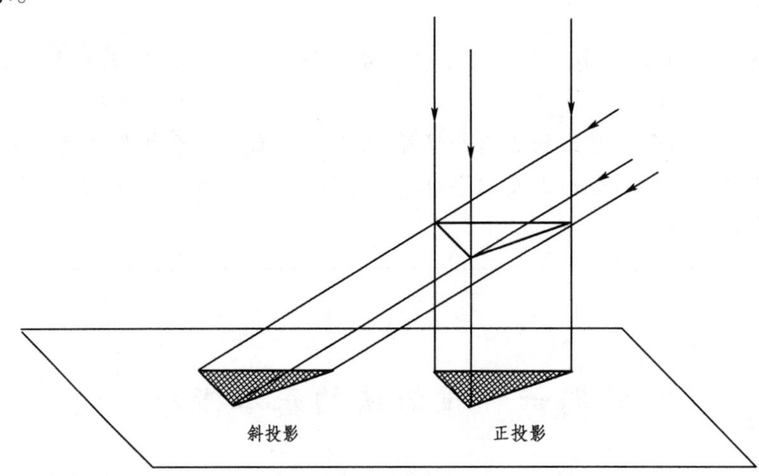

图 2-2　平行投影法

在平行投影法中，根据投射线与投影面的角度不同，又分为斜投影法和正投影法。

投射线与投影面倾斜时的投影方法称为斜投影法，用斜投影法所得投影称为斜投影。

投射线与投影面垂直时的投影方法称为正投影法，用正投影法所得的投影称为正投影。正投影能反映物体的真实形状和大小，且作图方便。因此，被机械制图所广泛采用。如图 2-3所示。

三、轴测投影

1. 轴测投影的基本知识

1）轴测投影法

轴测投影法是将物体用平行正投影法或平行斜投影法投射到预定的一个投影面上的方法。在投影面上所得的投影称为轴测投影，也叫轴测图。轴测投影法是把物体连同其所在的直角坐标系一起投射到投影面上的，由于在一个投影面上能够反映物体长、宽、高三个方向的形状,符合人们的视觉习惯,立体感强,便于读图。但度量性、准确性较差、作图困难。

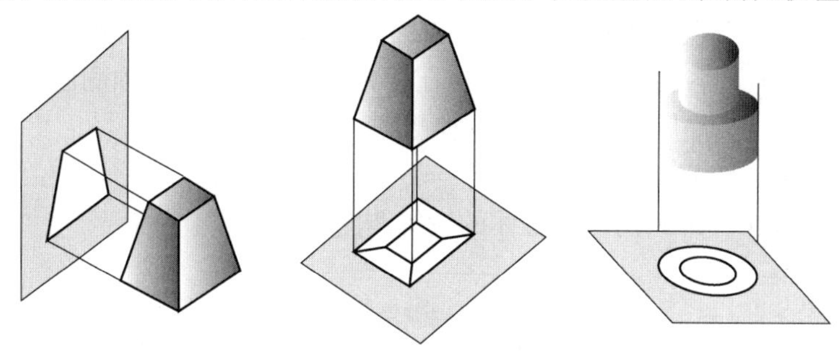

图 2-3　正投影图图例

2)轴间角和轴向变形系数

空间直角坐标轴 $X_0Y_0Z_0$ 在轴测投影面上的投影 X、Y、Z 称为轴测轴,相邻两轴测轴间的夹角称为轴间角。如图 2-4 中的∠XOY、∠YOZ、∠XOZ。

画轴测图时,沿轴的方向所画的长度与物体真实长度的比,称为轴向变形系数。

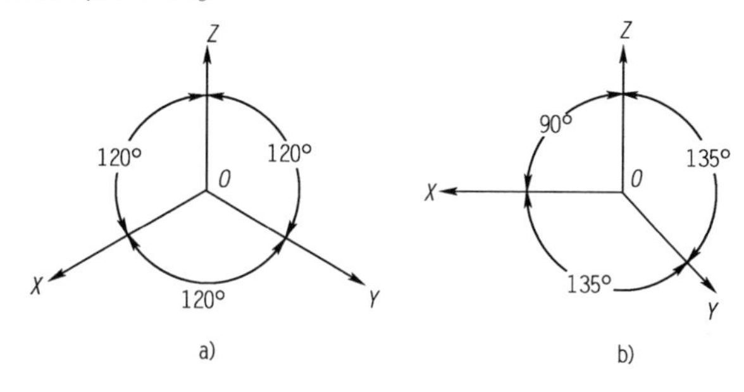

图 2-4　轴测轴及轴间角

3)轴测投影的基本特性

在空间互相平行的线段,在同一轴测投影中一定互相平行。物体上与坐标轴平行的线,其轴测投影必与相应的轴测轴平行。与轴测轴平行的线段,按该轴的轴向变形系数进行度量。与轴测轴倾斜的线段,不能用该轴的轴向变形系数进行度量。即绘制轴测图时必须沿轴向测量尺寸。

2. 轴测图的类型

根据投射方向和轴测投影面所成的角度不同可分为:正等测轴测图(简称正等测);斜二等测轴测图(简称斜二测)。由于轴测图直观、形象,为了帮助看图,工程上常采用轴测图作为辅助图样。下面学习这两种轴测图画法。

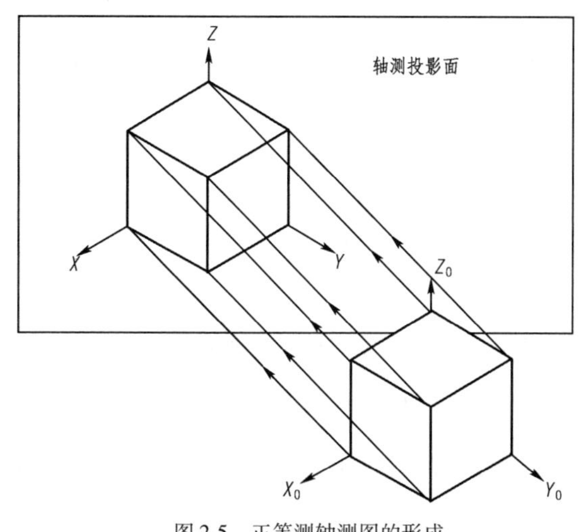

图 2-5　正等测轴测图的形成

3. 轴测图画法

1)正等测轴测图画法

(1)正等测轴测图的形成。

将物体的三根轴与轴测投影面具有相同的夹角放置,然后用投射线方向与轴测投影面垂直的正投影法向轴测投影面投影,所得的轴测投影为正等测轴测图(图 2-5)。

(2)正等测图的规定。

正等测图的三个轴间角都是 120°(其中 Z 轴是竖直位置),如图 2-4a)所示。三个方向轴向变形系数都为 0.82,为了作图方便近似取 1。

（3）正等测图的画法。

画出轴测轴 X、Y、Z；在轴测轴 X、Y、Z 上或轴测轴 X、Y、Z 的平行线上，按物体的实际长度 1∶1 找截点；过截点作各轴测轴的平行线（在物体上平行的线，在轴测图上仍平行）；在平行线上再以 1∶1 找截点，最后连接各点完成轴测图。

（4）基本几何体正等测图画法举例。

例 1 试画出长 14、宽 9、高 5 长方体的正等测图。

画法和步骤见表 2-1。

长方体轴测图画法 表 2-1

图　　例	画 图 步 骤
	画出轴测轴 OX、OY、OZ 互成 120°
	在 OX、OY 上截取 14、9 得点 A、C 过点 A、C 分别做 OX、OY 的平行线相交于点 B。此时即完成了长方体顶面的轴测投影 OABC
	过 A、B、C 点向下作 OZ 的平行线，并在其上截取 AA_1、BB_1、CC_1
	连接 A_1、B_1、C_1；擦去多余线条即得

例 2 试画正六棱柱的正等测轴测图。其中六边形外接圆直径为 18，六棱柱的高为 5。画法步骤见表 2-2。

正六棱柱的正等测轴测图画法 表 2-2

图　　例	画 图 步 骤
	画出外接圆直径为 18 的正六边形的平面图形 1、2、3、4、5、6，取正六边形的中心为坐标圆点，定出 X 和 Y 轴
	画出轴测图 X、Y 轴，在 X 轴上截取六边形的角点 1、4，在 Y 轴上截取六边形上的点 a、b
	过 a、b 作 X 轴的平行线，在 X 平行线上截取六边形的角点 2、3、5、6

续上表

图例	画图步骤
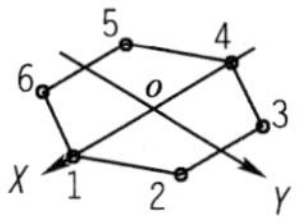	依次连接各角点1、2、3、4、5、6，即得顶面六边形的轴测图
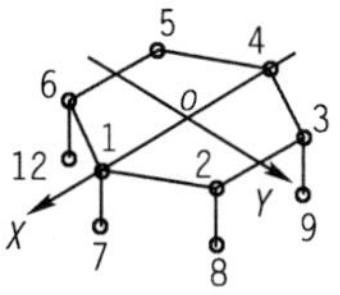	由各角点6、1、2、3作Z轴的平行线，并且截取相同的高度5，得点12、7、8、9
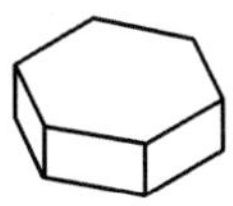	依次连接12、7、8、9，擦去多余的线条，即得正六边形的正等测图

例3 画直径为15，高为18的圆柱体的正等测轴测图。

画法和步骤见表2-3。

圆柱体正等测图画法 表2-3

图例	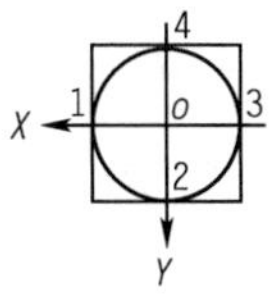	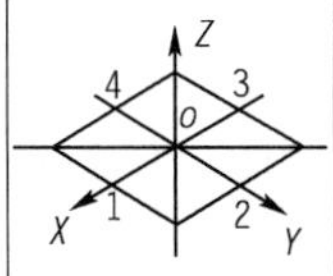	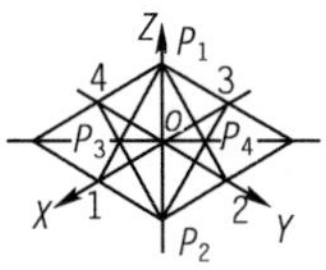	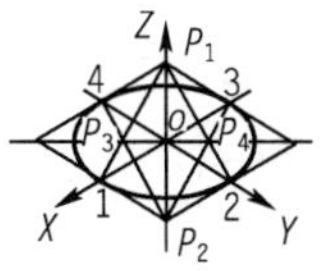	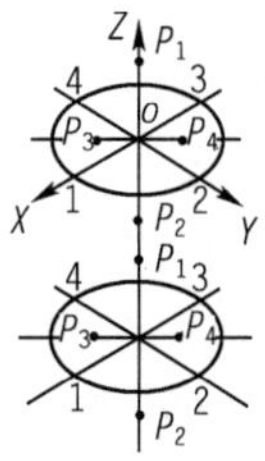	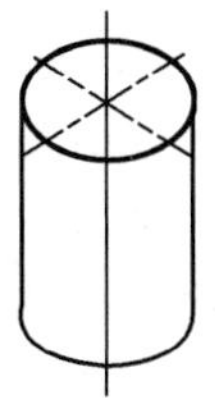
画图步骤	画直径为5的圆，再画出圆的外切正方形，切点为1、2、3、4，选择圆心为坐标原点，确定X、Y轴	画出轴测图OX、OY，在X、Y轴上截得切点1、2、3、4，过1、2、3、4分别作X、Y的平行线，得正方形的轴测图菱形	过切点1、2、3、4作菱边的垂线，它们的交点P_1、P_2、P_3、P_4即是画近似椭圆的四个圆心，它们分别位于菱形的两条对角线上	以P_1、P_2为圆心，$P_11=P_12=P_23=P_24$为半径画出大圆弧$\widehat{12}$、$\widehat{34}$；以P_3、P_4为圆心，$P_31=P_34=P_42=P_43$为半径画出小圆弧$\widehat{14}$、$\widehat{23}$。四段圆弧形成一个椭圆，即为圆柱体顶面圆的轴测投影	底面圆和顶面圆在轴测图上是两个大小相同的椭圆，只是相差一个圆柱高度的距离。所以，只要把上顶面上的P_1、P_2、P_3、P_4沿Z轴向下平移18即得到下底面椭圆的四个圆心，画出下底面椭圆	画出两个椭圆的公切线，擦去多的线条即得圆柱体的正等测图

平行坐标面的圆的正等测图是椭圆。平行于不同的坐标面，椭圆的长短轴方向不同，但

作图方法相同。

2）斜二测图的画法

（1）斜二测图的形成。

将物体放置成使它的一个坐标面与轴测投影面平行，然后用投射线方向轴测投影面倾斜的平行斜投影法向轴测投影面投影，所得的投影叫作斜二测图，简称斜二测，如图 2-6 所示。不同位置圆柱体的正等测图，如图 2-7 所示。

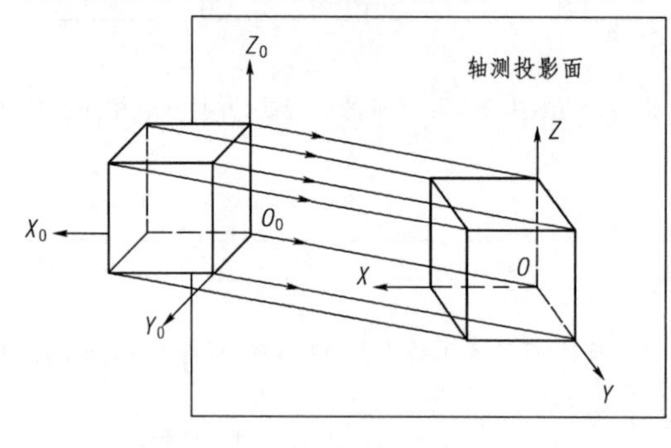

图 2-6　斜二测图的形成

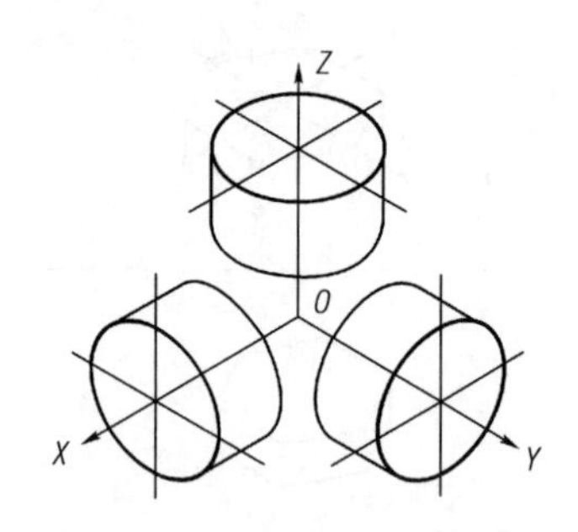

图 2-7　圆柱体的正等测图

（2）斜二测图的规定。

斜二测图的轴间角 $\angle XOZ = 90°$（其中 Z 轴为垂直位置）、$\angle XOY = \angle YOZ = 135°$，如图 2-4b）所示。

X、Z 轴的轴向变形系数为 1，Y 轴的轴向变形系数为 0.5。

（3）斜二测图画法。

画出轴测轴 X、Y、Z，在 X、Z 轴上或 X、Z 轴的平行线上按物体的实际长度找截点，在 Y 轴上或 Y 轴的平行线上取 Y 的一半找截点；连接各点完成轴测图。作图时注意，物体上平行的线，轴测图上也一定平行。

（4）基本几何体斜二测图画法举例。

例 1　画长 16、宽 14、高 4 的长方体的斜二测图。

画法步骤见表 2-4。

长方体斜二测图画法　　表 2-4

图　例	画　图　步　骤
	画出轴测轴 OX、OY、OZ
	在 X 上截取 16 得点 A，在 Z 轴上截 4 得 C 点，过 A、C 点作 X、Z 的平行线得交点 B，这就完成了长方体前面的轴测投影

续上表

图例	画图步骤
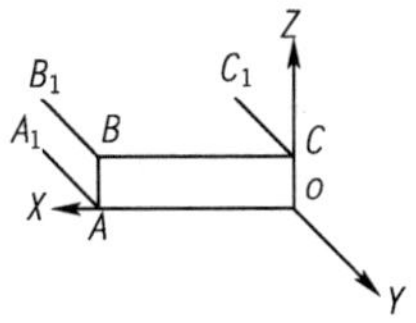	过 A、B、C 向后作 Y 的平行线,并在上截 14 的一半得 A_1、B_1、C_1
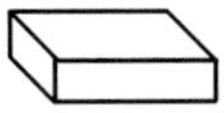	连接 A_1、B_1、C_1,擦去多余线条即得

例 2 画正六棱柱的斜二测轴测图,其中六棱柱的前面是直径为 20 的圆的内接正六边形,六棱柱的宽为 18。画法和步骤见表 2-5。

正六棱柱的斜二测图画法 表 2-5

图例	画图步骤
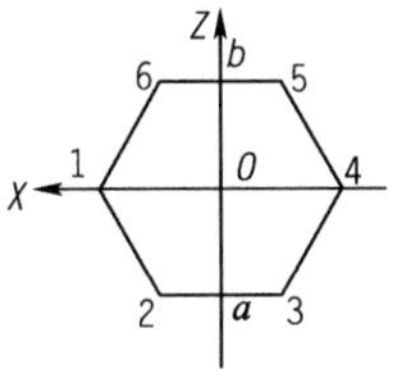	画外接圆直径为 20 的正六边形,并在平面六边形上取中心为坐标原点,确定 X、Z
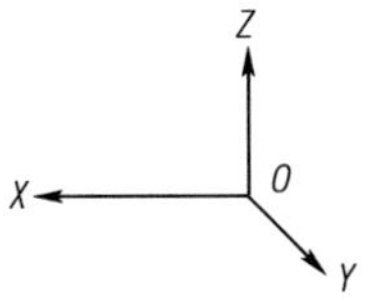	画出轴测投影轴 OX、OY、OZ
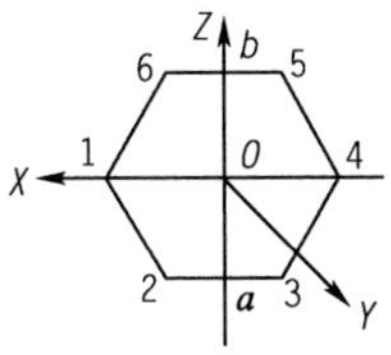	以 O 为中心,在 X、Z 平面内作外接圆直径为 20 的正六边形 1、2、3、4、5、6
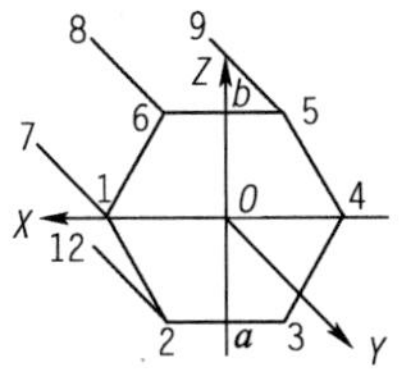	过正六边形的各角点 1、6、5、2,沿 Y 轴的反方向作平行线,且截取相同的长度 18 的一半得 7、8、9、12
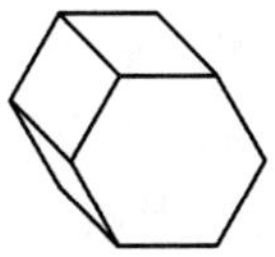	连接 7、8、9、12,擦去多余的线条即得

例 3 画前后面直径为 20，宽为 16 的圆柱体的斜二测轴测图。

画法步骤见表 2-6。

圆柱体斜二测轴测图画法 表 2-6

图例	画图步骤
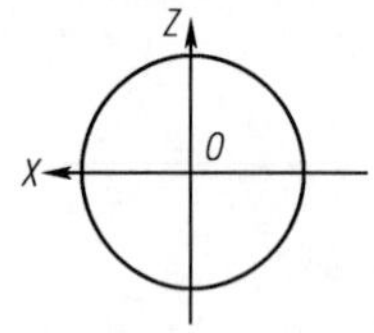	画一平面圆，选圆心为坐标原点，确定 X、Z 轴
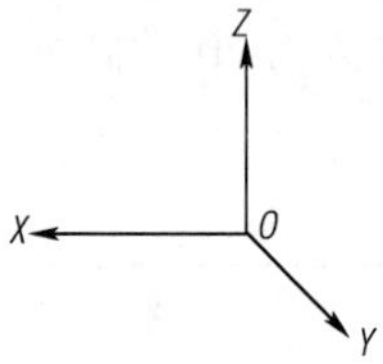	画出轴测投影轴 OX、OY、OZ
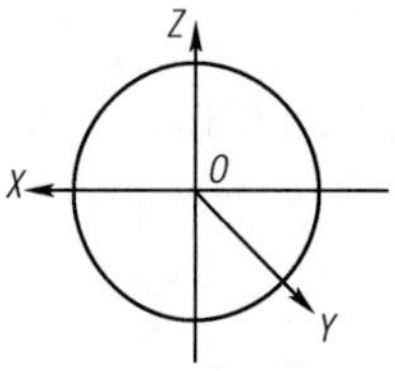	以 O 为圆心在 X、Z 平面上画直径为 20 的圆
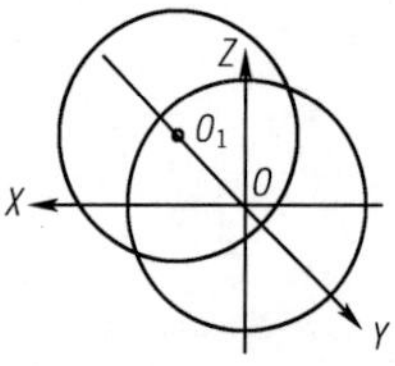	将圆心沿 Y 的反方向移动圆柱体宽度 16 的一半得点 O_1、以 O_1 为圆心画直径为 20 的圆
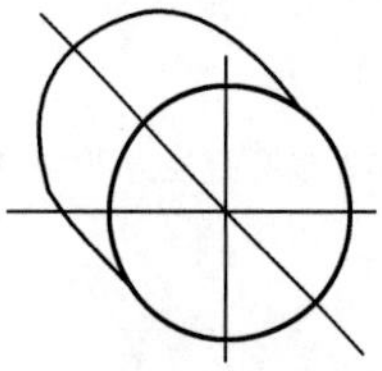	画出前后两圆的公切线，擦去多余的线即得

从以上的作图过程可看出，在斜二测图中物体的前面或与其平行的面，即物体上平行于 XOZ 坐标面的直线或平面形，均反映实长和实形。所以当物体上有较多的圆或曲线平行于 XOZ 坐标面时，采用斜二测作图较为方便快捷。

四、三视图的形成与投影规律

用正投影法在投影面上得到的图形，在机械制图中称为正投影图，也叫视图。一个方向的视图只能反映物体一个方向的形状，不能确定物体的整体形状情况。如图 2-8 所示，三个不同的物体，它们在这个投影面上的视图是相同的。所以，要反映物体的完整形状，必须建立多个面的投影体系，可以由多个方向的投影来确定空间物体的真实形状。学习画物体三个方向的视图是课程的主要内容和技能要求。

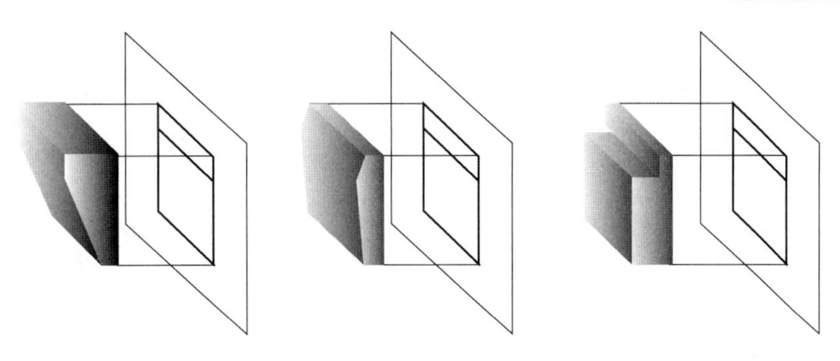

图 2-8 不同物体在同一方向上的投影图一样

1. 三视图的形成

1）建立空间三投影面体系

要形成三个投影，首先要有三个投影面，为了方便，我们用两两相交且相互垂直的三个投影面，来形成一个空间三投影面体系。作为三视图的三个投影面。如图 2-9 所示。

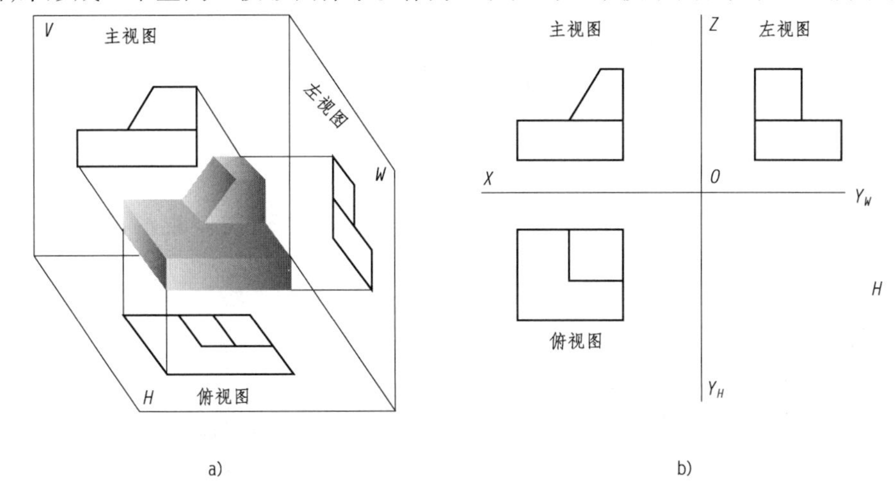

图 2-9 三视图的形成及布置位置

正投影面，由 X、Z 坐标组成，用 V 来表示；水平投影面，由 X、Y 坐标组成，用 H 来表示；侧投影面，由 Y、Z 坐标组成，用 W 来表示。

2）三面投影

将物体放入三面投影体系中，分别向三个面进行正投影。物体由前向后在 V 面上的投影，叫正面投影，也叫主视图；物体由上向下在 H 面上的投影叫水平投影，也叫俯视图；物体由左向右在 W 面上的投影叫侧面投影，也叫左视图。

此三投影称为物体的三视图，如图 2-9a）所示。

3）展开

为了画图方便，把互相垂直的三个投影面展开到一个平面上。展开时，正投影面 V 的位置不变，将水平投影面 H 绕 X 轴向下旋转 90°，将侧投影面绕 Z 轴向右旋转 90°，这样 V、H、W 就转到了一个平面上，便于作图，如图 2-9b）所示。

2. 三视图之间的关系

物体的三个视图不是互相孤立的，三个视图之间有下列关系。

1)位置关系

由三视图的形成过程决定了三个视图的位置,以主视图为中心,俯视图在主视图的下面,左视图在主视图的右边,如图2-9所示。

2)方位关系

物体在空间有上、下、前、后、左、右六个方位,在每个视图上能显示出四个方位,如图2-10所示。

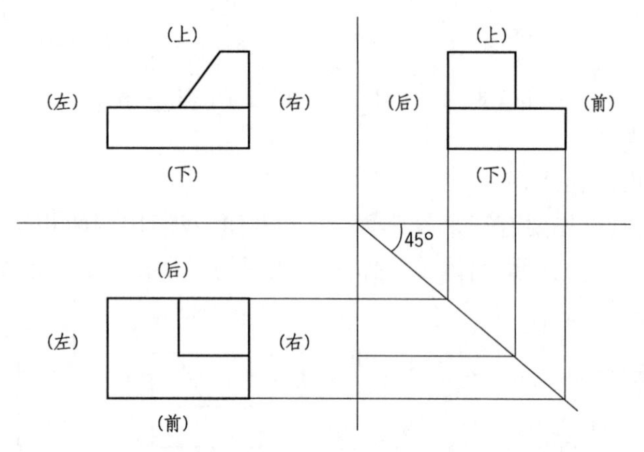

图2-10 方位关系

主视图反映上下和左右方位;左视图反映上下和前后方位;俯视图反映前后和左右方位。

3)度量关系

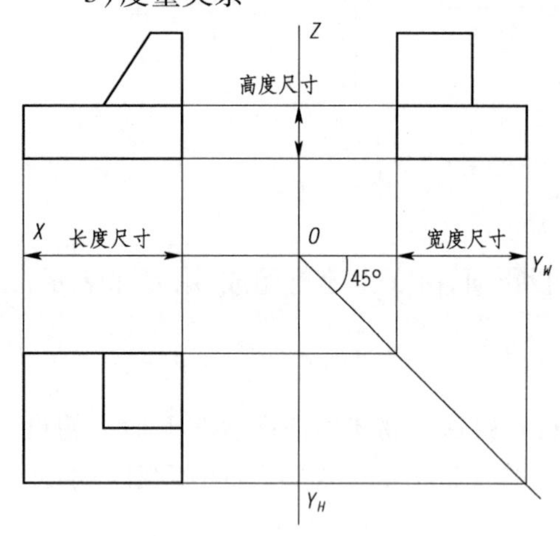

图2-11 度量关系

在三维体系中,物体有长、宽、高三个方向的尺寸。如图2-11所示。

我们把左右之间形成的尺寸称为长度尺寸,(即沿 X 轴方向度量的尺寸);前后之间形成的尺寸称为宽度尺寸,(即沿 Y 轴方向度量的尺寸);上下之间形成的尺寸称为高度尺寸,(即沿 Z 轴方向度量的尺寸)。

每个视图能反映物体两个方向的尺寸,主视图和俯视图上的水平方向的尺寸,为物体的长度方向尺寸,即为长;主视图和左视图垂直方向的尺寸,为物体的高度方向尺寸,即为高;俯视图和左视图前后方向的尺寸,为物体的宽度方向尺寸,即为宽。

因此,主视图反映了物体的长度和高度尺寸;左视图反映了物体的高度和宽度尺寸;俯视图反映了物体的长度和宽度尺寸。

4)三等关系

由三视图的形成过程,我们分析各视图间的相互联系,得出其内部投影规律,即三视图的投影规律。针对物体上某一部分的作图规律分析如下。

主、俯视图反映了物体左右方向的同样长度(等长)。物体上各个面和各条线在主、俯视图上的投影,应在长度方向分别对正。

主、左视图反映了物体上下方向的同样高度(等高)。物体上各个面和各条线在主、左视图上的投影,应在高度方向分别平齐。

俯、左视图反映了物体前后的同样宽度(等宽)。物体上各个面和各条线在俯、左视图上的投影,应在宽度方向分别相等。

为方便俯视图与左视图之间宽度尺寸的传递,并保证宽度量的相等,我们常作45°细实线的辅助线。如图2-12所示。

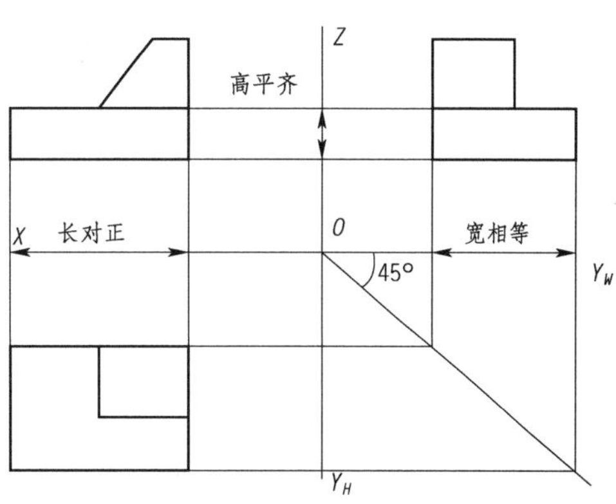

图2-12　三等关系

通过上面的分析,可概括出三个视图之间所具有的“三等”关系,即三视图的投影规律:

主视图与俯视图长对正(等长);主视图与左视图高平齐(等高);俯视图与左视图宽相等(等宽)。

简称长对正、高平齐、宽相等。

不仅整个物体的三视图必须符合上述投影规律,而且,物体上每个组成部分的三面投影也都必须符合上述投影规律。看图时也应搞清这些方位关系,以投影规律为依据,找出三个视图中各个相互对应的部分,逐个分析出各组成部分的方位,相对位置和尺寸,想象出物体的总体形状和各部分长、宽、高的尺寸关系。

课题二　点、线、面的投影

一、点的三面投影

点是一个最小、最简单的基本几何要素,任何复杂的物体均可看作由无数个点组成。掌握了点的投影特点,便可方便地学习直线、平面的投影。

1. 点的投影特点及标记

任何一个点的投影仍然为一个点,空间的点的位置由点的空间坐标 X、Y、Z 确定。空间的点用大写字母表示,如点 A、点 B、点 C 等,点的投影用相应的小写字母表示,如 a、b、c 等。

点的坐标写法:如点 A(X,Y,Z),点 B(X_1,Y_1,Z_1)等。括号中的书写顺序是 X,Y,Z。

2. 点的三面投影作图及字母标注格式

(1)建立三投影面体系。

(2)将点 A(X、Y、Z)在三面投影体系中,各投影面上的字母格式如下:

由前向后投影,在 V 面上得到的投影叫作点的正面投影,用 a' 表示,a' 点的位置由(x、z)坐标值决定;由上向下投影,在 H 面上得到的投影叫作点的水平投影,用 a 表示,a 点的位置由(x、y)坐标值决定;由左向右投影,在 W 面上得到的投影叫作点的侧面投影,用 a'' 表示,a'' 点的位置由(y、z)坐标值决定。

（3）为了作图方便，让 V 面不动，H、W 面分别向下、向右转 90°，即得点的三面投影，如图 2-13 所示。

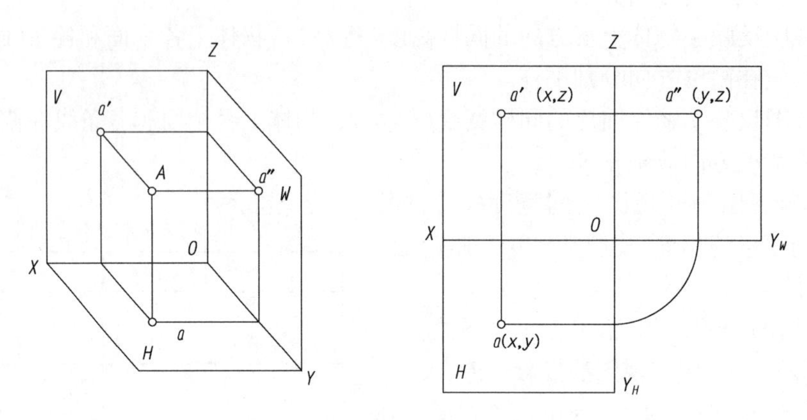

图 2-13　点三面正投影图的形成及名称

3. 点的投影规律

$a'a$ 的连线垂直于 X 轴，叫长对正；$a'a''$的连线垂直于 Z 轴，叫高平齐；a 到 X 轴的距离等于 a''到 Z 轴的距离，叫宽相等。

根据点的投影规律，可由点的三个坐标值 X、Y、Z 画出其三面投影图，也可由点的两面投影图求作出第三投影图。

4. 点的投影作图

例 1　已知点 A 的坐标为（25，20，30），求点 A 的三面投影。

画法和步骤如图 2-14 所示：

（1）建立坐标轴 X、Y、Z 和坐标原点 O；

（2）在 OX 坐标轴上截取坐标长度 25，并过截点作垂线；

（3）在 OZ 坐标轴上截取标注长度 30，并过截点作水平线；

（4）在 OY 轴上截取 20，确定 a、a''。

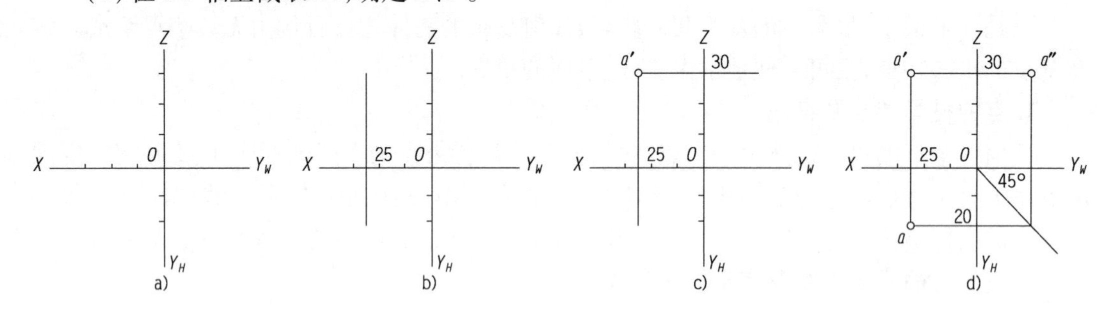

图 2-14　点的投影求作方法（一）

例 2　已知点的两面投影，求作第三投影。

由点的投影规律，根据点的两面投影可求得第三面投影，画法和步骤如图 2-15 所示。

5. 两点的相对位置

空间两点的相对位置，是指两点的上下，左右，前后位置。判定的方法如下。

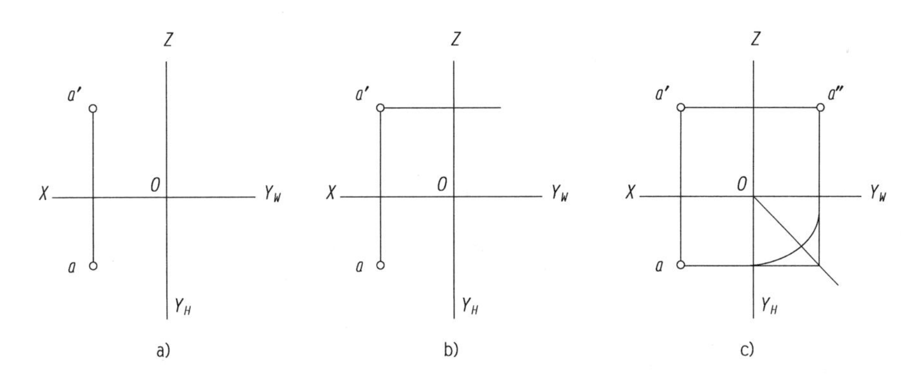

图 2-15 点的投影求作法(二)

(1)由两点的空间坐标值大小判定方法

例如,比较 A(20、24、18)和 B(12、10、22)的相对位置。

从 X 坐标值分析:A 点的 $X=20>B$ 点的 $X=12$,说明 A 点在 B 点的左边;

从 Y 坐标值分析:A 点的 $Y=24>B$ 点的 $Y=10$,说明 A 点在 B 点的前边;

从 Z 坐标值分析:A 点的 $Z=18<B$ 点的 $Z=22$,说明 A 点在 B 点的下边。

(2)由两点的投影图来判定的方法

由主视图和左视图可以判定上下位置;

由主视图和俯视图可以判定左右位置;

由俯视图和左视图可以判定前后位置。

6. 重影点及其标记

当空间两点处在同一投射线上时,它们在投射线所垂直的投影面上的投影就会重合在一起,这样的两点称为对该投影面的重影点。在投影图上,如果两个点的投影重合,则对重合投影所在投影面的距离较大的那个点是可见的,距离较小的点是不可见的。应将表示不可见点的投影的字母用括弧括起来。

如图 2-16 中 A 点和 C 点在水平投影面上的投影 a 与 c 处在同一个位置,c 投影不可见,故标注成(c)用于不可见性的识别。

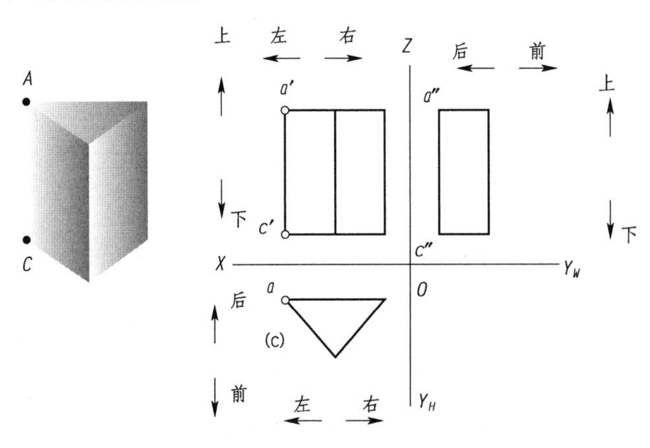

图 2-16 重影点及其标记

二、直线的投影

空间两点确定一条直线段,求直线的投影也就是求直线上两点的投影。直线段的投影一般仍为直线,特殊情况下成为一点。

1. 直线对于单个投影面的位置及投影特性

直线对单个投影面有倾斜、平行、垂直三种位置,三种位置的直线在投影面上的投影有三种特性。

收缩性:当直线段 *AB* 倾斜于投影面时,如图 2-17a)所示,直线 *AB* 在该投影面上的投影 *ab* 小于空间线段 *AB*。这种性质叫作收缩性。

真实性:当直线段 *AB* 平行于投影面时,如图 2-17b)所示,直线 *AB* 在该投影面上的投影 *ab* 等于空间线段 *AB*,这种性质叫作真实性。

积聚性:当直线段 *AB* 垂直于投影面时,如图 2-17c)所示,直线 *AB* 在该投影面上的投影 *ab* 积聚于一点,这种性质叫作积聚性。

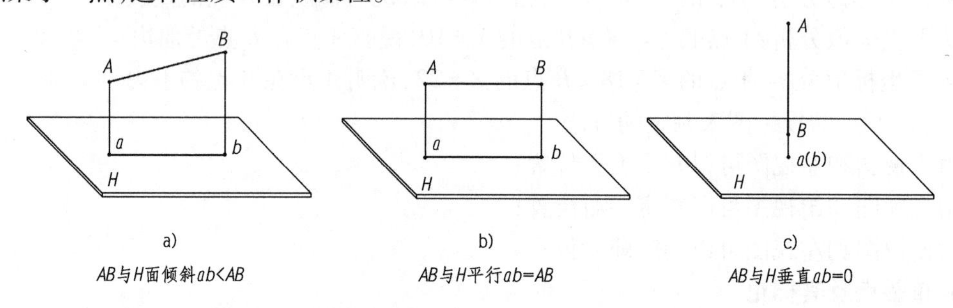

图 2-17　直线对单个投影面的投影特性

2. 直线在三个投影面中的位置及特性

空间直线段在三投影面体系中有七个不同位置。分别如下。

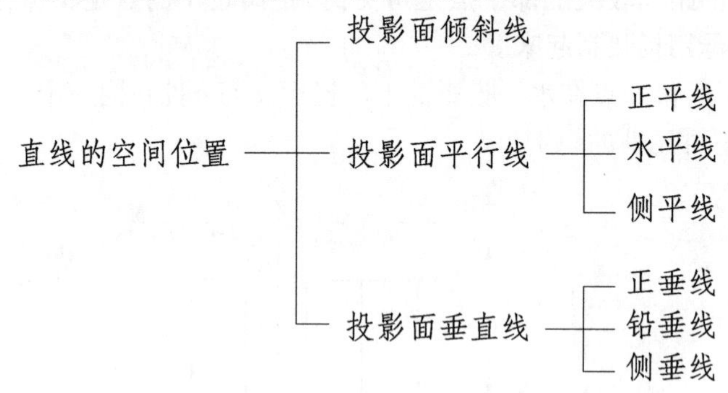

投影面倾斜线:与三个投影面均倾斜的直线段,叫作投影面倾斜线。

投影面平行线:平行于某一投影面(在该投影面反映实长),而与另外两个投影面倾斜的直线段,叫作投影面平行线。平行于 *V* 面的称为正平线;平行于 *H* 面的称为水平线;平行于 *W* 面的称为侧平线。

投影面垂直线:垂直于某一投影面(在该投影面积聚为一点),而与另外两投影面相平行的直线段,叫作投影面的垂直线。垂直于 *V* 面的称为正垂线;垂直于 *H* 面的称为铅垂线;垂直于 *W* 面的称为侧垂线。

投影面倾斜线也叫一般位置直线；投影面平行线和投影面垂直线也叫特殊位置直线。

3. 直线的投影特性

投影面倾斜线投影特性：三个投影都为缩短的直线段。

投影面平行线投影特性：其中一个投影反应实长，另外两个投影是缩短的且平行于相应轴的直线段。

投影面垂直线投影特性：其中一个投影积聚为一点，另外两投影是反映实长且垂直于相应轴的直线段。

4. 各种位置线的判定。

各种位置线的判定见表2-7。

各种位置线图例　　表2-7

名称	实　　例	直　观　图	投　影　图
倾斜线	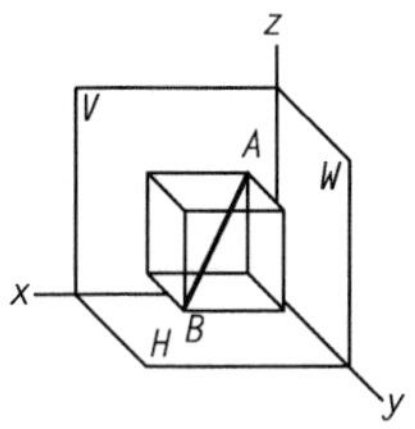	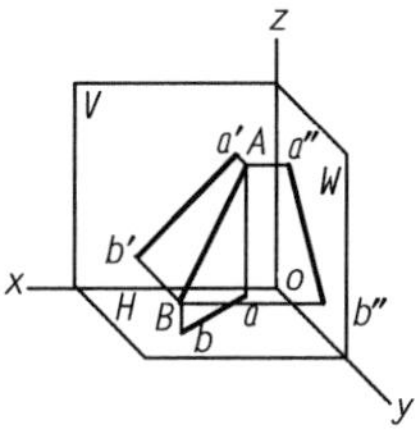	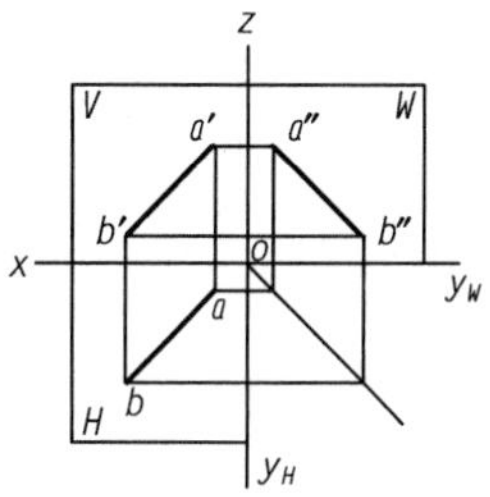
正平线	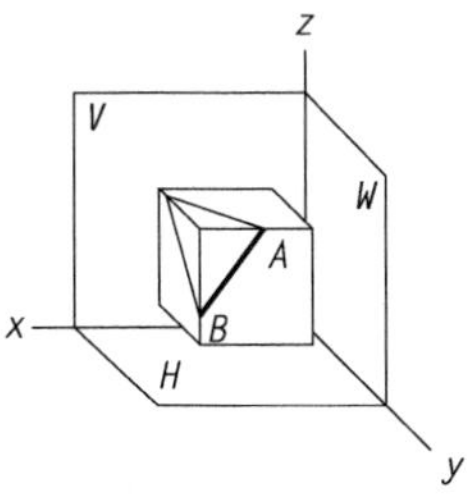	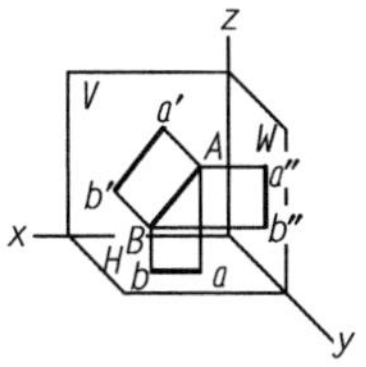	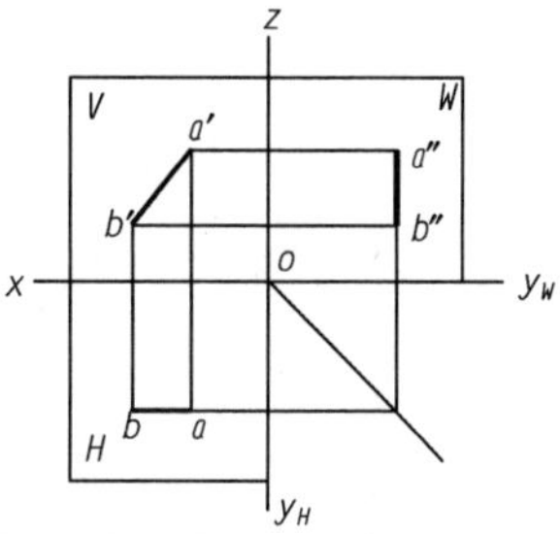
水平线	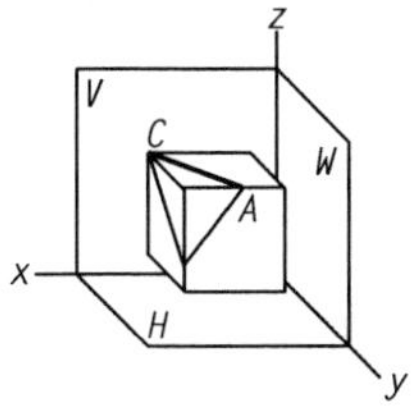	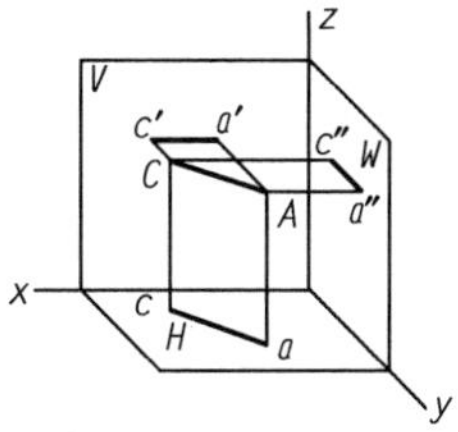	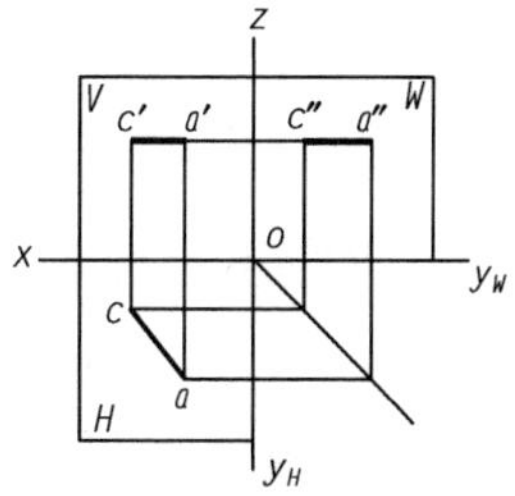
侧平线	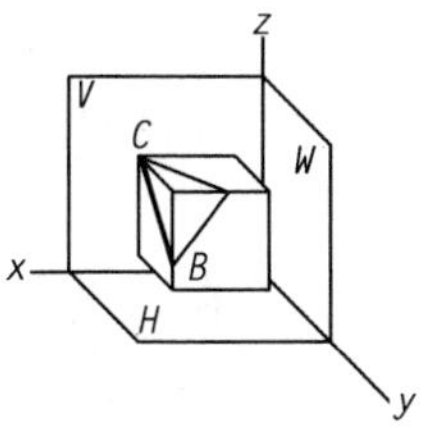	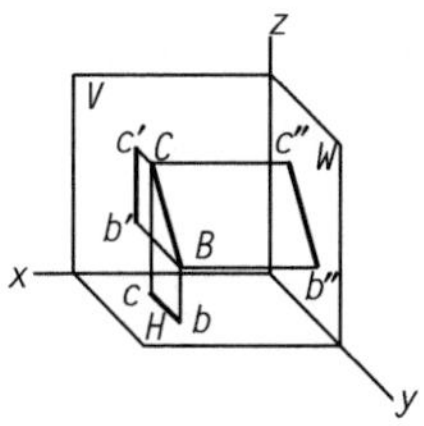	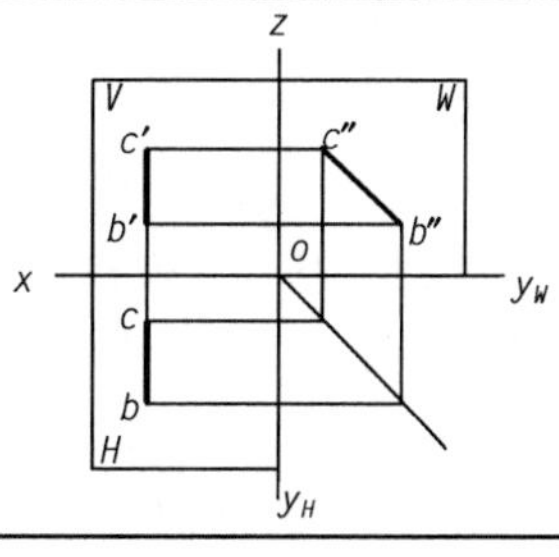

续上表

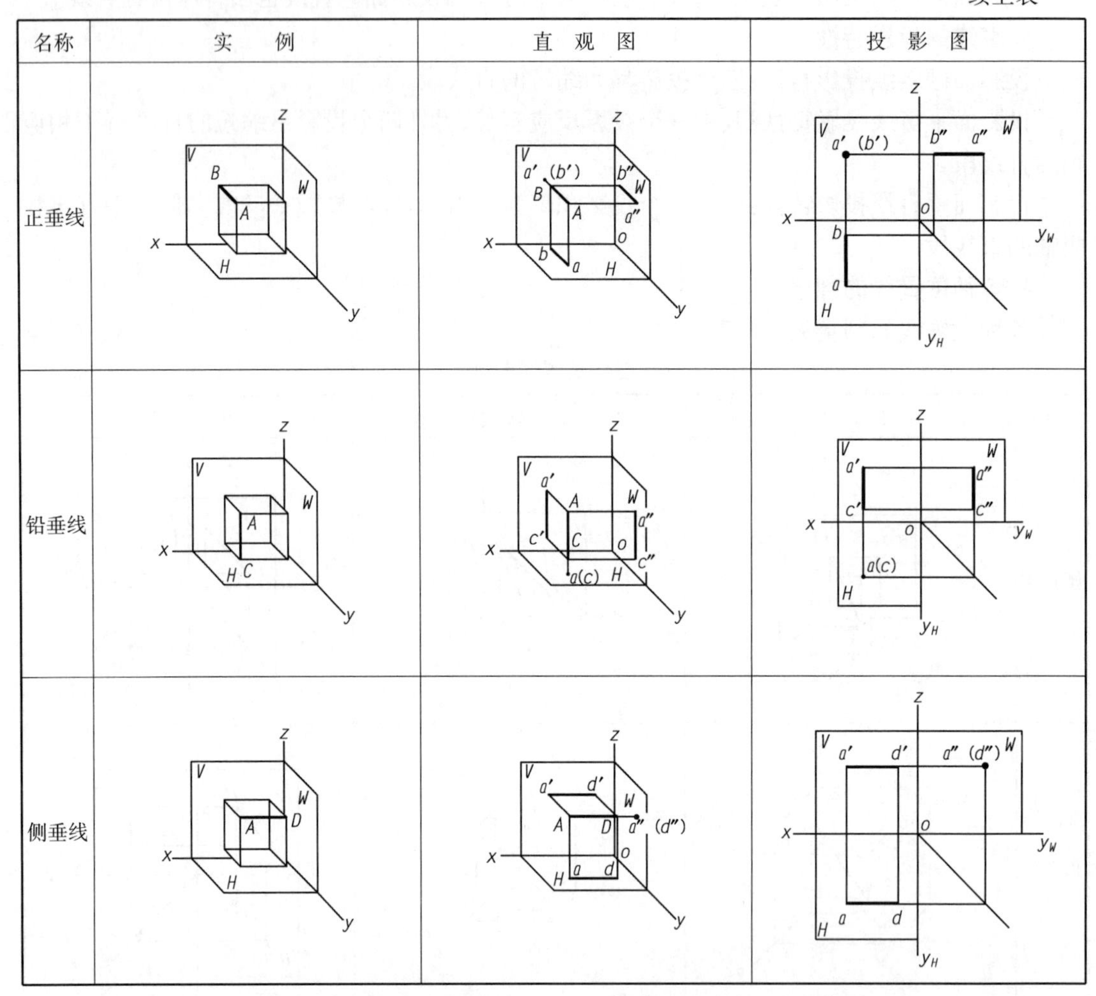

名称	实　例	直 观 图	投 影 图
正垂线			
铅垂线			
侧垂线			

看直线的三面投影图时,如果一条直线的三个投影均倾斜,则该直线为投影面倾斜线;如果一直线的一个投影倾斜,另外两投影平行于轴,则该直线就是这个投影面的平行线;如果一直线的一个投影积聚为一点,则该直线为这个投影面的垂直线。

三、平面的投影

空间不在一直线上的三点确定一个平面,平面可以用平面多边形表示,平面的投影一般为一平面,特殊情况下成为一直线。

1. 平面的投影特性

空间的平面对单个投影面有倾斜、平行、垂直三种位置,三种位置的投影具有三种特性。

收缩性:当平面 *ABC* 倾斜于投影面时,如图 2-18a)所示,平面 *ABC* 在该投影面上的投影 *abc* 类似于 *ABC*,这种性质即为收缩性。

真实性:当平面 *ABC* 平行于投影面时,如图 2-18b)所示,平面 *ABC* 在该投影面上的投影 *abc* 与 *ABC* 全等,这种性质即为真实性。

积聚性:平面 *ABC* 垂直于投影面时,如图 2-18c)所示,平面 *ABC* 在该投影面上的投影

abc 积聚成一条直线，这种性质即为积聚性。

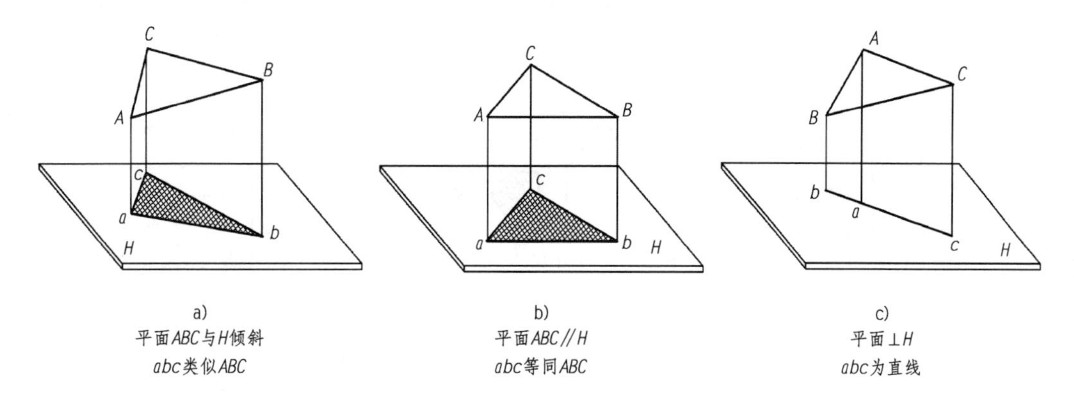

图 2-18 平面对单个投影面的投影特性

2. 平面在三投影面中的位置

平面在三投影面体系中有七个不同位置，分别如下。

投影面倾斜面：与三个投影面均倾斜的平面。叫作投影面倾斜面。

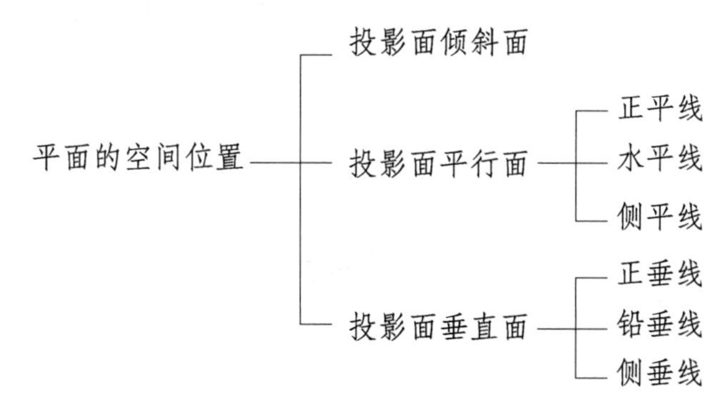

投影面平行面：平行于某一投影面，而与另外两个投影面垂直的平面，叫作投影面的平行面，平行于 V 面的称为正平面，平行于 H 面的称为水平面；平行于 W 面的为侧平面。

投影面垂直面：垂直于一个投影面，而与另外两个投影面倾斜的平面，叫作投影面的垂直面；垂直于 V 面的称为正垂面；垂直于 H 面的称为铅垂面；垂直于 W 面的称为侧垂面。

投影面倾斜面也叫一般位置平面；投影面平行面和投影面垂直面也叫特殊位置平面。

3. 平面的投影特性

投影面倾斜面：三个投影都是类似形。

投影面平行面：一个投影反应实形，另外两个投影积聚成平行于相应轴的直线段。

投影面垂直面：其中一个投影积聚为一条倾斜的直线段，另外两个投影是类似形。

4. 各种位置面的判定

看平面的三面投影图时，如果一个平面的三个投影都为类似形，则该平面为投影面倾斜面；如果某一个投影为平面多边形，另两投影积聚成直线，则该平面就是这个投影面的平行面；如果某一个投影积聚为一直线，另两投影为类似形，则该平面为这个面的垂直面。各种位置面的图示见表 2-8。

各种位置面图例 表 2-8

名称	实　例	直 观 图	投 影 图
倾斜面	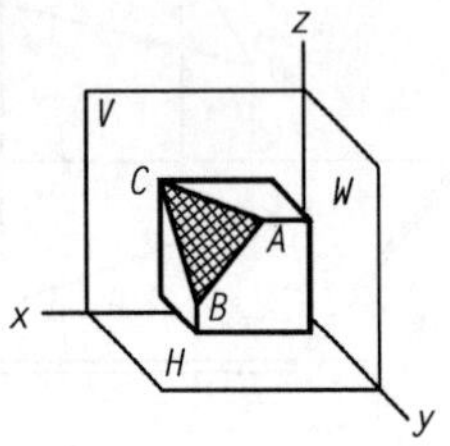 z V C W A x B H y	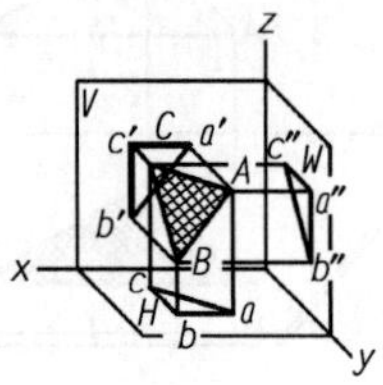 z V c′ C a′ c″ W A a″ b′ B b″ x c H b a y	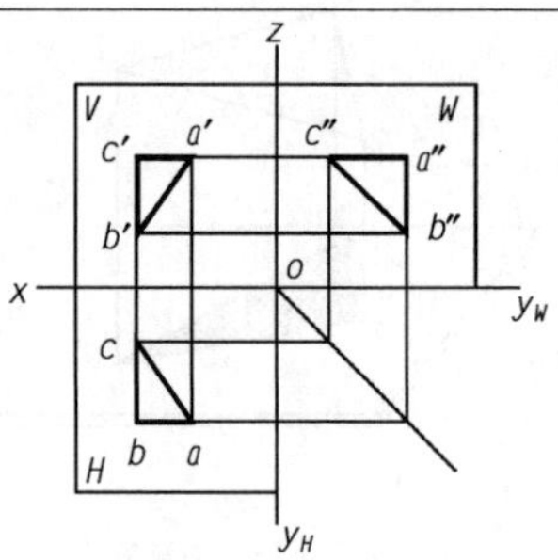 Z V W c′ a′ c″ a″ b′ b″ x O y_W c H b a y_H
正平面	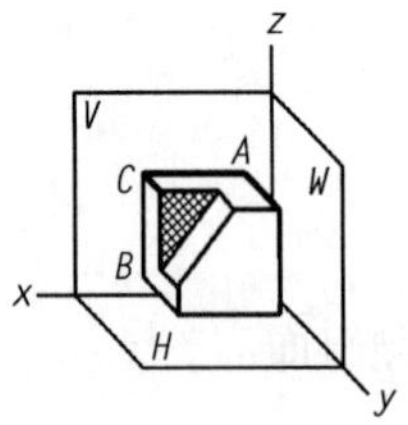 z V A C W B x H y	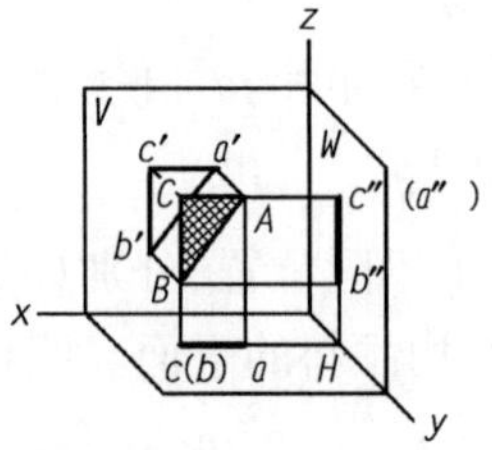 z V W c′ a′ C A c″ (a″) b′ B b″ x c(b) a H y	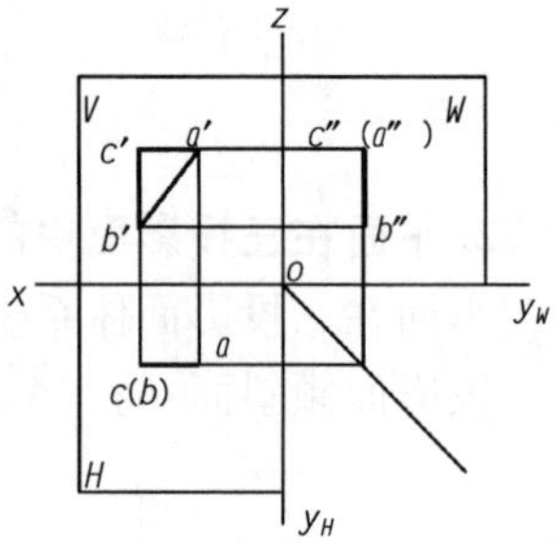 Z V W c′ a′ c″ (a″) b′ b″ x O y_W a c(b) H y_H
水平面	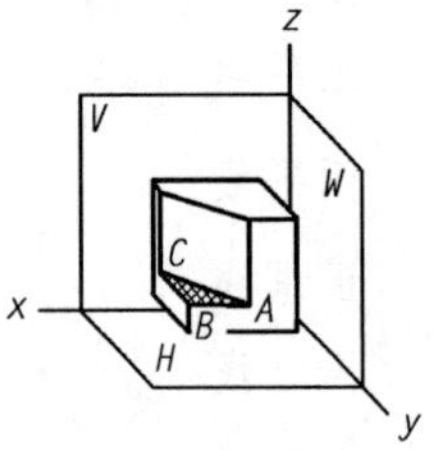 z V W C x B A H y	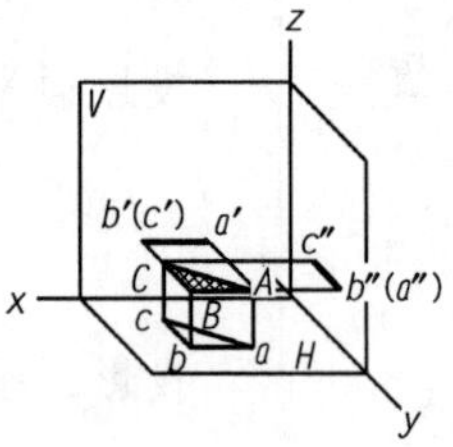 z V b′(c′) a′ c″ C A b″(a″) x c B b a H y	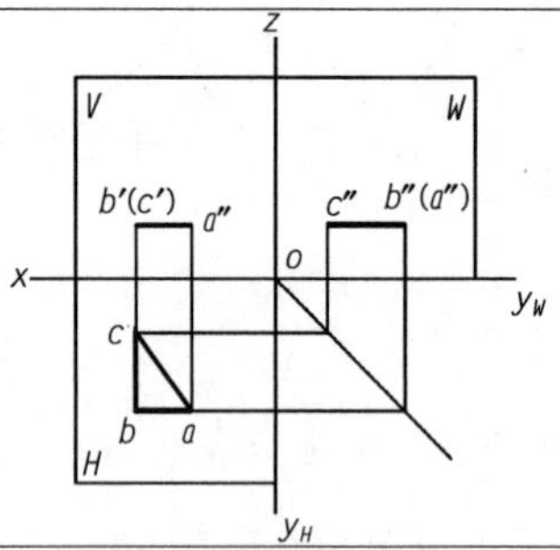 Z V W b′(c′) a″ c″ b″(a″) x O y_W c b a H y_H
侧平面	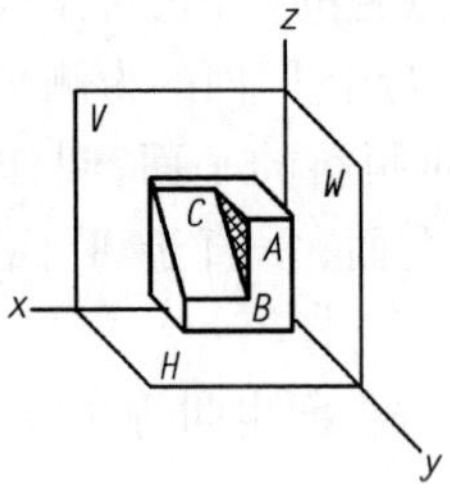 z V W C A x B H y	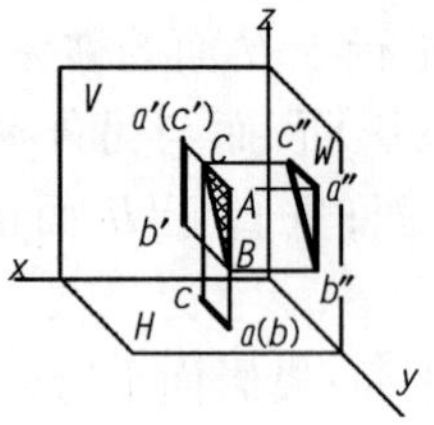 z V a′(c′) c″ W a″ A b′ B b″ x c H a(b) y	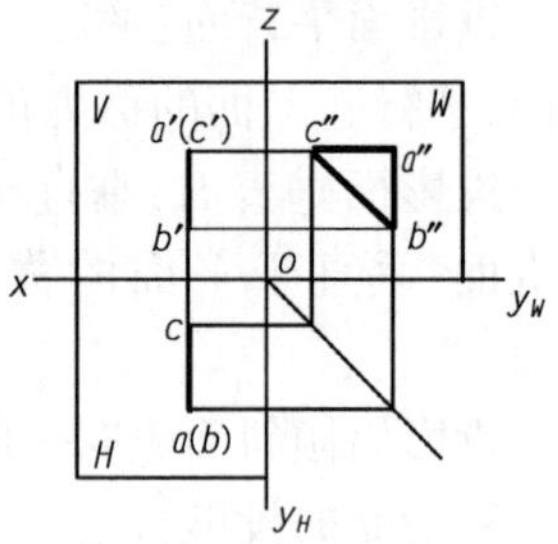 Z V W a′(c′) c″ a″ b′ b″ x O y_W c H a(b) y_H
正垂面	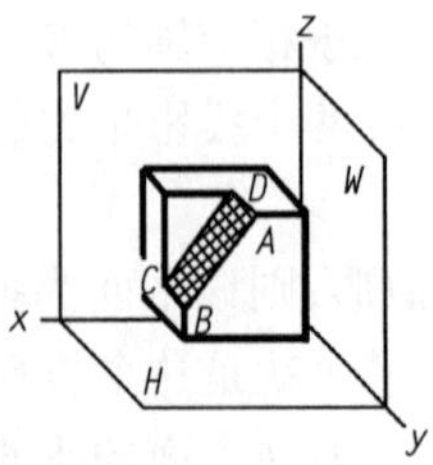 z V W D A C x B H y	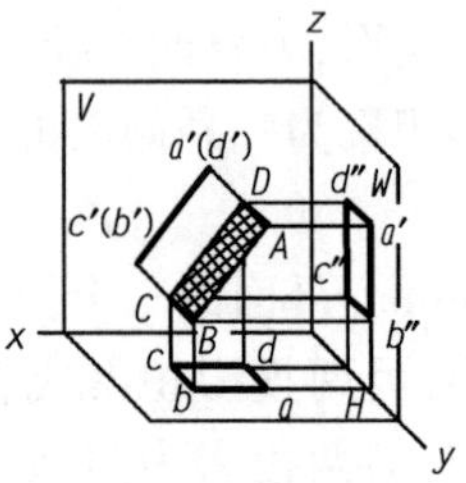 z V a′(d′) D d″ W a′ c′(b′) A c″ C b″ x c B d b a H y	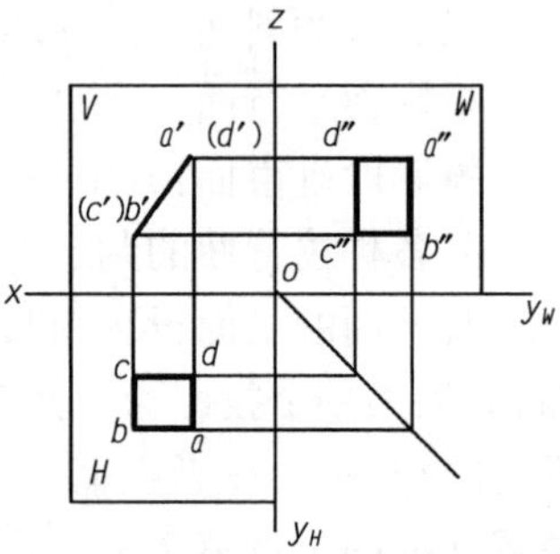 Z V W a′ (d′) d″ a″ (c′)b′ b″ c″ x O y_W c d b a H y_H

续上表

名称	实 例	直 观 图	投 影 图
铅垂面	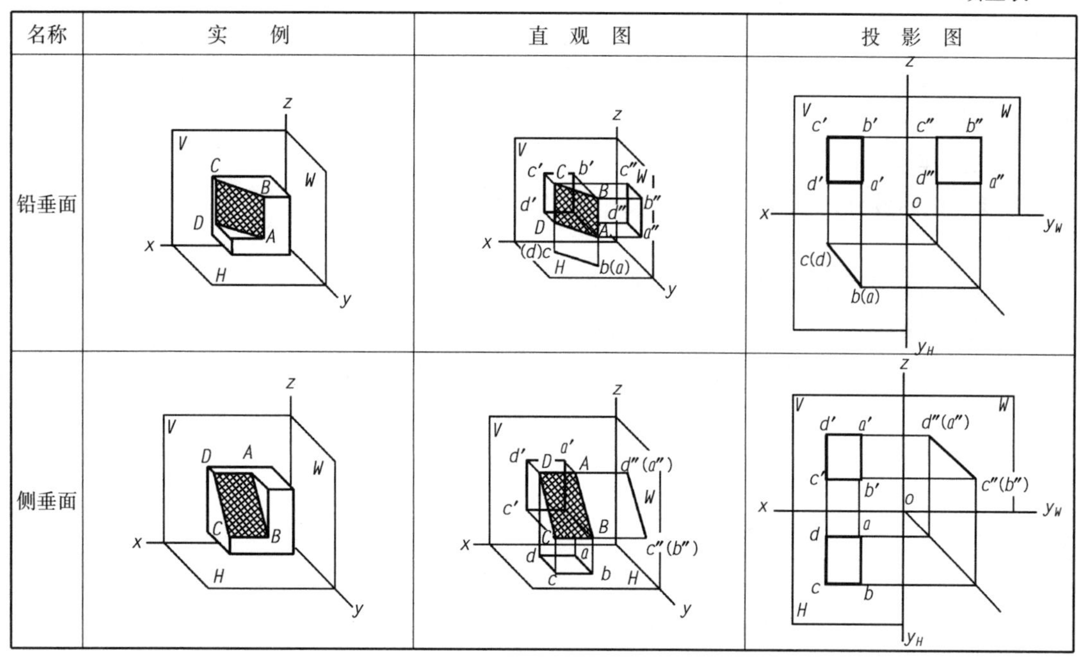		
侧垂面			

课题三 基本几何体的投影及尺寸标注

机件一般都可以看作是由棱柱、棱锥、圆柱、圆锥、圆球等基本几何体按一定的方式组合而成的。基本几何体表面是由若干个面构成的，表面均由平面构成的形体称为平面立体，如：棱柱、棱锥；表面由曲面或平面与曲面构成的形体称为曲面立体，如：圆柱、圆锥、圆球。如图 2-19 所示。熟练地掌握基本几何体的绘图与读图是今后学习复杂组合体的绘图与读图的基础。

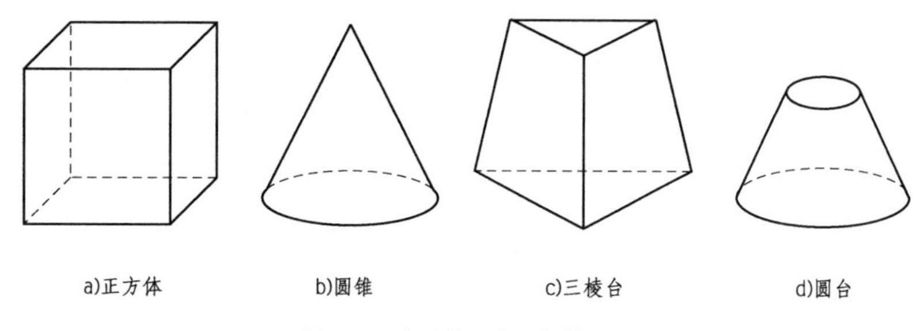

图 2-19 常见的基本几何体图例

一、平面立体

平面立体主要有棱柱、棱锥。棱柱的底面为多边形，侧棱线相互平行。棱锥的底面为多边形，侧棱相交于一点。

棱柱、棱锥竖直放置时，底面都是多边形，其水平投影反映实形，作图时先作此投影，再根据对应关系完成另外两投影。

任何物体都具有长、宽、高三个方向的尺寸。在视图上标注基本几何体的尺寸时,应将三个方向的尺寸标注齐全,既不能少,也不能重复。棱柱、棱锥的尺寸都要标注底面多边形尺寸和高度尺寸。如果多边形为圆的内接多边形(正五边形),可标注外接圆的直径来表示底面多边形尺寸。

平面立体投影作图及尺寸标注。

例1　正六棱柱的三视图画法及尺寸标注

作图步骤:

先画正六棱柱的水平投影正六边形,见图2-20a)所示;

再根据投影规律作出其他两个方向的投影图,见图2-20b)所示;

擦去多余的线条,加粗可见轮廓线的粗实线,再进行尺寸标注,如图2-20c)所示。

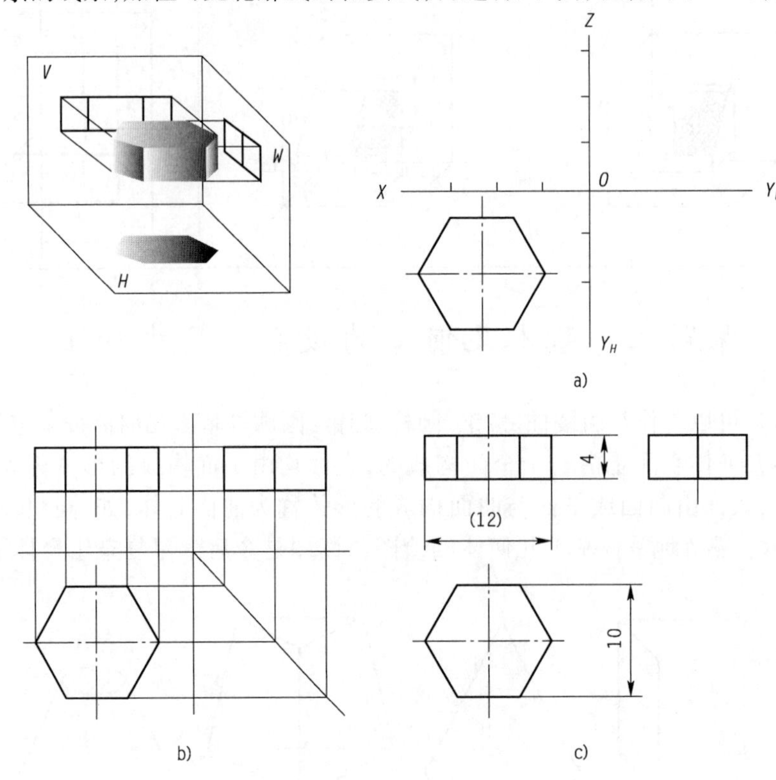

图2-20　正六棱柱的三视图画法及尺寸标注

例2　正三棱锥的三视图画法及尺寸标注

作图步骤:

一般是先画底面和顶点的投影,如图2-21a)所示;

再画各棱线的投影,并判断可见性。如图2-21b)所示;

擦去多余的线条,加粗可见轮廓线的粗实线,再进行尺寸标注。如图2-21c)所示。

例3　四棱柱(长方体)三视图画法及尺寸标注

作图步骤:如图2-22中a)~b)所示;

尺寸标注:如图2-22中c)所示。

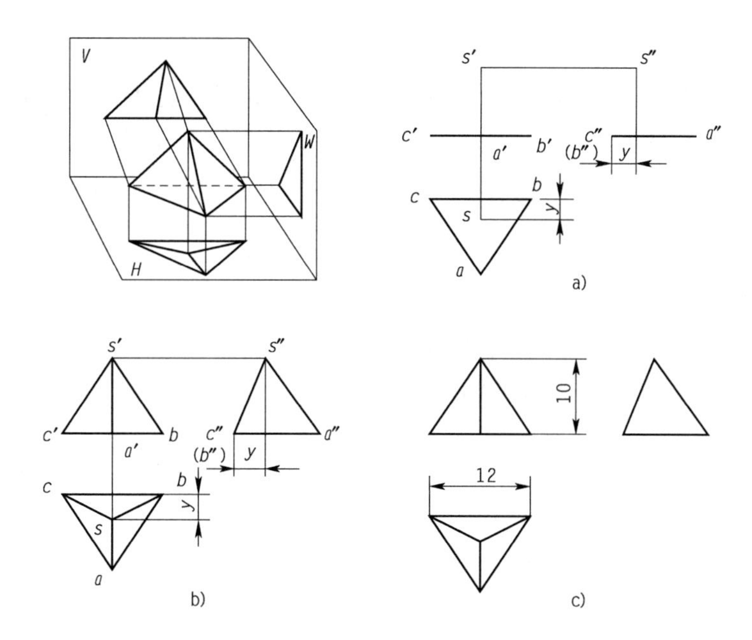

图2-21　正三棱锥三视图的画法及尺寸标注

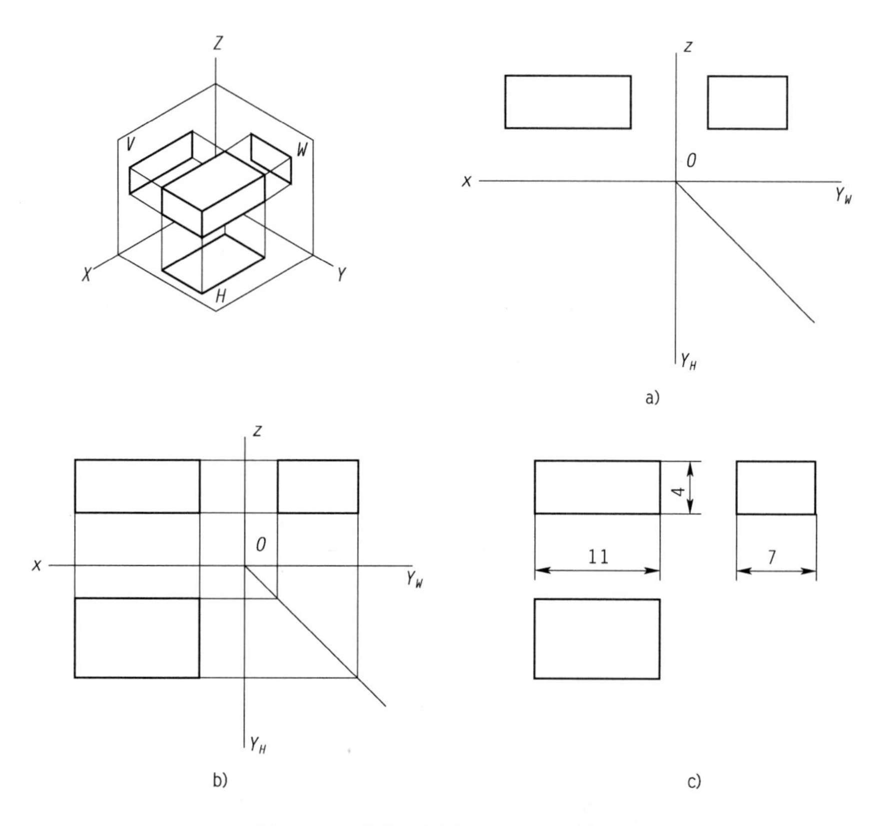

图2-22　四棱柱三视图的画法及尺寸标注

二、曲面立体

曲面立体主要指圆柱、圆锥、圆球。圆柱、圆锥、圆球都是回转体。圆柱体是由矩形线框绕其一边旋转 360°形成的。圆柱侧表面上任一条与轴线平行的线叫素线。圆锥为直角三角形绕其直角边旋转 360°形成，圆锥顶点与底面任一点的连线叫素线。圆球为半圆绕其直径旋转 360°形成。

作图时要画出投影圆的对称中心线和圆柱体的回转中心线，圆柱、圆锥标注尺寸时，要标注底面圆直径和高度尺寸。

曲面立体三视图画法及尺寸标注举例。

例 1　圆柱体三视图画法及尺寸标注。

作图步骤：

画图时，应先画中心线和轴线，再画投影是圆的投影图，见图 2-23a）所示；

然后根据投影规律作出其他两个方向的投影图，见图 2-23b）所示；

尺寸标注：尺寸标注前加粗可见轮廓线，如图 2-23c）所示。

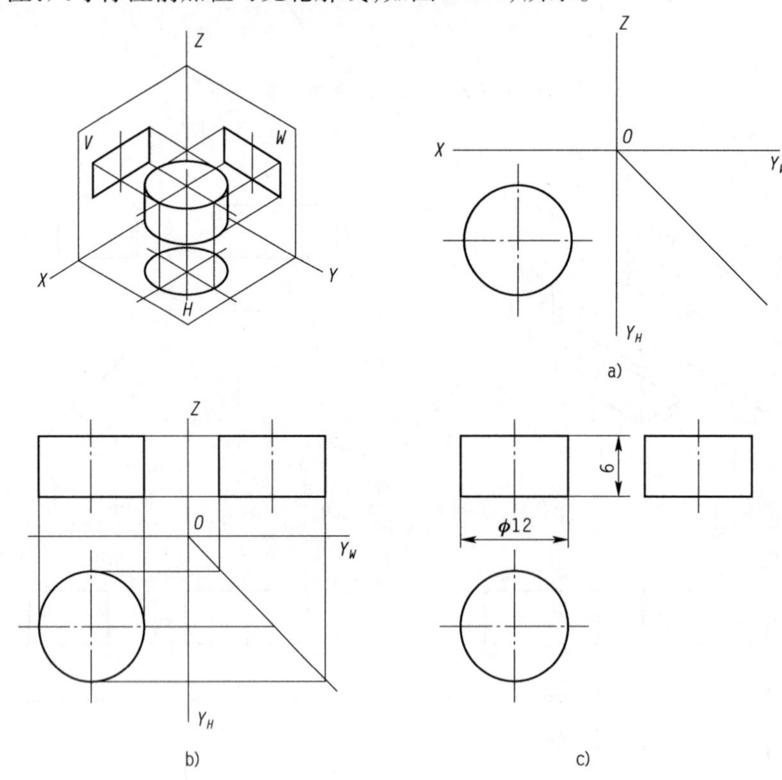

图 2-23　圆柱三视图画法及尺寸标注

例 2　圆锥体三视图画法及尺寸标注。

作图步骤：如图 2-24 所示。

画图时，应先画中心线和轴线，再画投影是圆的投影图，见图 2-24a）所示；

最后画其他两个方向的投影图，见图 2-24b）所示；

尺寸标注：尺寸标注前加粗可见轮廓线，如图 2-24c）所示。

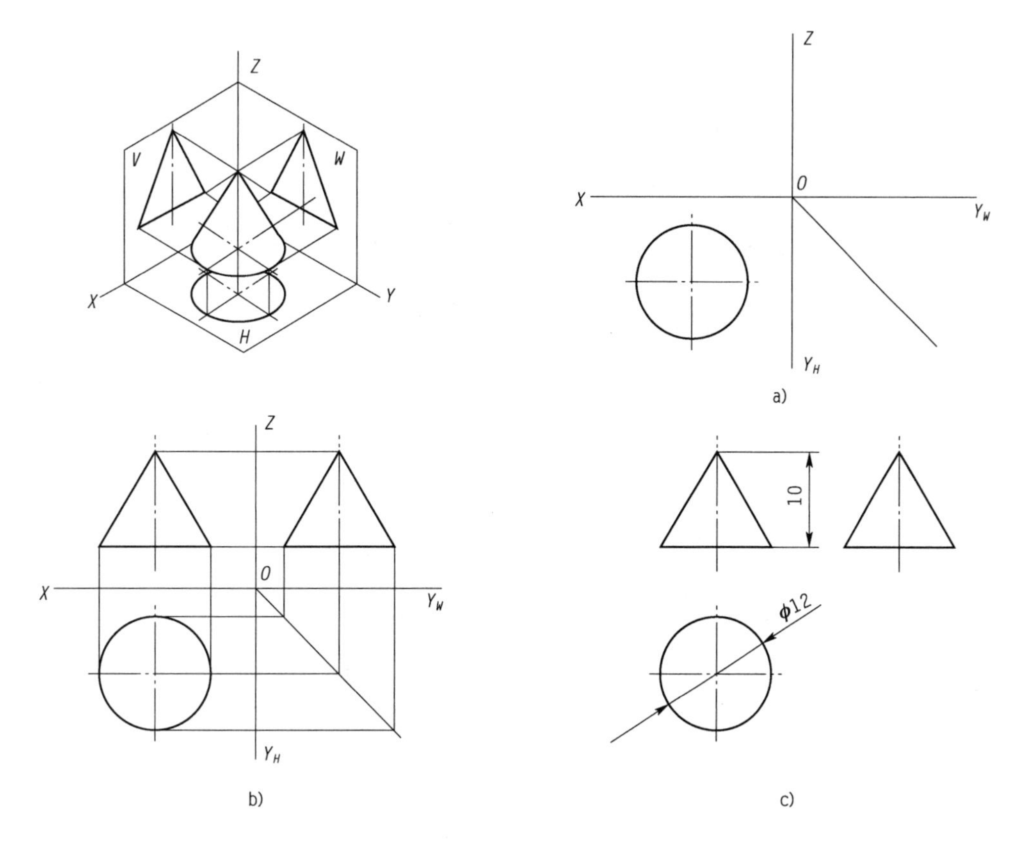

图 2-24 圆锥体三视图画法及尺寸标注

例 3 半个球体三视图画法及尺寸标注。

作图步骤:画图时,应先画中心线,再画投影是圆的投影图,见图 2-25a)所示;

然后画其他两个方向的投影图,见图 2-25b)所示;

尺寸标注:尺寸标注前加粗可见轮廓线,如图 2-25c)所示。

三、平面体的切割

立体被平面截割产生的表面交线叫截交线,该平面称为截平面,截交线是截平面和立体表面的共有线,截交线上的点是截平面和立体的公共点。平面体被截所产生的截交线是由直线段围成的平面多边形。求切割平面体的投影就是求截交线的投影,下面以长方体、正六棱柱的切割为例学习其投影作图及尺寸标注。

例 1 画出图 2-26a)所示物体的三视图并标注尺寸。

1)形体分析

由图 2-26a)可知:该形体是被两个侧平面,一个水平面在长方体上部左右居中处,截取一个前后方向的通槽而形成的带槽长方体,该形体的主视图反映其形状特征。

2)视图画法

(1)画出长方体的三视图,图 2-26b);

(2)由于小槽的正面投影具有积聚性,因此先在主视图上画出小槽的投影,图 2-26c);

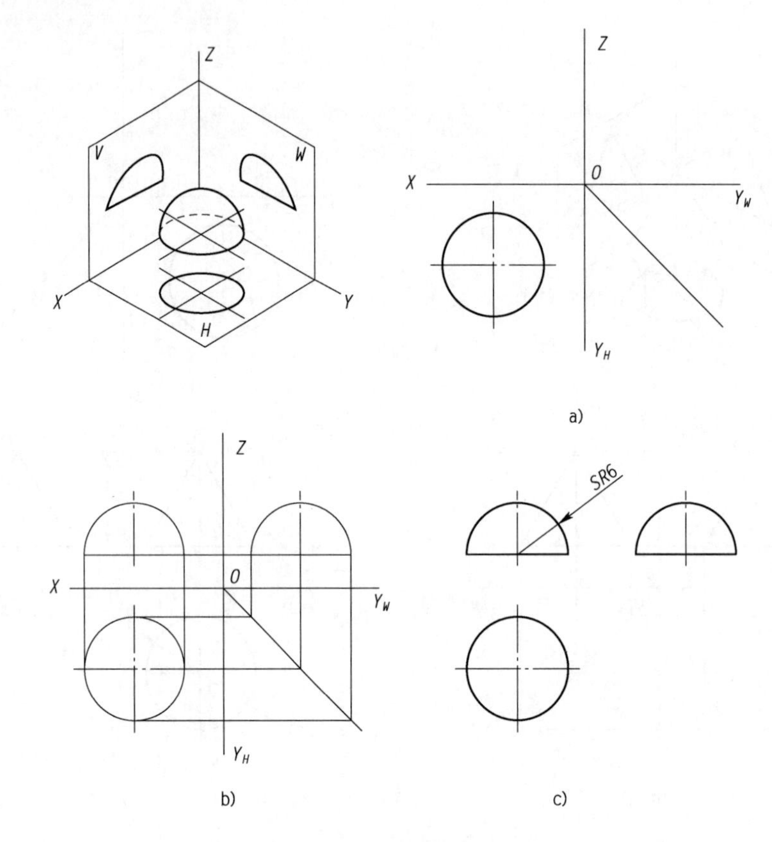

图 2-25　半球三视图画法及尺寸标注

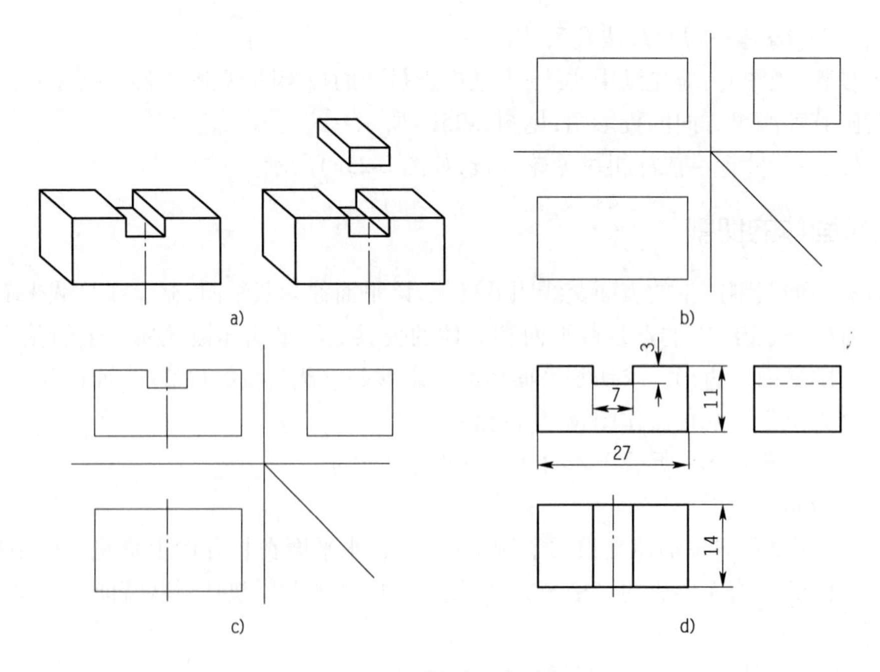

图 2-26　切槽长方体的画法

(3)按三视图的投影规律完成小槽的另外两个投影,并加粗可见轮廓线,如图2-26d)。

3)标注尺寸

标注长方体的长27、宽14、高11;标注小槽的长7、深3。如图2-26d)所示。

例2 画出图2-27a)所示物体的三视图并标注尺寸。

1)形体分析

由图2-27a)可知:形体是在长方体上前方被一个侧垂面和一个水平面从左到右截出的,该形体的左视图反映其形状特征。

2)视图画法

(1)画出长方体的三视图,图2-27b);

(2)由于左视图反映特征,且所截切口的左视图具有积聚性,所以先在左视图上画出切口的投影,图2-27c)所示;

(3)按三视图的投影规律完成切口的另外两个投影,图2-27d)所示。

3)尺寸标注

标注长方体的长、宽、高;标注切口的宽、深,如图2-27d)所示。

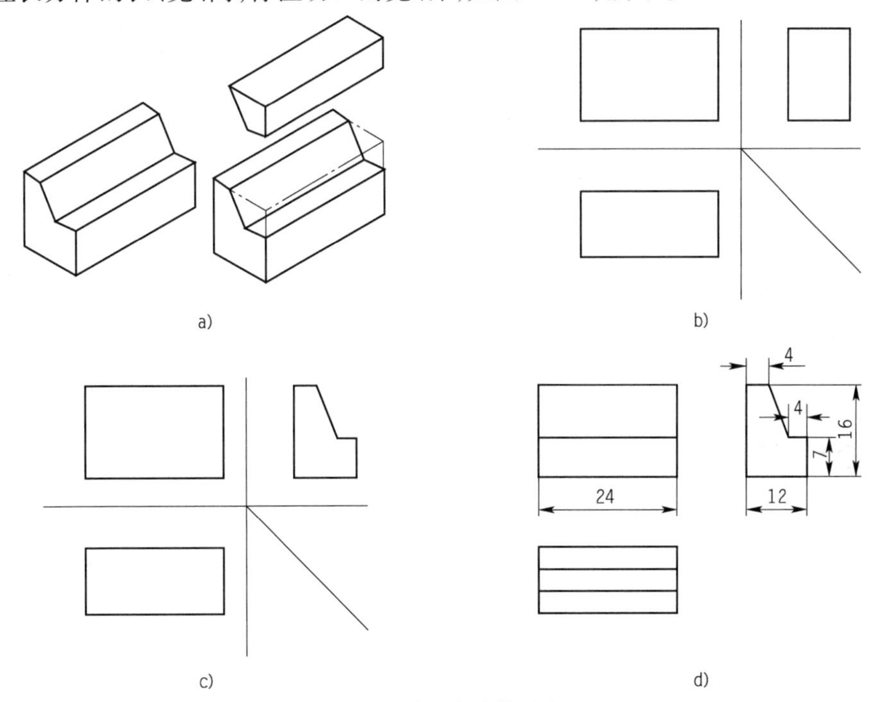

图2-27 切口长方体画法

例3 画出图2-28a)所示的物体的三视图并标注尺寸。

1)形体分析

由图2-28a可知:形体是在正六棱柱的上方中间处被两个正平面和一个水平面从左到右截出的,该形体的左视图反映所切槽的形状特征,该槽的左、俯视图具有积聚性。

2)视图画法

(1)画出正六棱柱的三视图,图2-28b);

(2)在左视图上画出切口的投影,图2-28c);

（3）按三视图的投影规律完成切口的另外两个投影，图 2-28d）；

（4）尺寸标注。

标注正六棱柱的底面尺寸及正六棱柱的高，标注切口的宽、深，如图 2-28d）。

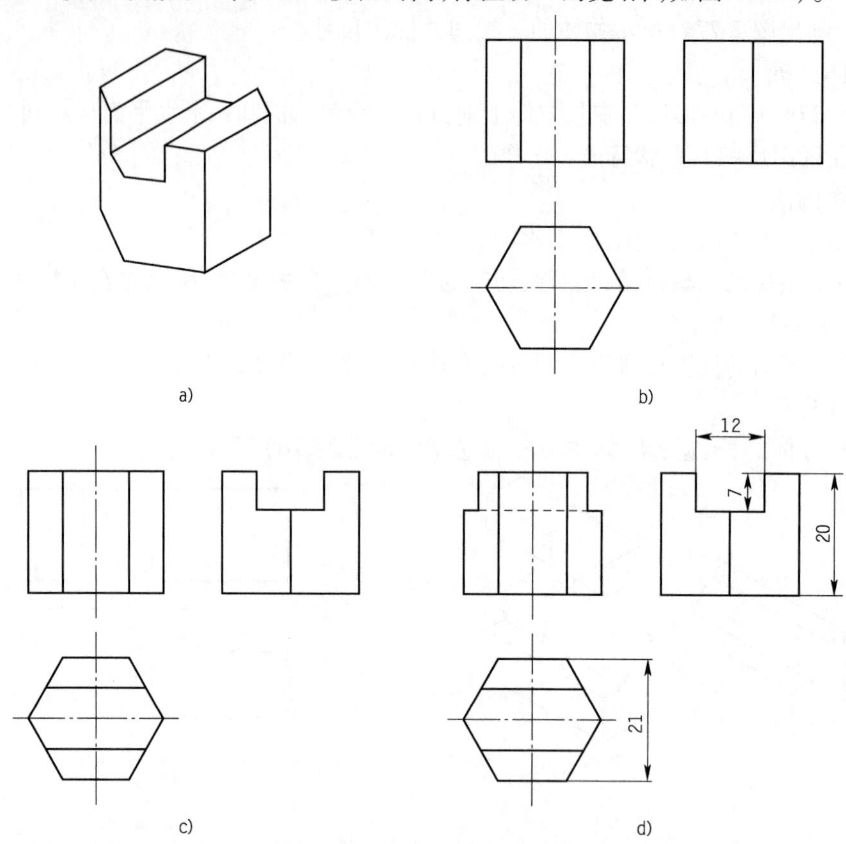

图 2-28　六棱柱切槽三视图画法

四、柱体的切割

圆柱截交线

圆柱体被平面截割产生的表面交线叫圆柱截交线，由于截平面与圆柱线的相对位置不同，其截交线有三种不同的形状，如表 2-9 所示。

圆柱体被平面所截的三种截交线　　表 2-9

截平面的位置	截交线的形状	立 体 图	投 影 图
平行于轴线	矩图		

续上表

截平面的位置	截交线的形状	立体图	投影图
垂直于轴线	圆		
倾斜于轴线	椭圆		

当截交线为圆或矩形时、截交线可直接求得；当截交线为椭圆时，正面投影积聚成一条倾斜的直线段，水平投影与圆柱的底圆重影，侧面投影仍为椭圆，需根据正面投影和水平投影先求出若干个点的侧面投影，然后将这点光滑地连接起来即得。

例 1 求作图 2-29 所示的圆柱上的截交线。

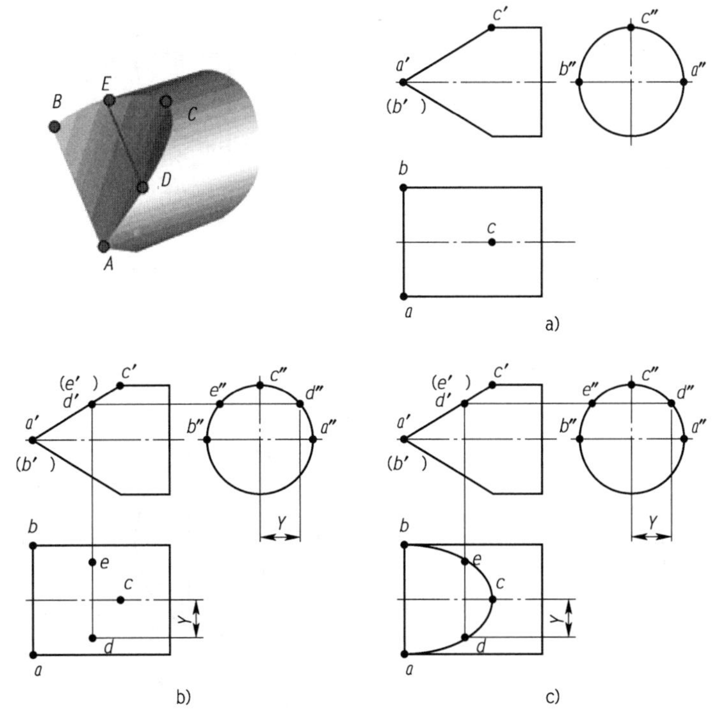

图 2-29 椭圆上截交线求法

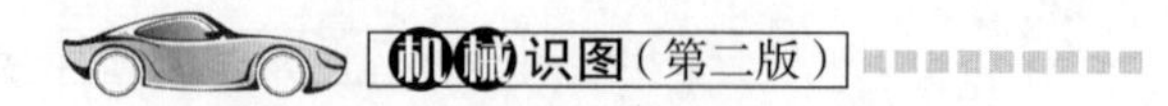

作图步骤：

①先找到水平投影面椭圆上的特殊点 A、B、C 的三面投影；

②画出特殊点在其他两个投影面上的投影，如图 2-29a）所示；

③作出一般位置点 D、E 的三面投影，如图 2-29b）所示；

④检查个点的投影是否正确、点的可见性是否正确；

⑤再光滑连接各个投影点，成为一封闭的曲线，如图 2-29c）所示；

⑥求得的封闭曲线粗细与原来视图中的可见轮廓线一致。

例 2　圆柱体截割举例。

画出图 2-30a）所示形体的三视图，并标注尺寸。

1）形体分析

此形体的基本体为圆柱体，用两个侧平面，一个水平面在圆柱体的上方中间处切割而成。

2）作图步骤

（1）画出圆柱体的三视图，图 2-30b）所示；

（2）由于截平面的正面投影、水平投影具有积聚性，所以先画出切槽的主视图、俯视图，如图 2-30c）所示；

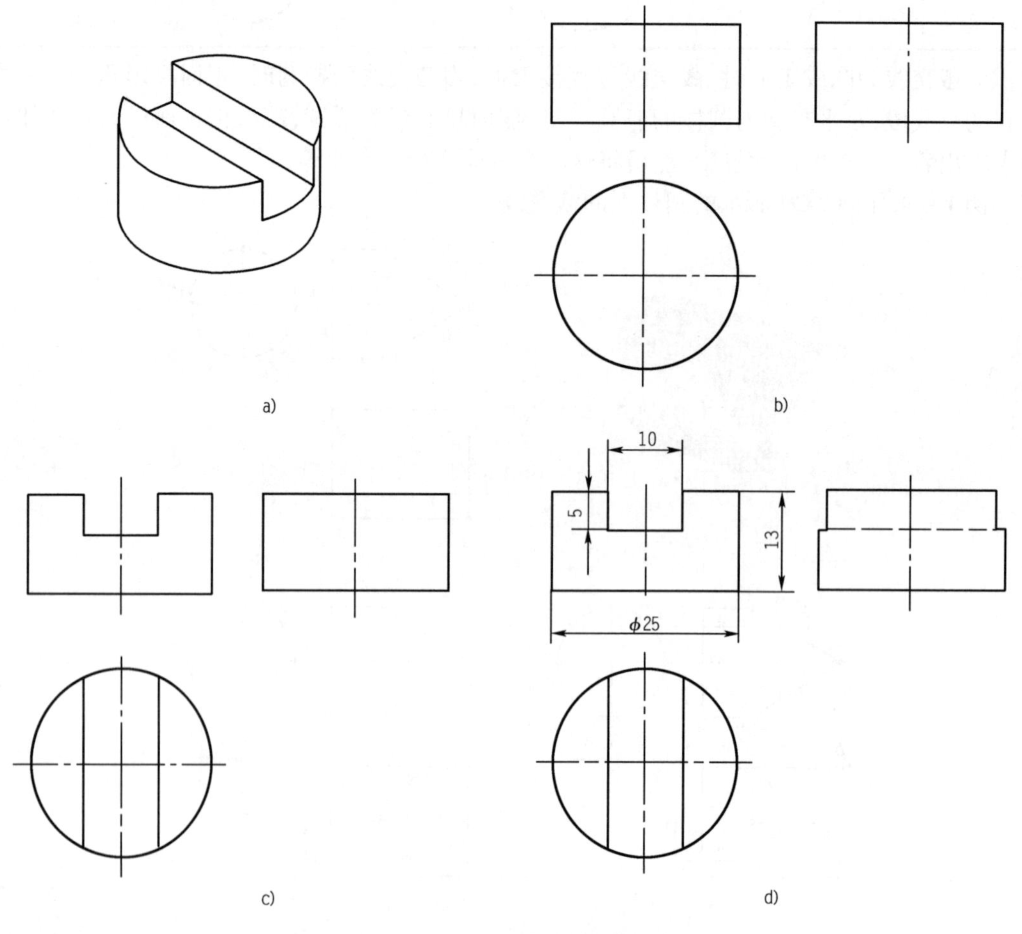

图 2-30　圆柱体切槽三视图画法

(3)根据两个投影画出切槽的左视图,如图 2-30d)所示。

3)尺寸标注,如图 2-30d)所示。

例 3　画出图 2-31a)所示形体的三视图。

1)形体分析

此形体是在半球的基础上用两个侧平面和一个水平面从前向后切割而得。

2)作图步骤

(1)画出半球的三视图,如图 2-31b)所示;

(2)画出所切槽的主视图、俯视图,如图 2-31c)所示;

(3)根据两个投影画出切槽的左视图,如图 2-31d)所示。

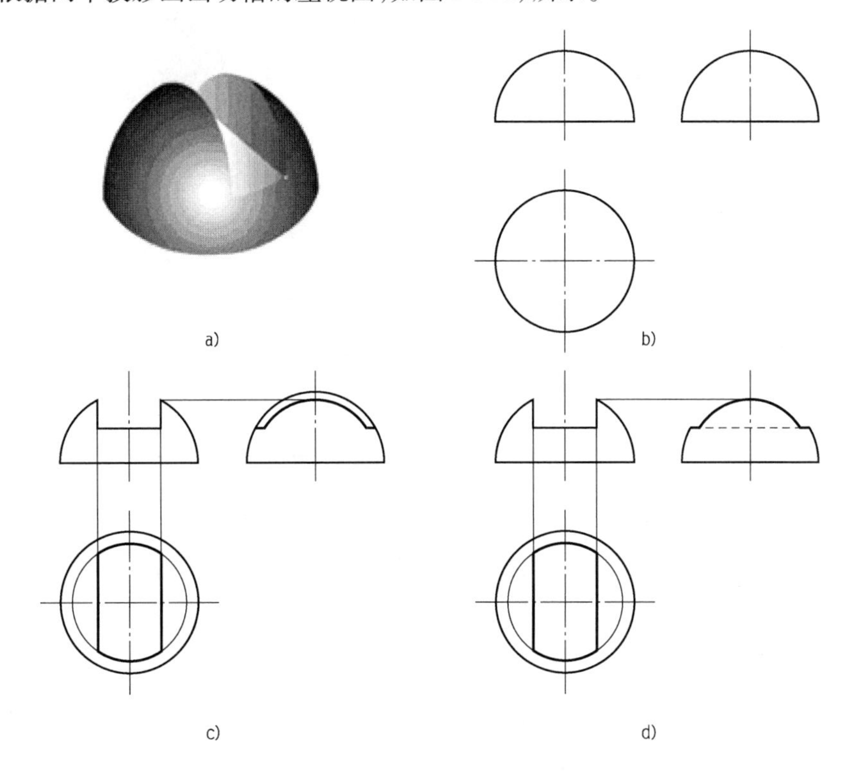

图 2-31　半球切槽三视图画法

五、圆柱体的相贯

圆柱与圆柱相交叫圆柱体相贯,所产生的表面交线(公共线)叫相贯线。相贯线是一条封闭的空间曲线,相贯线上的点是两个圆柱体的公共点。如图 2-32 所示。

例 4　画如图 2-33 两圆柱垂直正交时相惯线的画法。

解:表面取点法。

(1)作特殊点:先在水平面投影上定出相贯线的最左、最右、最前、最后四个点 A、B、C、D 的水平投影面上投影 a、b、c、d。如图 2-34a)所示;

(2)求出 A、B、C、D 在正投影面上和侧投影面上的投影点,a'、b'、c'、d'。a''、b''、c''、d'',如图 2-34b)所示;

（3）求一般位置点 1、2 的三面投影，如图 2-34c）所示；

（4）光滑连接各点。如图 2-34d）所示。

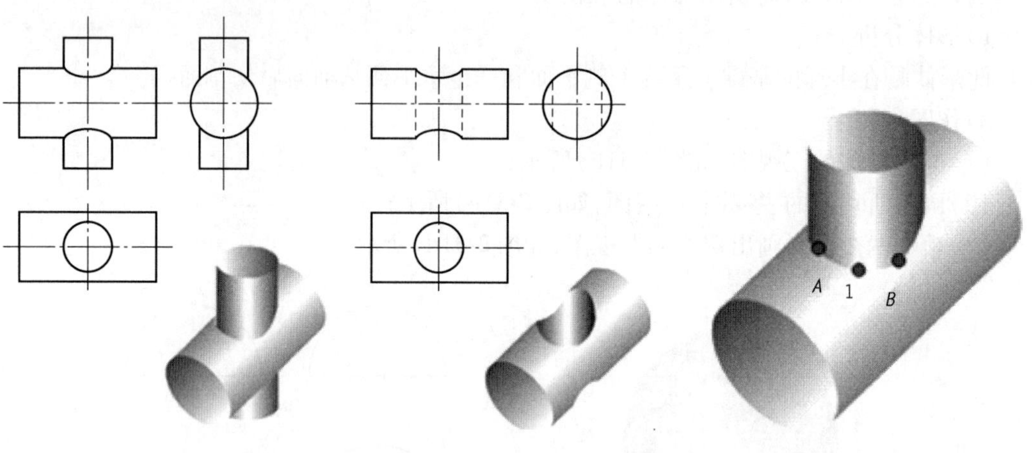

图 2-32　两圆柱相惯图例　　　　图 2-33　相贯线上特殊点

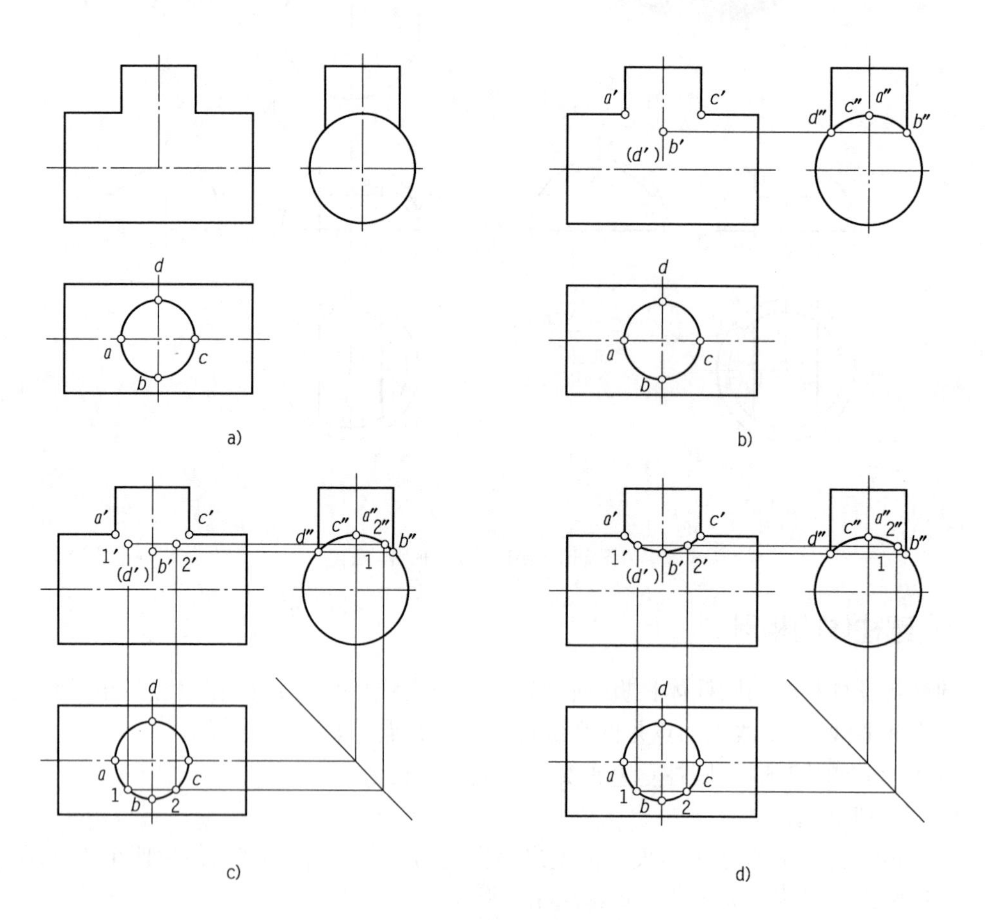

图 2-34　两圆柱垂直正交相贯线画法

课题四 组合体的投影及尺寸标注

任何复杂的物体都可以看作由若干个基本几何体所组成,由两个或两个以上的基本几何体构成的物体称为组合体。

一、组合体的组合类型及表面连接形式

1. 组合体的组合类型

根据组合体的组合特征,组合体可分为:

(1)叠加类组合体,由基本体叠加而成的组合体称为叠加类组合体,如图2-35a)所示;

(2)切割类组合体,由基本体切割而成的组合体称为切割类组合体,如图2-35b)所示;

(3)综合类组合体,由基本体叠加、切割而成的组合体称为综合类组合体,如图2-35c)所示。

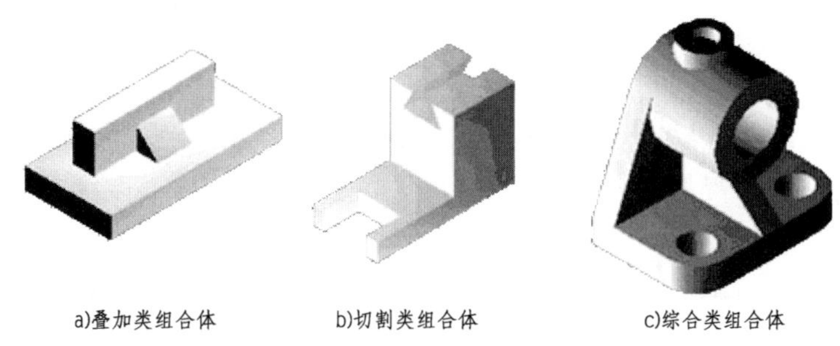

图2-35 组合体组合类型

2. 组合体的表面连接形式及画法

1)组合体的表面连接形式:

(1)相错。指两基本几何体的表面互相错位或不平齐,相错时表面要画线,如图3-36a)所示。

(2)平齐。指两基本几何体的表面互相平齐,平齐时表面不画线。如图3-36a)所示。

(3)相切。指两基本几何体表面光滑过渡。当曲面与曲面、曲面与平面相切时,在相切处不画切线,如图2-36b)所示。

(4)相交。指两基本几何体表面彼此相交。相交时要画出交线,如图3-36c)、d)所示组合体的表面连接处图线画法分析。

2)组合体的表面连接处图线的画法,如图2-37所示。

二、组合体的投影

组合体是由基本体经过切割、叠加而成的,要画组合体的投影就必须先进行形体分析。分清它的组合类型、表面连接方式再确定表达方案,合理布图,完成组合体的三面投影。

1. 综合类组合体三视图画法

1)形体分析

形体分析即先从大的轮廓上分清组合体的形状和结构,然后分析物体由几个简单的基

本几何体组成,基本几何体之间的相互位置关系和表面连接方式。

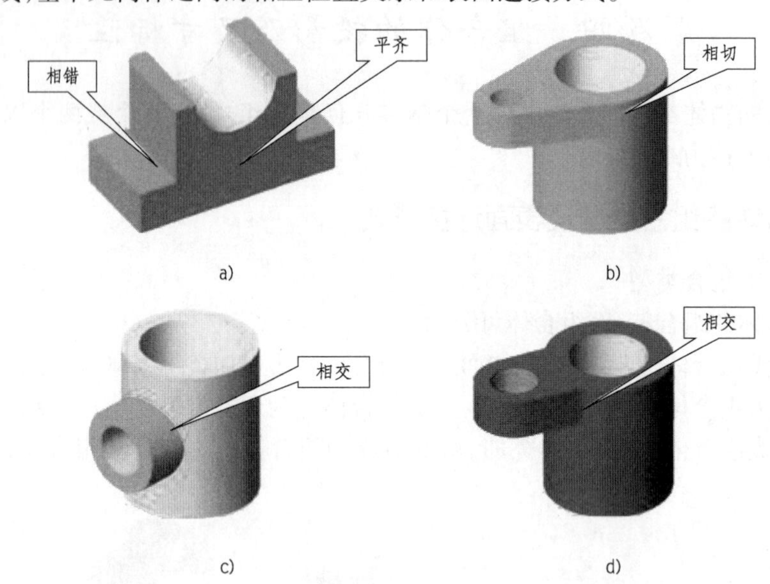

图2-36　组合体表面连接形式

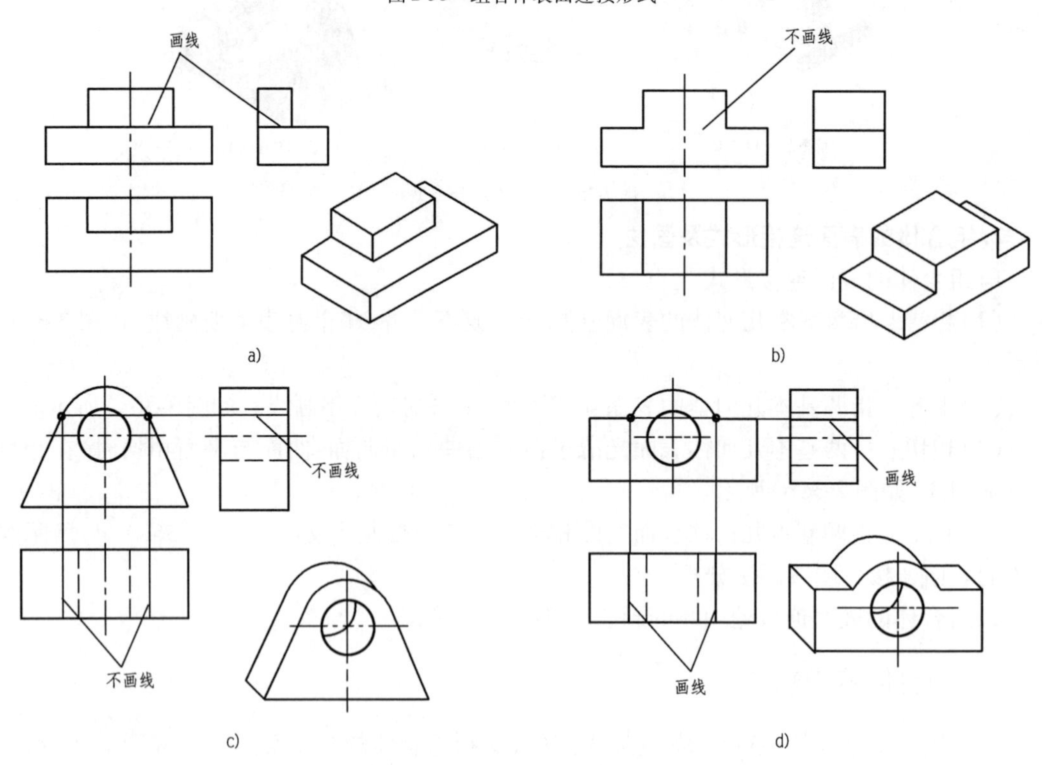

图2-37　组合体表面连接处图线处理

2)确定表达方案

表达方案的确定主要是主视图的选择,通常要求主视图能够较多地表达物体的形状特征,也就是要尽量将组成部分的形状和相互关系的特征在主视图上显示出来。并且,尽量使形体的主要面平行于投影面,以便使投影能得到真实形状。

3)投影作图

(1)选比例定图幅。表达方案确定后,不仅要考虑实物的大小,还要考虑标注尺寸、画标题栏、写技术要求等因素来选择比例和图幅;

(2)合理布图。要根据各视图每个方向的最大尺寸、标注尺寸所占空间、视图间的空档并合理布图,确定各视图的位置;

(3)画框架。画出各个视图的对称中心线、回转中心线、底面、端面等投影;

(4)画投影。按组合体中各基本体的相互位置、表面连接方式,先主后次,逐个画出各基本体的投影,即可完成物体的三视图。

例 1 画轴承座的三视图(图 2-38)。

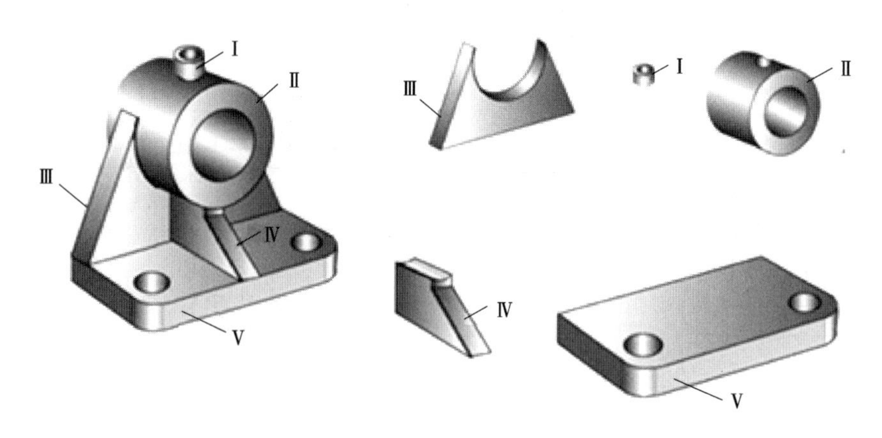

图 2-38 轴承座及各部分组成

(1)形体分析

轴承座可以分为五个部分:注油用的凸Ⅰ、支撑轴承的圆筒Ⅱ、支撑圆筒支撑板Ⅲ、肋板Ⅳ和底板Ⅴ。

(2)轴承座画图步骤

在已经选择好适当的比例和图纸幅面,并且根据轴承座总体轮廓尺寸,布置好各个视图的位置条件下,轴承座画图步骤:

第一步:画出圆筒的三视图。如图 2-39a)所示。

第二步:画出底板的三视图。如图 2-39b)所示。

第三步:画出支承板的三视图。如图 2-39c)所示。

第四步:画肋板的三视图。如图 2-39d)所示。

第五步:画出凸台的三视图。如图 2-39e)所示。

2. 切割类组合体三视图画法

通过形体分析,搞清该组合体的形成过程,即知道形成组合体的基本体的形状、被切割的部位、切去的形体、切割后的形状等。按照主视图表达形状特征的原则,选择主视图,选定比例和图幅,先画基本体的三视图,再按形体分析的次序,逐步切割,依次完成组合体的三视图。

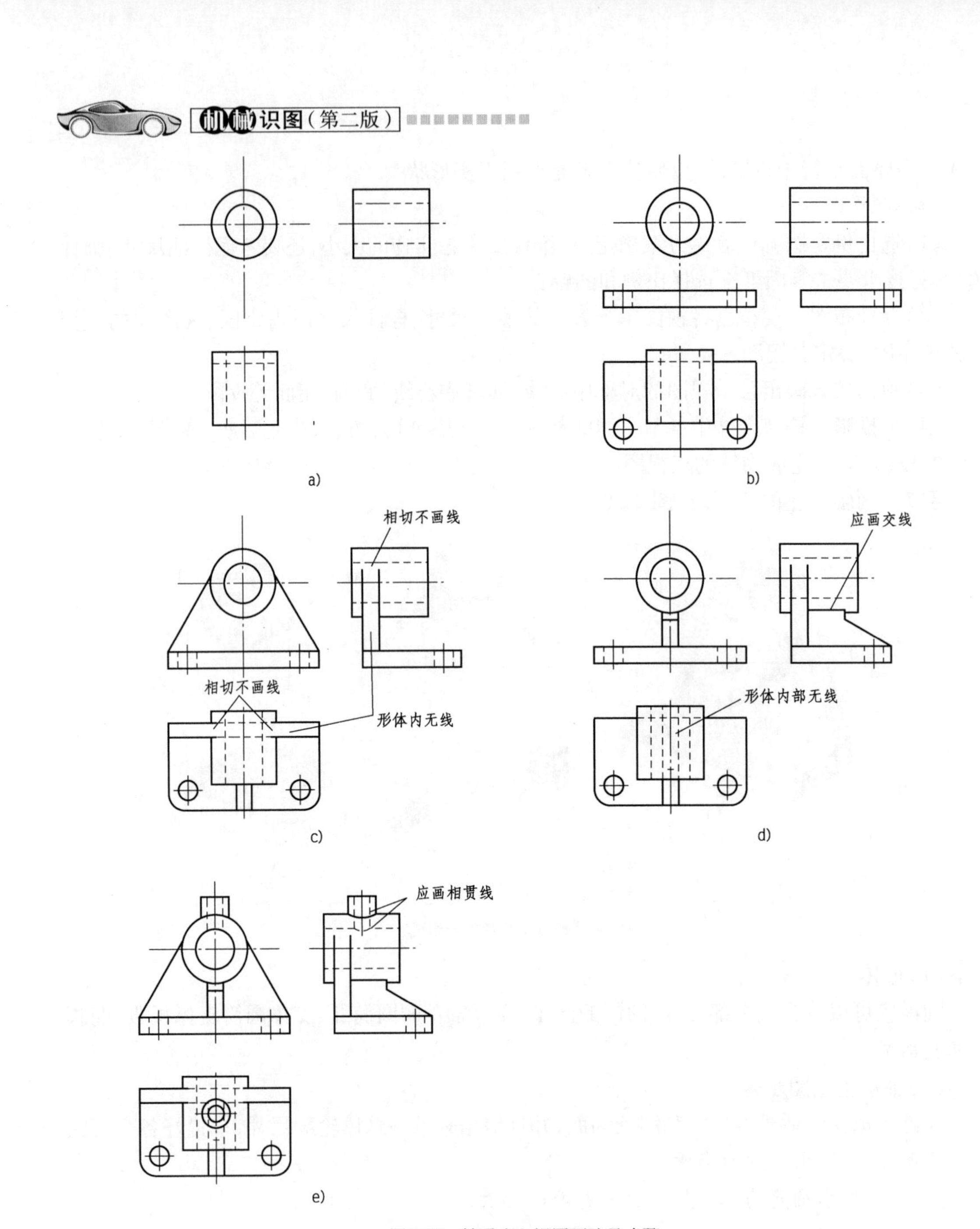

图 2-39　轴承座三视图画法及步骤

例 2　画下面最左边轴测图 2-40 所示组合体的三视图。(设主视图为指定箭头方向)

形体分析:由最左边的切割体轴测图可知,该物体在被切割之前的基本体是一个长方体,总共被切割了两次,一次是从左上角向右下角斜切割掉一块三棱柱,形成了斜面;第二次是在长方体的中间部位切割了一个一定深度的槽。

作图方法:

第一步:画基本体长方体的三视图。

第二步:画被第一次切割形成的斜面。由于左视图方向最能反映斜面的特征,所以就先画出左视图方向的斜面图线,再画另外两方向斜面的图线。

第三步：画中间被切割的槽，由于主视图方向最能反映槽的特征，所以就先画出槽的主视图方向的图线，再画槽的另外两方向的图线。

第四步：视图与轴测图对照，检查认为正确后，确定完成。

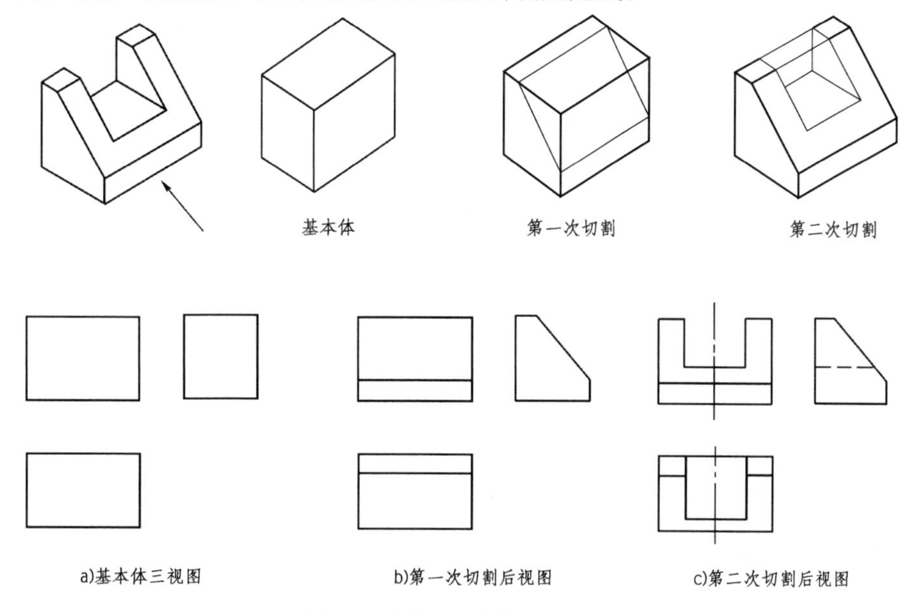

图 2-40　切割型组合体三视图画法

三、组合体的尺寸标注

组合体的投影只能表达物体的形状，要表达其大小还得在组合体的投影图上标注尺寸，应掌握形体分析的方法，标出各基本体的形体尺寸，各基本体的位置尺寸，组合体的整体尺寸。

1. 标注尺寸的原则

组合体投影图上的尺寸，一定要符合正确、完整、清晰的原则。正确就是尺寸数字书写正确及尺寸基准选择正确；完整就是各部分的各类尺寸要齐全不漏缺；清晰就是尺寸数字清楚、尺寸线排列整齐不零乱、不交错。

2. 尺寸基准

度量尺寸的起始点叫尺寸基准。

组合体都有长、宽、高三个方向尺寸，每个方向的尺寸至少有一个基准。基准的选择：一般是选重要的底面、端面、对称中心面、回转中心线等。如图 2-41 所示。

3. 尺寸的类型

根据尺寸在投影图中的作用，尺寸可分为三种类型。

(1)定形尺寸。确定组合体各部分大小的尺寸。如轴承座中，圆筒大小由圆筒的外径、孔径和宽度确定，底板由自身的长、宽、高确定。

(2)定位尺寸。确定组成组合体的各形体之间相对位置的尺寸。如轴承座中，圆筒轴线到底板的距离，底板上圆孔的中心位置尺寸。

(3)总体尺寸。确定组合体总长、总宽、总高的尺寸。

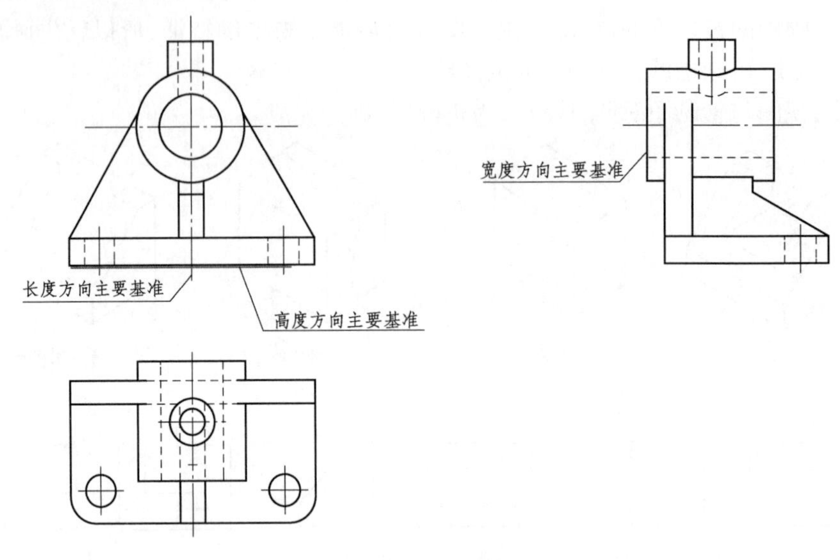

图 2-41　尺寸基准图例

有时候，某部分的定形尺寸，同时又是总体的尺寸。

4. 标注尺寸的注意事项

(1)所注尺寸应标在反映该部分形状特征的视图上，同一形体的定形、定位尺寸要尽量集中在一个或两个视图上，以便于看图。

(2)圆柱体的径向尺寸一般应注在视图为非圆的线段上，半圆或圆弧的半径应注在投影为半圆或圆弧的视图上。

(3)切口或切槽的尺寸应便于测量，同时还应标出确定其位置的定位尺寸，定位尺寸要从主要尺寸基准直接标出。

(4)尺寸尽量标注在视图外部，高度尺寸尽量注在主、左视图之间，长度尺寸尽量注在主、俯视图之间，以保持两视图之间的联系。标注时注意小尺寸在里，大尺寸在外，避免尺寸线的交错。

(5)尺寸链不要封闭，即同一方向的尺寸不要形成一个封闭的环。

(6)虚线上一般不注尺寸。

例 3　轴承座的尺寸标注，如图 2-42 所示。

各部分形体尺寸分析：从直观图上可知，底板的定形尺寸长 28，宽 12，高 4；在其三视图合适的位置标注，如图 2-42c)所示。

底板上加工了 2 个圆柱形的孔，孔的直径为 4，孔在底板上的定位尺寸 9 和 16；所以在三视图合适的位置标注，如图 2-42c)所示。

最高部分的圆筒尺寸：圆筒的外圆柱面直径为 14，圆筒的高度尺寸为 9，圆筒的内圆柱面直径为 7，所以在视图上合适的位置标注；如图 2-42d)所示。

底板与圆筒之间有块支撑板，板的厚度为 4，长度与底板的长度相同为 28(此项 28 尺寸可以不再标注)，从总的组成看，支撑板的两个侧面与圆筒的外圆柱面相切，所以无法确定支撑板的高度；如图 2-42e)所示。

综合分析：圆筒的定位尺寸为 19，如图 4-42f)所示。

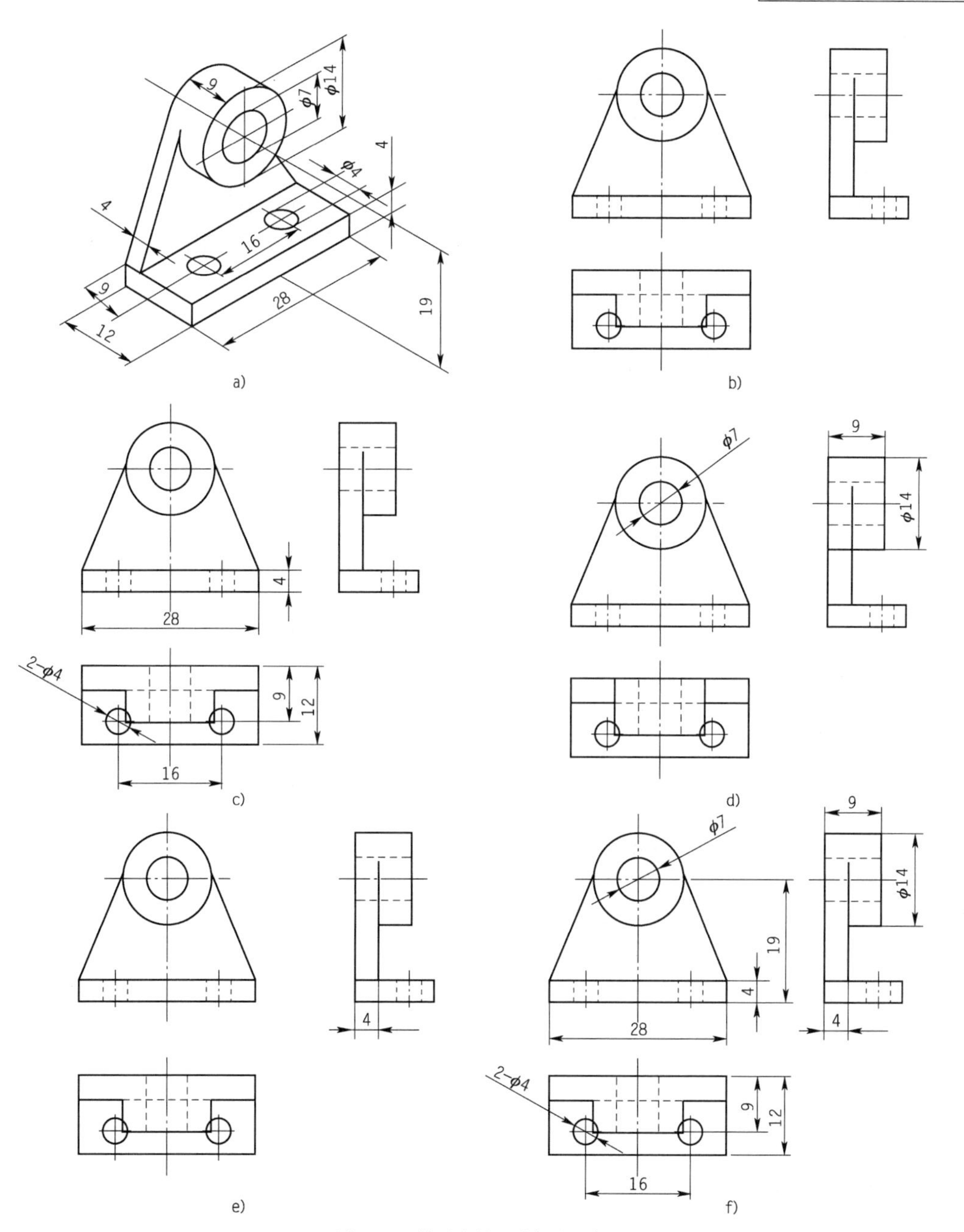

图 2-42 轴承座的尺寸标注图例

总体尺寸分析:总长尺寸为 28(即底板的长度尺寸);总宽尺寸为 12(即底板的宽度尺寸);总高尺寸为圆筒的定位尺寸 19 + 圆筒外圆柱面的半径尺寸 7。(由于顶部为圆弧,所以此处不直接标注总高数字。)

四、组合体的识读

识图和画图是本课程的两个重要方面。画图是运用正投影原理把空间物体用视图的形式表达在平面上,是由空间到平面的过程;识图是运用正投影原理,分析视图想象出空间物体的结构形状，是由平面到空间的过程。对于初学者来说，识图是比较困难的，但只要我们综合运用所学投影知识，掌握看图要领和方法，多看图，多想象，逐步锻炼由图到物的空间形象思维，就能不断提高看图能力。

1. 读叠加类组合体

读叠加类组合体一般采用形体分析法。形体分析法是根据视图的特点、基本形体的投影特征，把物体分解成若干个简单的形体，分析出组合形式后，再将其组合起来，构成一个完整的组合体。

叠加类组合体视图一般都是由一些封闭线框叠加而成，表现在视图上就是凹凸不齐。读图时可根据视图的位置明确视图名称。先从主视图入手按线框分部分，按照投影规律找出这些部分的另外两个投影，分别想出其形状；再按相互位置关系，想出组合体的整体形状。

例 4 读图 2-43 所示的组合体的三视图，可按以下步骤进行：

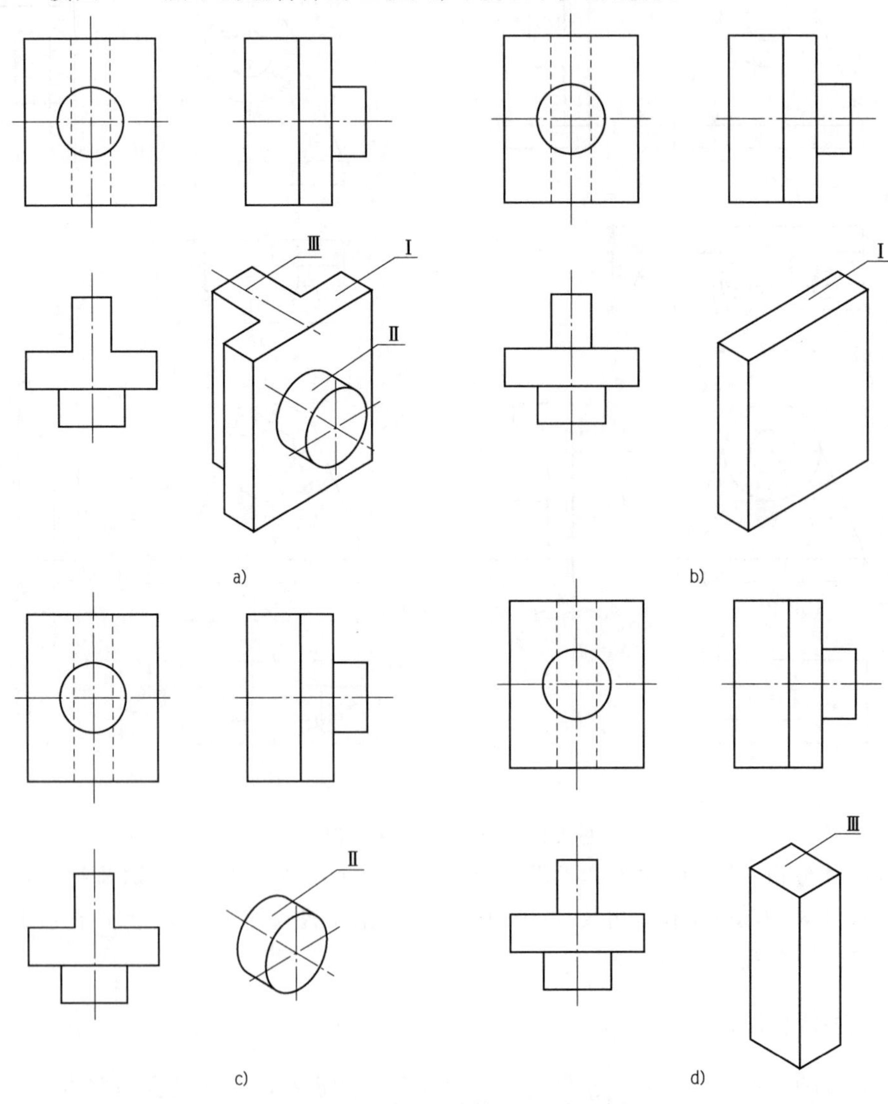

图 2-43 叠加型组合体三视图的识读

(1)由主视图上的三线框将组合体分成三个部分,如图2-43a)。

(2)将主视图上最大的长方形线框所对应的另外两个投影找见,想出其形状,如图2-42b)。

(3)找见主视图上圆线框所对应的另外两个投影,想出其形状,如图2-43c)。

(4)找见主视图上虚线框所对应的另外两个投影,想出其形状,如图2-43d)。

(5)将想象出的三个形体,按视图所表达的相互位置放置,就想出了组合体的总体形状,如图2-43a)的右下角直观图。

由此可见,读叠加类组合体的方法为:读视图明关系,分部分想形状,合起来想整体。

2. 读切割类组合体

切割类组合体是由基本体切割得到的,其大体轮廓显示的是基本体的投影。

例5　读图2-44。

识图分析:通过已知的三视图可知,基本体为长方体,如图2-44a)所示。

从主视图看左右各缺一角,对应另外两视图想象出,它是在长方体的上方左右各切去一个小长方体,如图2-44b)所示;

从俯视图看前面有一缺口,对应另外两视图想象出其是在长方体前方中间处挖去一个长方体如图2-44c);

综合a)、b)、c)结果得出如图2-44d)所示的物体结构形状。

通过以上分析,总结出读切割类组合体的方法为:读视图明关系,看视图想基体,逐步切割想整体。

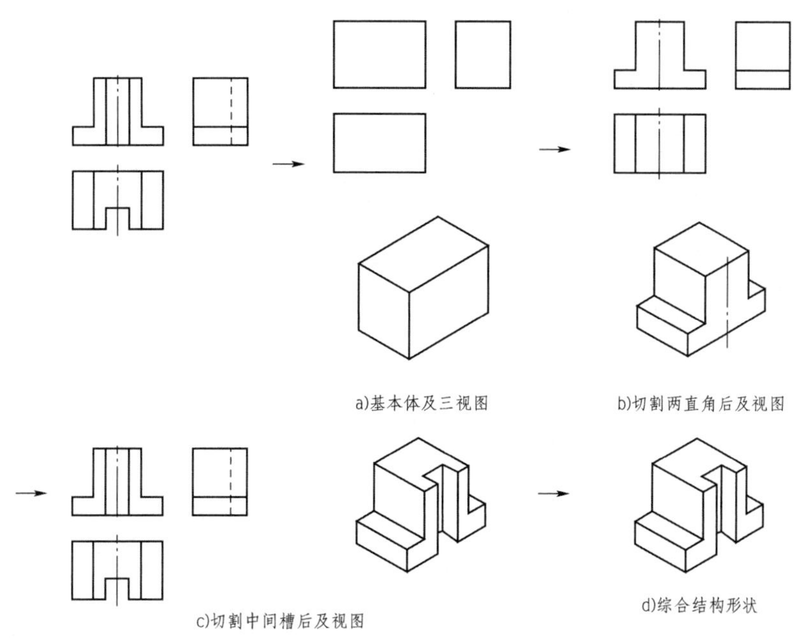

图2-44　切割型组合体三视图识图

五、补视图和补缺线

补视图和补缺线,是培养读图能力和检验读图效果的重要方法。

1. 补视图

补视图就是由两个已知视图补画第三视图的过程。

例 6 图 2-45a)所示。已知主视图和左视图,补画俯视图。

分析:由已知的两个视图想象出该组合体由 Ⅰ、Ⅱ 部分组成,既有叠加又有切割,属于综合类型组合体,如图 2-45b)所示。

先补画出底座 Ⅰ 部分的俯视图如图 2-45c)所示;

再补画上面 Ⅱ 部分的俯视图。如图 2-45d)所示;对照已知视图检查无误后描深,完成补图过程,得到综合结构形状,如图 2-45e)所示。

做这一类练习必须发挥空间想象力,反复多方位思考才能解决问题。一般是根据已知的两个视图去大致想象物体的形状。

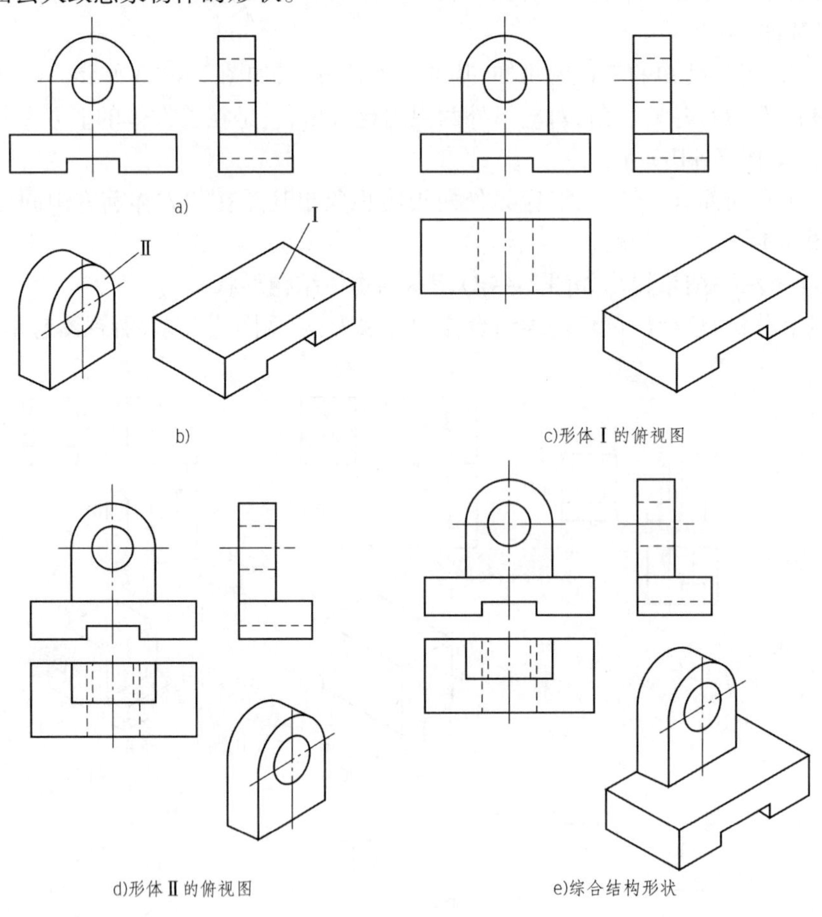

图 2-45 补画第三视图

2. 补缺线

补缺线一般可利用形体分析法,分析已知视图并补全图中遗漏的图线,使视图表达完整、正确。补缺线时要运用三视图的投影规律对应地补画所缺的线。

例 7 如图 2-46 所示。补画视图中的缺线。

分析:由图 2-46a)分析可知其为综合类组合体,由上下两部分 Ⅰ、Ⅱ 叠加而成,如

图 2-46b)。按三视图间的对应关系可补出Ⅰ部分的在左视图中所缺的图线；如图 2-46c)所示；补画上部分Ⅱ中半圆弧在俯视图、左视图中的缺线，如图 2-46d)所示；检查对照是否有要删去或要增加的图线(如两形体之间的交线)，这样就补全了组合体上遗漏的图线，从而完整、正确地表达了物体的形状，综合的结果如图 2-46e)所示。

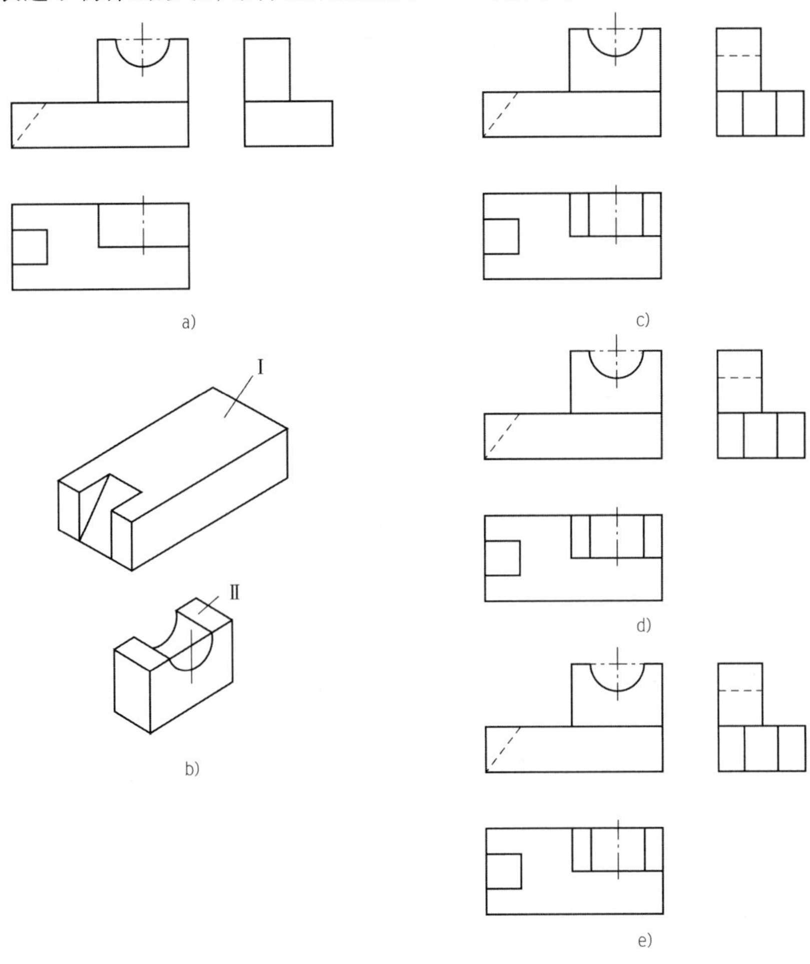

图 2-46 补画视图中的缺线

单元三
机件形状的表达方法

学习目标

1. 掌握视图、剖视图和断面图的画法及标注；
2. 熟悉常用的其他规定的画法；
3. 学会灵活应用各种表达方法，正确、完整、清晰、简洁地表达机件。

课题一　视　　图

实际生产中机件结构是多种多样的，国家标准《技术制图》提供了视图、剖视图、断面图等各种表达方法，掌握了这些表达方法，就能做到完整、正确、清晰地表达机件的各部分形状。

机件向投影面正投影所得的图形称为视图。

视图主要用来表达机件内部、外部结构形内状。

视图包括基本视图、向视图、局部视图和斜视图四种。

一、基本视图

机件向基本投影面投射所得的视图称为基本视图。

基本投影面规定为正六面体的6个面，各投影面的展开如图3-1所示。

机件分别由上、下、前、后、左、右6个方向，向6个基本投影面投射即得到6个基本视图。6个基本视图之间投影关系：主、俯、仰、后视图长对正；主、左、右、后视图高平齐；俯、仰、左、右视图宽相等。6个视图分别称为：主视图、左视图、俯视图、右视图、仰视图和后视图。6个视图的配置关系如图3-2所示。

6个基本视图按图3-2所示配置时，一律不标注视图名称。

机件不一定都要用6个基本视图表达，只要能完整清晰地表达机件各部分的结构形状，视图的数量越少越好。

二、向视图

向视图是自由配置的基本视图，既把基本视图中的某个图移动了位置之后的视图。在向视图上方用大写拉丁字母标出该图名称，并在相应的视图附近用箭头指明投射方向，注上相同的字母，如图3-3所示。

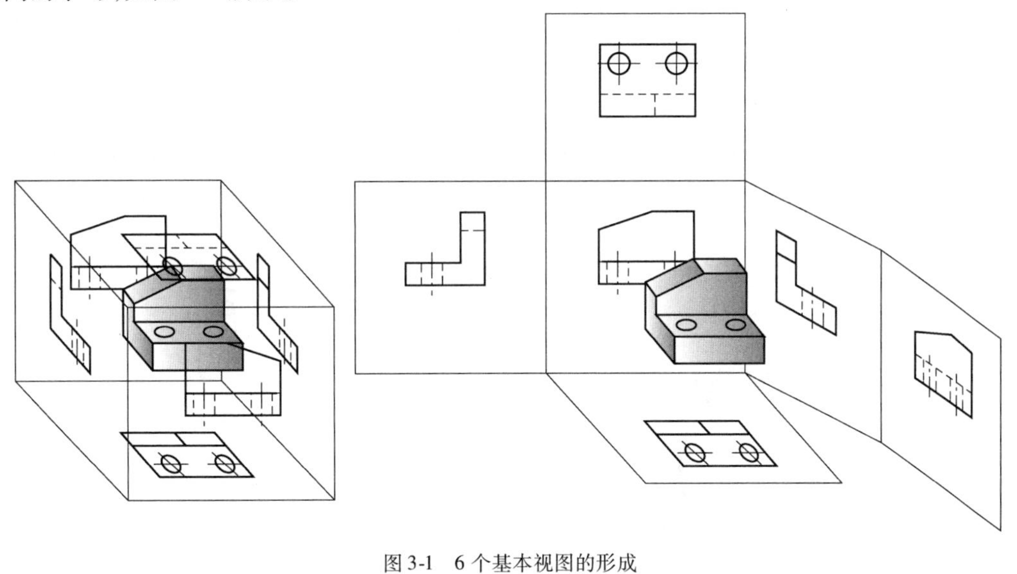

图3-1　6个基本视图的形成

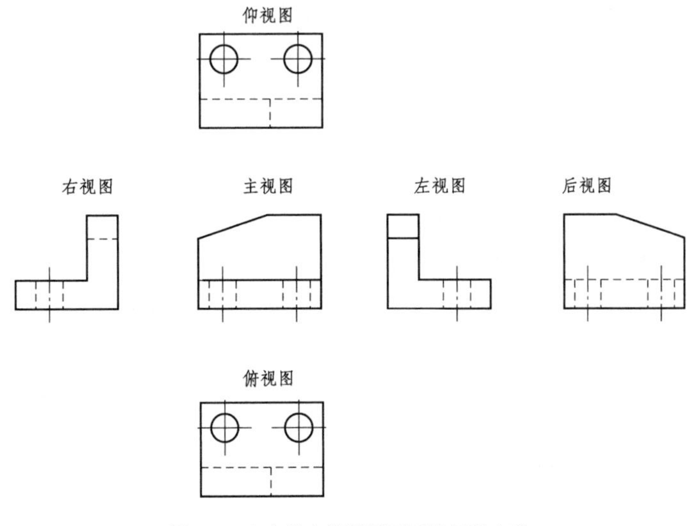

图3-2　六个基本视图展开后位置及名称

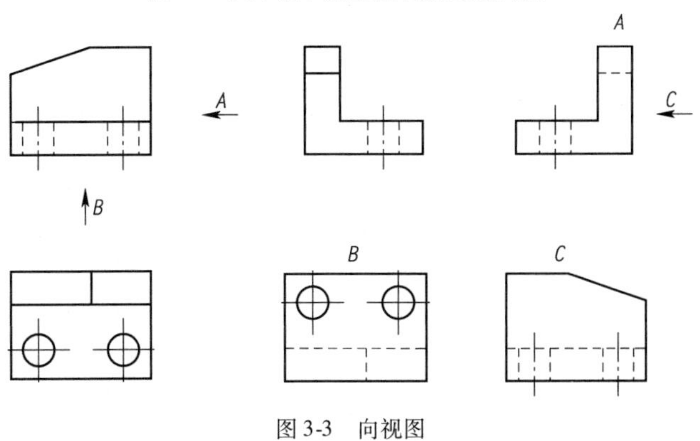

图3-3　向视图

三、局部视图

将机件的某一部分向基本投影面投射所得到的视图称为局部视图。局部视图用于表达机件上的部分结构，同时避免重复已表达清楚的机件的其他视图部分。

局部视图标注及画法：

在局部视图的上方标注“×向”，用带字母的箭头标明所表达的部位和投射方向，如图 3-4所示。

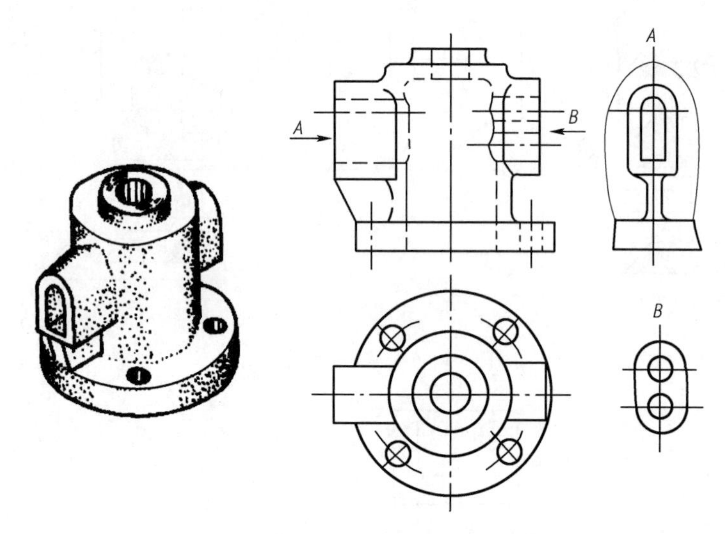

图 3-4　局部视图图例

局部视图断裂边界用波浪线或双折线表示，如图 3-4*A* 向局部视图所示。但当所表示的局部结构是完整的，其图形的外轮廓线呈封闭时，波浪线可省略不画，如图 3-4*B* 向视图所示。

四、斜视图

机件向不平行于基本投影面的平面投射所得的视图称为斜视图。用于表达机件倾斜部分的真实形状。

斜视图用波浪线表示断裂边界，其上方用字母标出视图的名称，在相应的视图附近用带有同样字母的箭头指明投射方向，如图 3-5 中 *A* 向、图 3-6 中 *A* 向视图为斜视图。

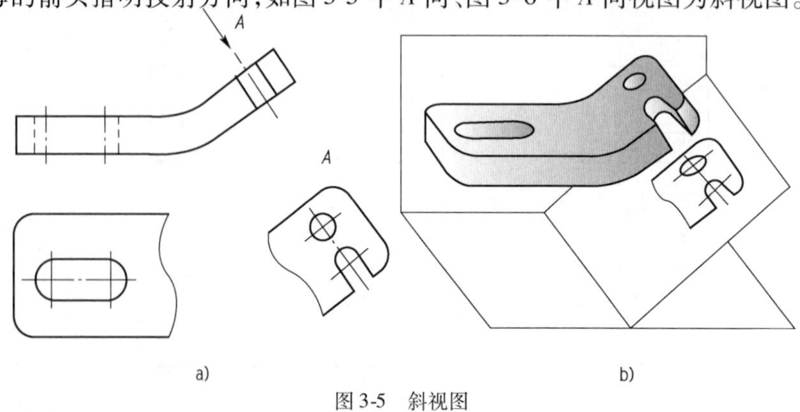

图 3-5　斜视图

图3-6中的B方向视图和C方向视图为局部视图。

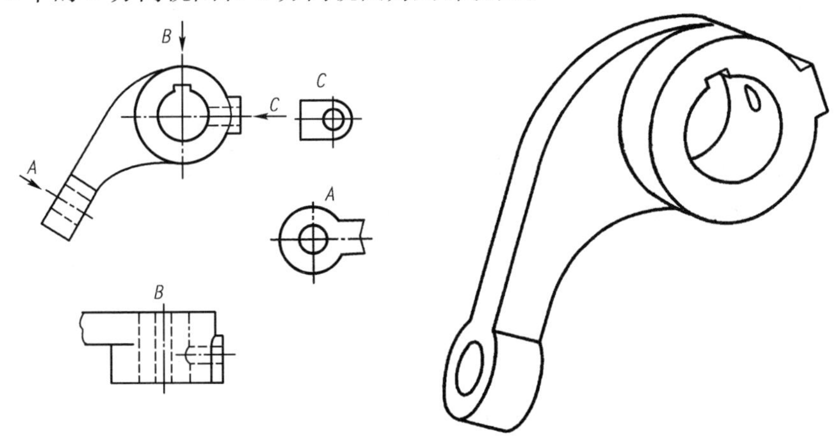

图3-6　压紧杆的表达方法

课题二　剖　视　图

用视图表达机件结构形状时,对其内部结构要用虚线表示,如果机件的内部结构复杂,视图上就会虚线过多,不便于画图读图,也不便于标注尺寸。采用剖视图就能达到清晰表达机件内部结构的要求(GB/T 4458.6—2002)。

假想用剖切面剖开机件,将处在观察者与剖切面之间的部分移去,将其余部分向投影面投射,所形成的图形(并在实心的部位画上45°细实线的斜线)即为剖视图。如图3-7所示。

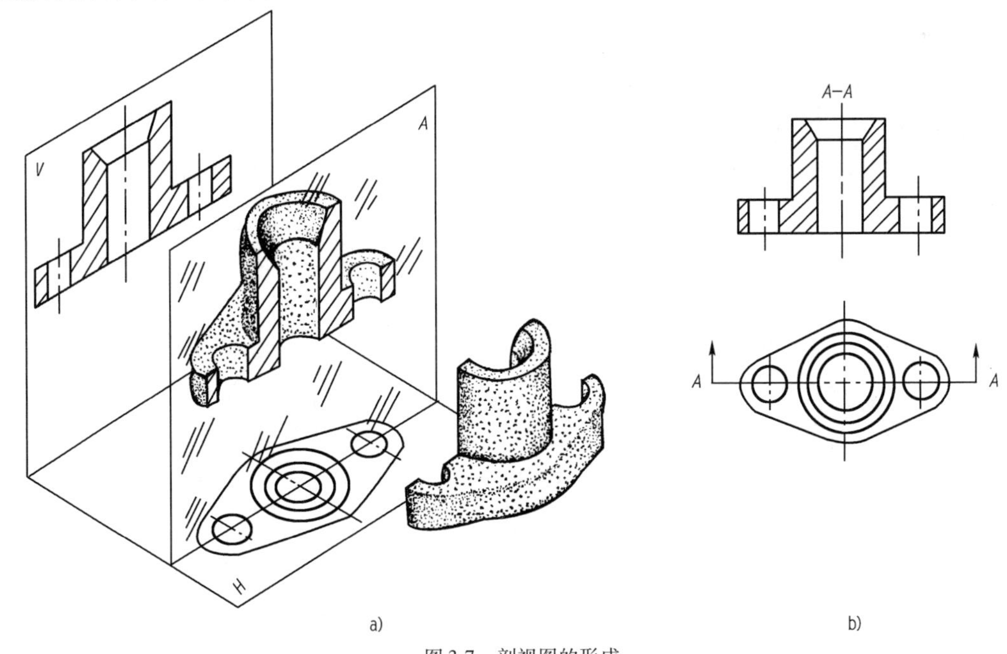

图3-7　剖视图的形成

剖视图的种类:

按剖切范围的大小,剖视图可分为全剖视图、半剖视图和局部剖视图。

一、全剖视图

(一)概念

用剖切面(一般为平面,也有柱面的剖切面)完全剖开机件得到的剖视图称为全剖视图。全剖视图一般适用于外形比较简单、内部结构复杂的机件。如图3-7所示。

(二)剖面区域的表示法(GB/T 17453—2005)

剖切面应尽量通过较多内部结构(孔、槽等)的轴线或对称平面,并平行于选定的投影面。如图3-8所示。

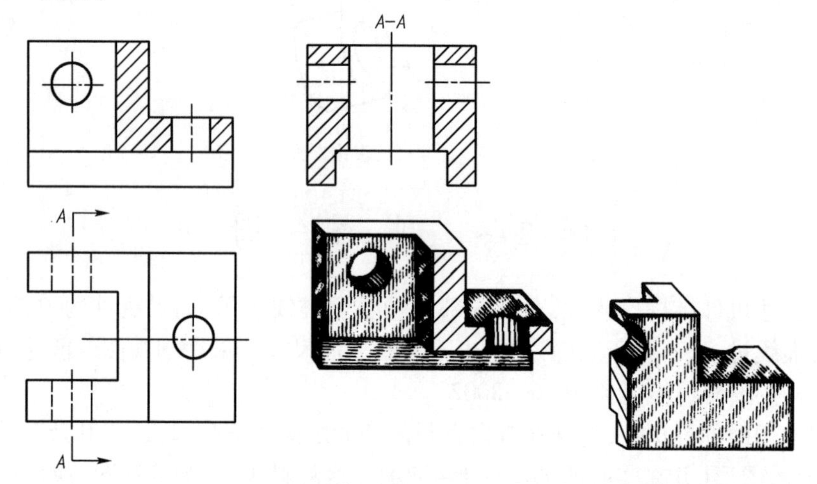

图3-8 剖视图的标注

剖视图一般应标注其名称"×-×"(×代表大写拉丁字母)在相应的视图上用剖切符号表示剖切位置和投射方向,并标注相同的字母。剖切符号用粗短画表示,用以指示剖切面的起讫和转折位置,并用箭头表示投射方向。如图3-8所示。

当剖视图按投影关系配置,中间又没有其他图形时,可省略箭头,如图3-9所示。

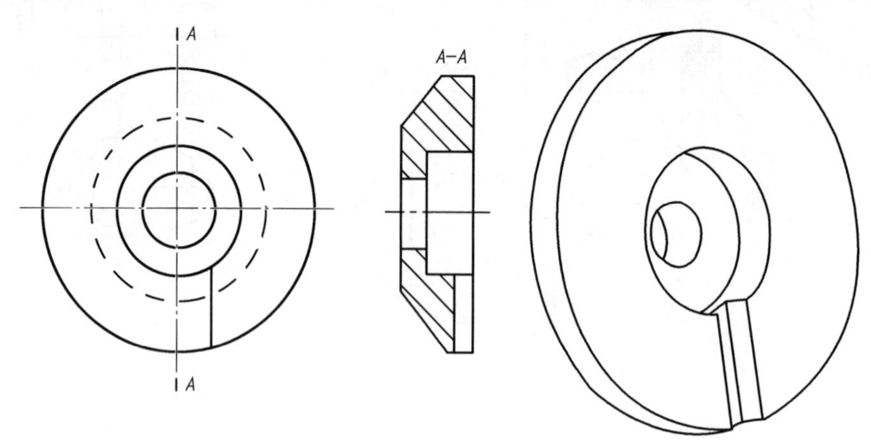

图3-9 全剖视图图例

机件剖开后,处在剖切平面之后的所有可见轮廓线都应画齐,不得遗漏。

（三）材料的剖面符号

剖视图中，凡被剖切到的实心部分应画上剖面符号。不同的剖面符号表示零件具有不同的材质。剖面符号的国家标准如表3-1所示。

剖面符号（GB/T 17453—2005）　　表3-1

材料类别	图　例	材料类别	图　例	材料类别	图　例
金属材料（已有规定剖面符号者除外）		型砂、填砂、粉末冶金、砂轮、陶瓷刀片、硬质合金刀片等		木材纵断面	
非金属材料（已有规定剖面符号者除外）		钢筋混凝土		木材横断面	
转子、电枢、变压器和电抗器等的叠钢片		玻璃及供观察用的其他透明材料		液体	
线圈绕组元件		砖		木质胶合板（不分层数）	
混凝土		基础周围的泥土		格网（筛网、过滤网等）	

金属材料的剖面线，应画成间隔均匀的平行细实线。同一机件的各个视图中的剖面线方向与间距必须一致，剖面线应以适当角度倾斜45°角，如图3-10所示。

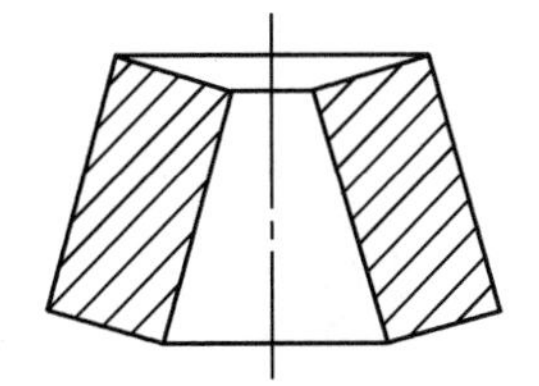
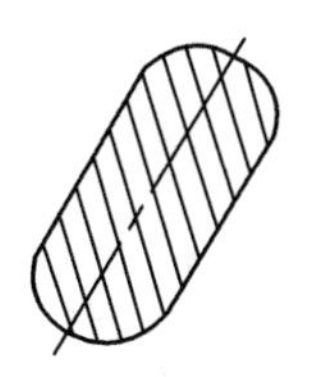
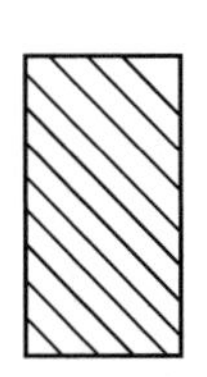
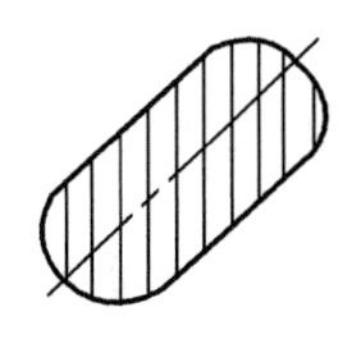
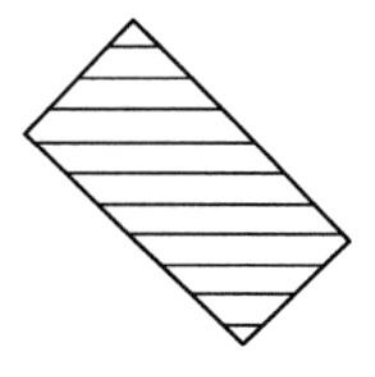

图3-10　剖面线的角度

（四）剖切方法

1. 单一剖切平面

剖切剖面可以平行于基本投影面，如图3-7所示。也可以不平行于基本投影面——斜剖，如图 3-11 中图 *B-B* 所示。斜剖一般应与倾斜部分保持平行，进行正投影作图。视图也可放在其他位置，并可旋转端正，但必须按规定标注，如图 3-11 所示（实际应用中，只采用其中的一种方法）。

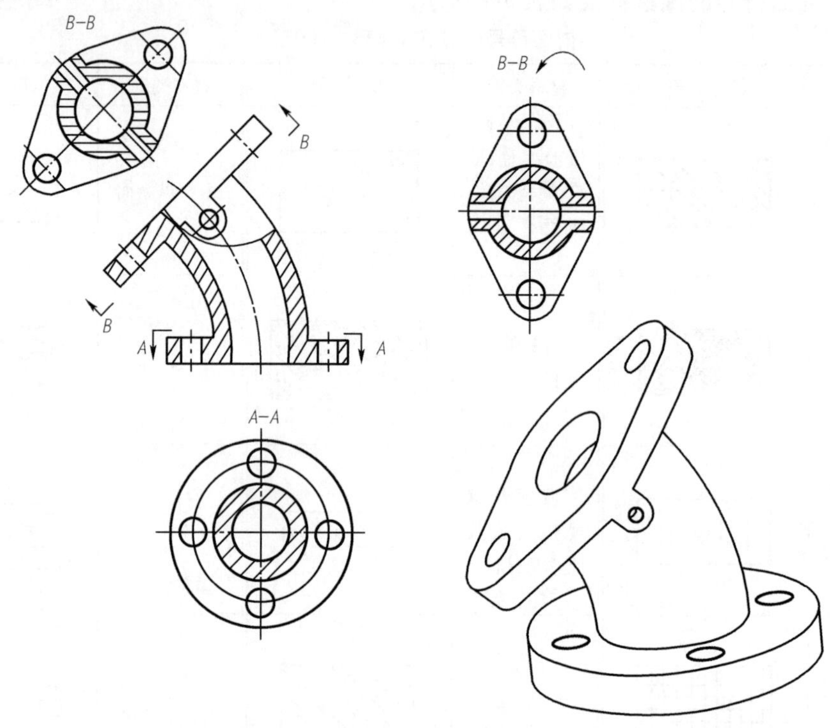

图 3-11　单一剖切面

2. 几个平行的剖切平面（阶梯剖）

用几个互相平行的剖切平面剖开机件的方法称为阶梯剖，如图 3-12 所示。此剖切方法适用于机件内部结构的轴线或对称平面不处于同一平面内的情况。

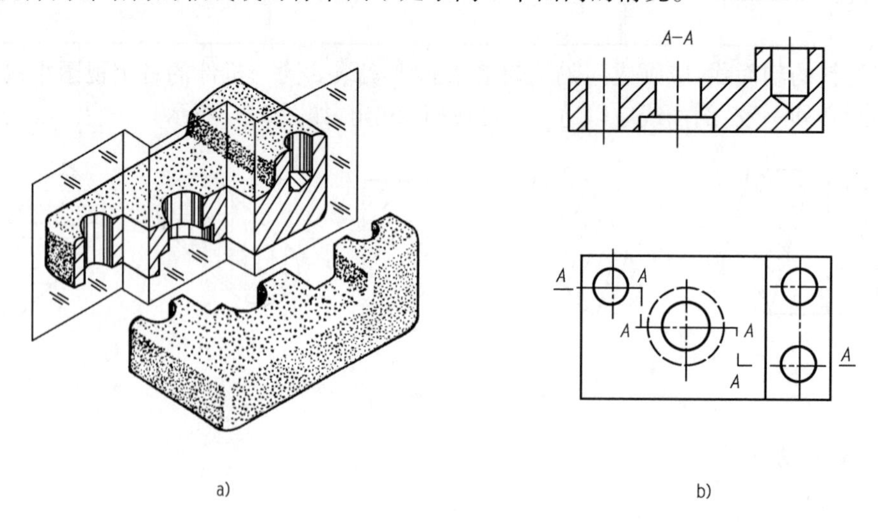

图 3-12　阶梯剖的形成

画阶梯剖的注意点：

（1）因为剖切平面是假想的，所以不应画出剖切平面转折处的投影，如图 3-13 所示。

（2）剖切面不应与轮廓线重合。如图 3-14a）中所示。

（3）剖视图中不应出现不完整结构要素，如图 3-14b）所示。

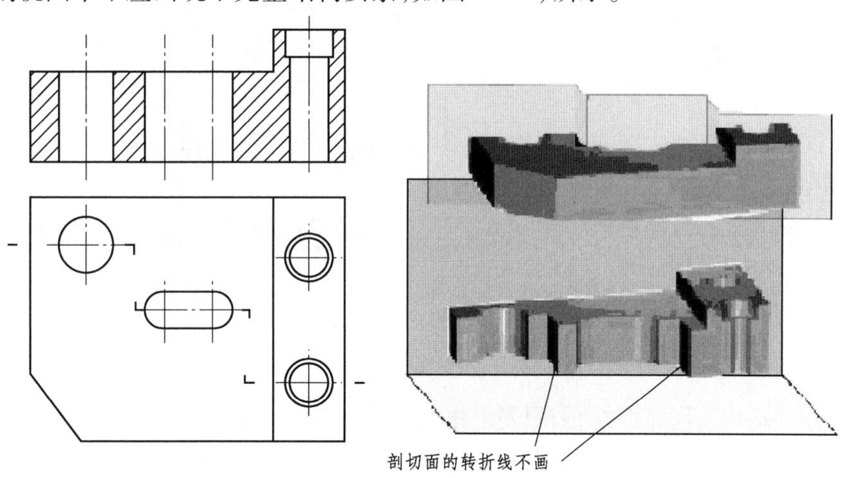

图 3-13 阶梯剖画法注意点（一）

（4）当两个要素在图形上具有公共对称中心线或轴线时，可各画一半，此时应以对称中心线或轴线为界，如图 3-15 所示。

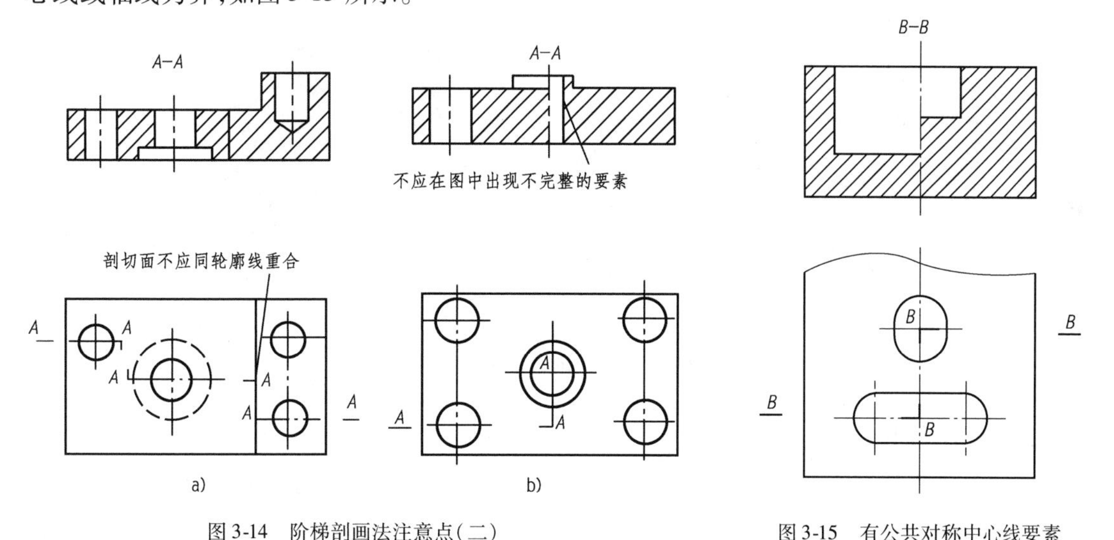

图 3-14 阶梯剖画法注意点（二）

图 3-15 有公共对称中心线要素

3. 两相交剖切平面（旋转剖）

用两个相交的剖切平面剖开机件的方法，如图 3-16 所示。此剖切方法适用于表达机件上有回转轴的倾斜结构的情况。

画剖视图时，应先剖切后再旋转至与某一选定的投影面平行时再投射，但是位于剖切面后的其他结构一般仍应按原来位置投影，如图 3-16 俯视图中的小圆孔。

采用这种剖切后，应对这种剖视图加以标注。剖切符号的起讫转折处用相同字母标出。如图 3-16 中 *A-A* 所示。

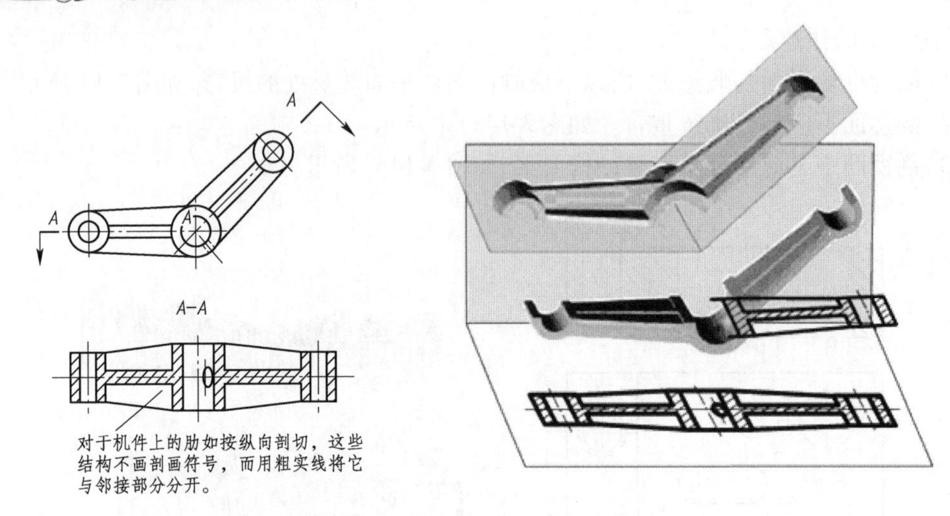

A
A
A
A-A
对于机件上的肋如按纵向剖切，这些
结构不画剖画符号，而用粗实线将它
与邻接部分分开。

图 3-16　两相交剖切面剖的剖视图

根据机件的结构不同，有时会采用多个相交的剖切面进行剖切，如图 3-17 所示。用了几个相交的剖切面获得的全剖视图，并采用的展开画法，此时在视图的上方应标注“*X-X* 展开”。

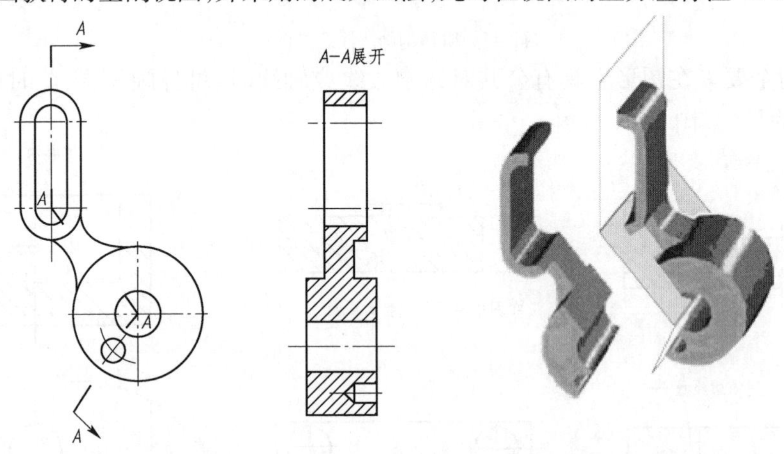

图 3-17　多个相交剖切剖面剖的剖视图

二、半剖视图

当机件具有对称平面时，向垂直于对称平面的投影面上投射所得的图形，以对称中心线为界，一半画成剖视图，另一半画成视图，整个的视图称为半剖视图。半剖视图的形成如图 3-18所示。

图 3-18 中主视图是半剖视图，俯视图是半剖视图。

半剖视图既表达了机件的内部结构，又保留了外部形状，所以常用于表达内、外形状都比较复杂的对称机件。

半剖视图中剖视部分与视图部分的分界线是点画线，不能画成粗实线，因为机件的内部形状已在其中一半剖视图中表达清楚，在另一半表达外形的视图中不必再画出不可见的内部结构图线（虚线）。

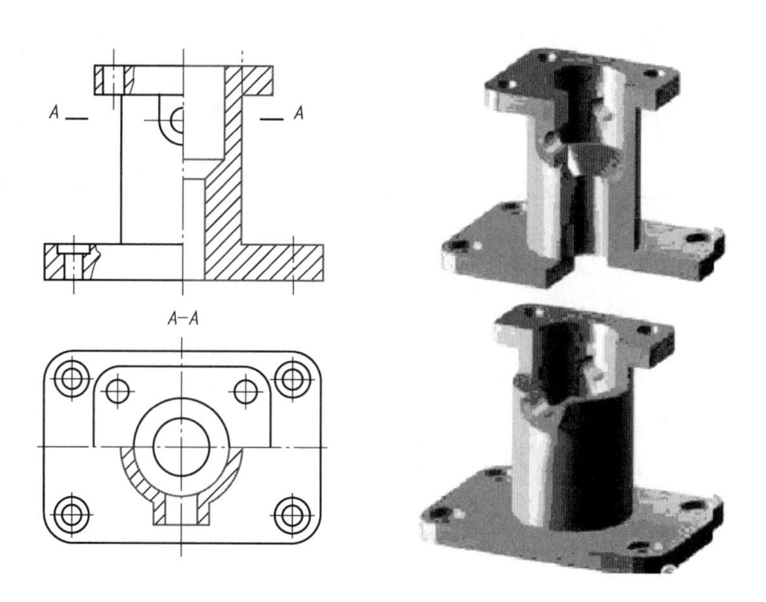

图 3-18　半剖视图的形成

三、局部剖视图

剖切平面局部地剖开机件所得的剖视图，称为局部剖视图，如图 3-19 所示。

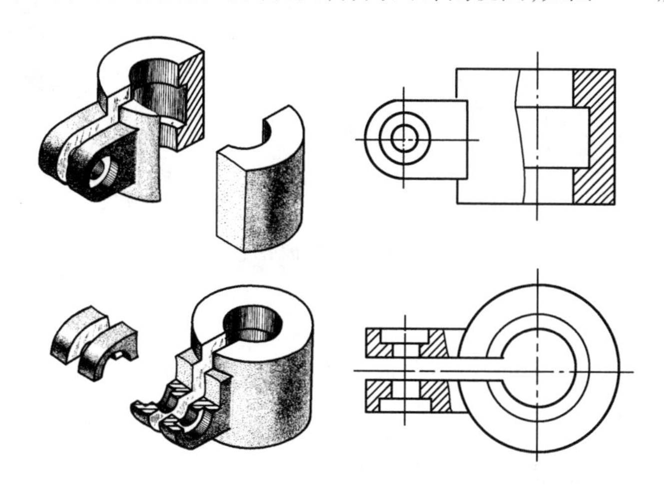

图 3-19　局部剖视图图例

局部剖视图能把机件局部的内部形状表达清楚，又能保留机件的某些外形，其剖切范围可大可小，是一种自由灵活的表达方法。

局部剖视图可用波浪线分界，波浪线应画在机件的实体上，波浪线不能用轮廓线代替或与图样上其他图线重合。

波浪线可以认为是断裂面的投影，因此，波浪线不能在穿通的孔或槽中连起来，也不能超出视图轮廓之外。如图 3-20 所示。

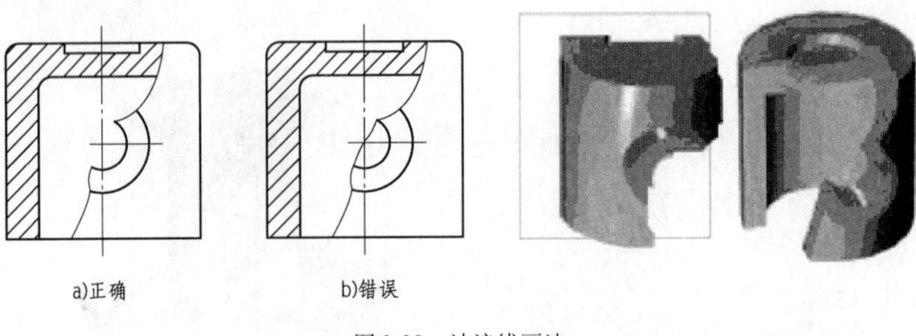

图 3-20　波浪线画法

课题三　断　面　图

一、断面图概念（GB/T 4458.6—2002）

假想用剖切面将机件的某处切断，仅画出其断面的图形称为断面图（简称断面）。如图 3-21所示。

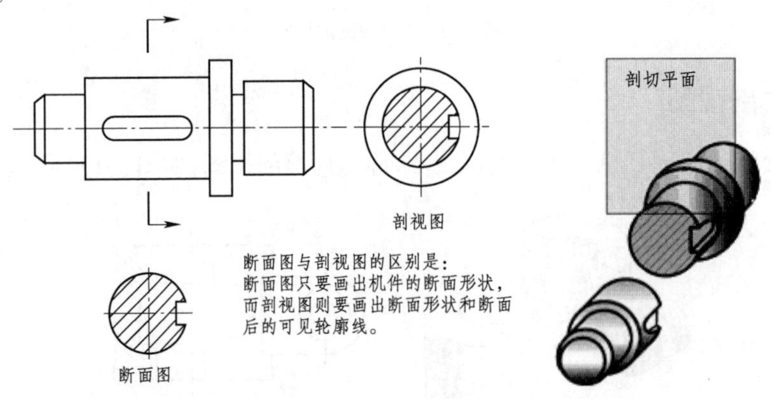

剖切平面
剖视图
断面图与剖视图的区别是：
断面图只要画出机件的断面形状，
而剖视图则要画出断面形状和断面
后的可见轮廓线。
断面图

图 3-21　断面图的形成

二、断面图的分类

根据断面图配置位置的不同，可分为移出断面图和重合断面图两种。

（一）移出断面图

画在视图轮廓之外的断面图。如图 3-22 所示。

1. 移出断面图的画法与配置

（1）移出断面图的轮廓线用粗实线画出。

（2）移出断面图应尽量画在剖切线的延长线上，如图 3-21 的断面图，必要时也可配置在其适当位置，如图 3-22a），图 3-22b）、图 3-22c）所示。

（3）当剖切平面通过由回转面形成，孔或凹坑的轴线时，这些结构的面应画成封闭图形，如图 3-23 所示。

（4）当剖切平面通过非圆孔，导致出现完全分离的断面时，这些结构按剖视绘制。如图 3-24 所示。

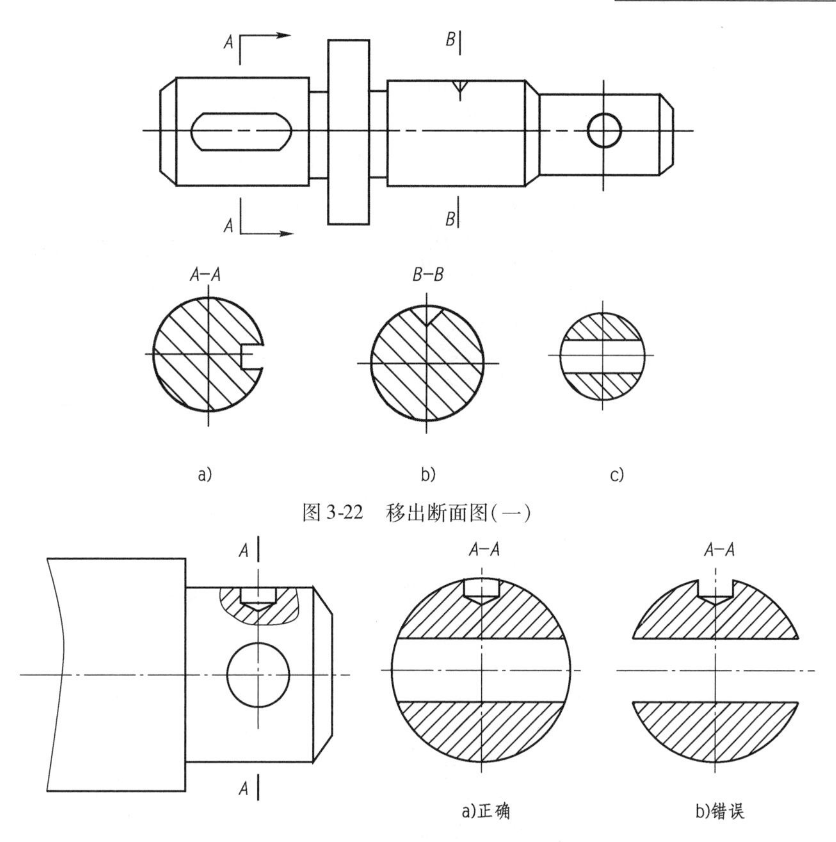

图 3-22　移出断面图(一)

图 3-23　移出断面图(二)

(5)断面图形状对称时,也可以画在视图的中断处。如图 3-25 所示。

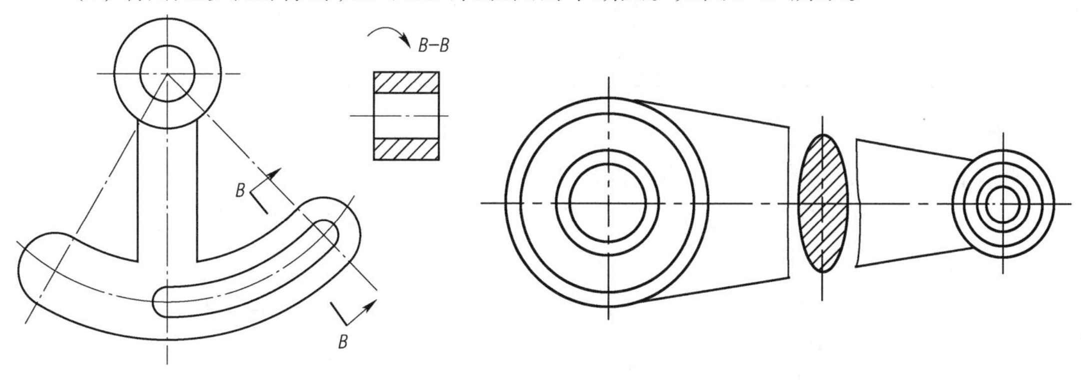

图 3-24　移出断面图(三)

图 3-25　移出断面图(四)

(6)由两个或多个相交的剖切平面剖切得到的移出断面,中间一般应断开,如图 3-26 所示。

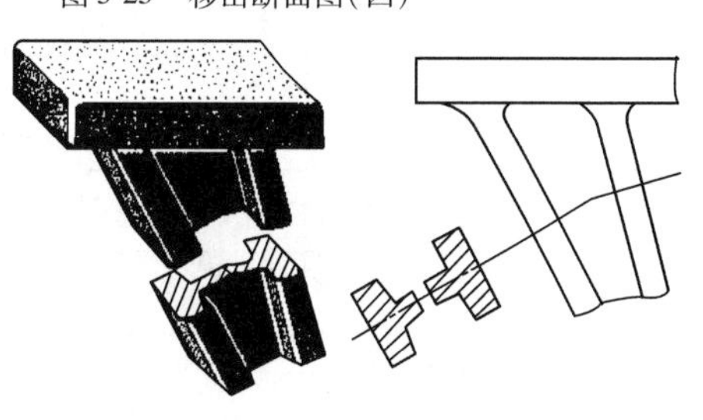

图 3-26　移出断面图(五)

2. 移出断面的标注

标注应包括在相应的视图上用剖切符号标明剖切位置,用箭头指明投射方向,并在断面的上方注出名称“ ×—× ”,如果断面图形对称或配置在剖切线延长线上,则按投射关系配置的断面标注,可作相应的省略，如表 3-2 所示。

移出断面图的标注 表 3-2

断面位置	断面形状对称	断面形状不对称
在剖切符号的延长线上	（不标注）	（不标注图名 × – ×）
按投影关系配置	A A A–A（不标注投影方向）	A A A–A（不标注投影方向）
在其他位置	A B A B A–A B–B（不标注投影方向）	A B A B A–A B–B（标注齐全）

（二）重合断面图

画在视图轮廓之内的断面图，称为重合断面图。

重合断面的轮廓线用细实线画出。当视图中的轮廓线与重合断面的图形重叠时，视图中的轮廓线仍需完整地画出，不能间断。如图 3-27 所示。

形状对称的重合断面图可不作任何标注，形状不对称的重合断面图需标注剖切符号和投射方向。如图 3-27 所示。

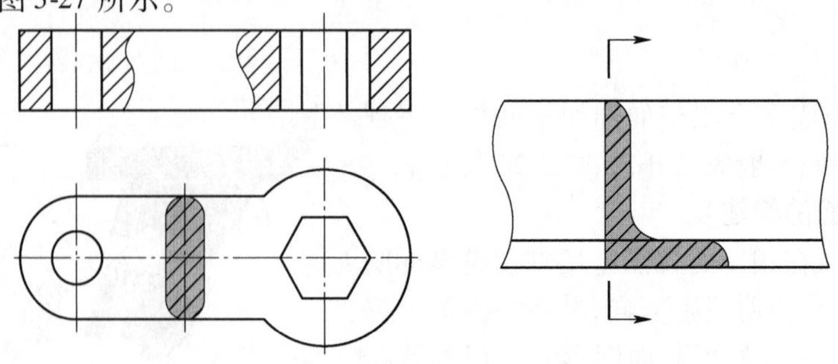

图 3-27 重合断面图

课题四 其他表达方法

一、局部放大图

将机件上某些局部细小结构用大于原图形所采用的比例画出，这种图形称为局部放大图，如图 3-28 所示。

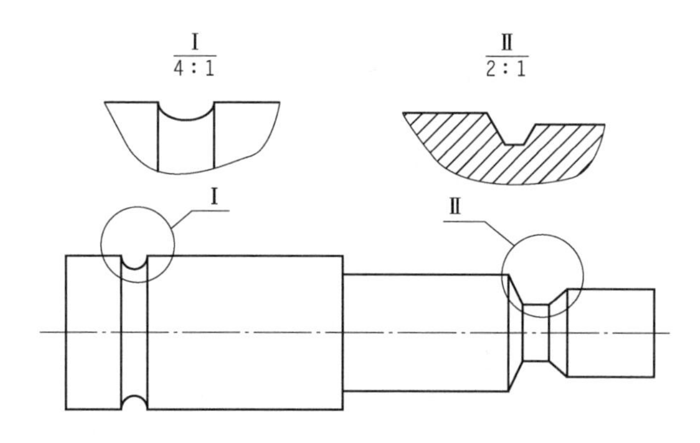

图 3-28 局部放大图

绘制局部放大图时，应在视图上用细实线圈出被放大部位（螺纹牙型和齿轮的齿形除外），并将局部放大图配置在被放大部位附近。同一机件上有几个被放大的部分时，应用罗马数字编号，并在局部放大图上方注出相应的罗马数字和所采用的比例，如被放大部位仅一处时，只需在局部放大图的上方注明比例即可。

局部放大图可以画成视图、剖视图和断面图，与原图形的表达方式。如图 3-28 中的 I 、Ⅱ局部放大图。

二、简化画法

（1）肋板、轮辐及薄壁机件的画法。

对于机件的肋、轮辐及薄壁等，如按纵向剖切，这些结构都不画剖面符号，而用粗实线将它们与其邻接部分分开，如图 3-29 所示。当零件回转体上均匀分布的肋、轮辐、孔等结构不处于剖切平面上时，可将这些结构旋转到剖切平面上画出，如图 3-29b）所示。

（2）具有若干相同结构机件的画法。

当机件具有若干相同结构（齿、槽、孔等）并按一定规律分布时只须画出几个完整的结构，其余用细实线相连或标明中心位置，如图 3-30 所示。

（3）较小结构的简化画法。

当机件上较小的结构已在一个图形中表达清楚时，其他图形应简化或省略，如图 3-31 所示。

除确属需要表示的某些结构圆角外，其他圆角在零件图中均可不画，但须注明尺寸或在技术要求中加以说明，如图 3-32 所示。

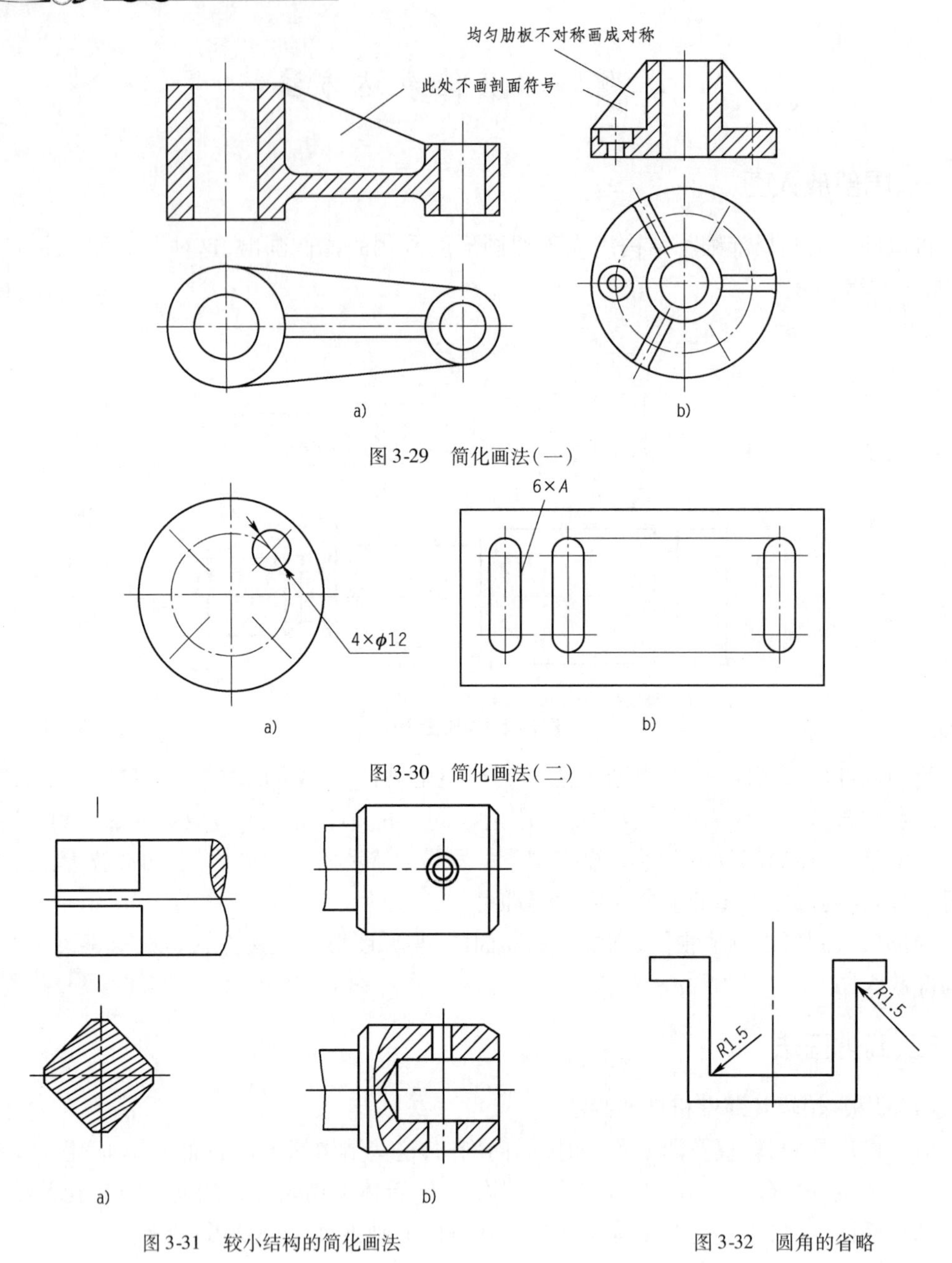

图 3-29 简化画法(一)

图 3-30 简化画法(二)

图 3-31 较小结构的简化画法

图 3-32 圆角的省略

三、机件中的省略画法

在不致引起误解时,图形中的相贯线可以用圆弧或直线代替相贯线,将两立体的轮廓线画成相交,各约伸出 2 ~ 5mm,如图 3-33 所示。

当回转零件上的平面在图形中不能充分表达时,可用两条相交的细实线表示这些平面,图 3-34 所示。

较长机件(轴、杆、型材等)沿长度方向的形状一致或按一定规律变化时,可断开后缩短绘制,图 3-35 所示。

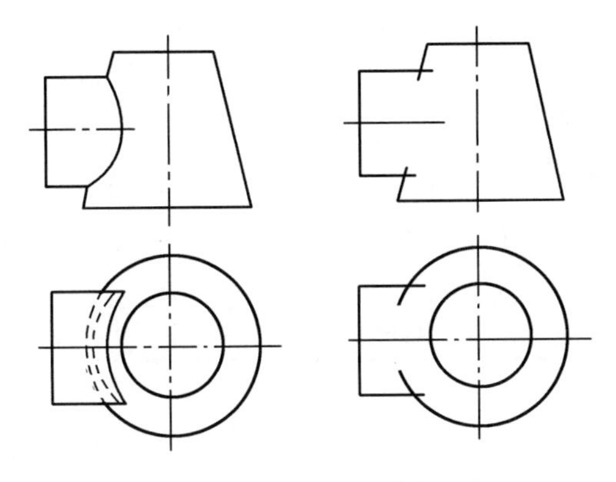

图 3-33　过渡线和相贯线的画法

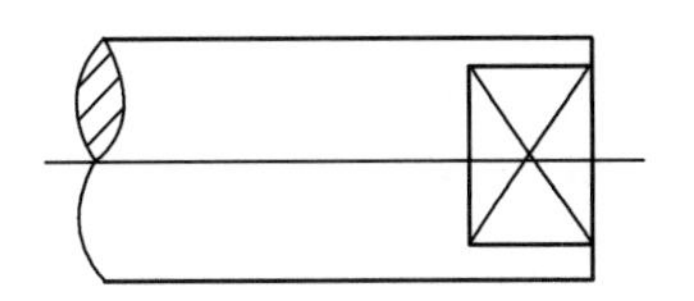

图 3-34　回转体上剖面画法

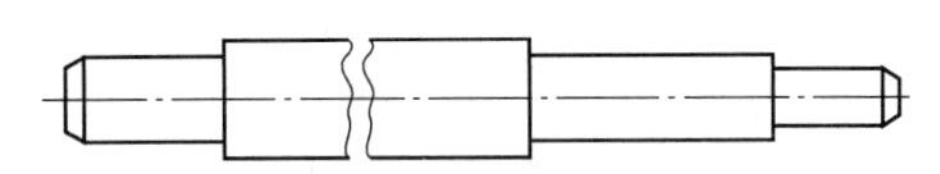

图 3-35　较长机件的简化

单元四
零　件　图

学习目标

1. 了解零件图的作用和内容；
2. 掌握零件表达方案的确定与零件图的尺寸标注；
3. 了解零件图上的工艺结构，掌握零件图上的技术要求；
4. 掌握读零件图的方法和步骤。

课题一　零件图概念

各种机器都是由许多零件组成的，零件图是加工制造零件的依据。生产中根据零件图进行备料、生产加工、质量检测或修复、制配。表达零件的形状结构、尺寸和技术要求的图样，称为零件图。

一、零件图的内容

一张完整的零件图，如图4-1所示，包括下列内容：

1. 一组图形

选用视图、剖视图、断面图等适当的表示法，将零件的内外结构形状正确、完整、清晰地表达出来。

2. 全部尺寸

正确、完整、清晰、合理地标注零件在制造和检验时所需的全部尺寸。

3. 技术要求

用规定的符号、标记、代号和文字简明地表达出零件制造和检验时所应达到的各项技术指标，如表面粗糙度、尺寸公差、形状和位置公差、热处理等。

4. 标题栏

填写零件的名称、材料、数量、比例及制图、审核人员的签字等。

二、零件结构形状的表达

为了正确、完整、清晰地表达零件的结构形状，首先要分析零件的结构形状特点，了解零

件的工作位置、加工位置,灵活采用基本视图、剖视图、断面图和其他各种表达方法,其中关键问题是合理地确定主视图。

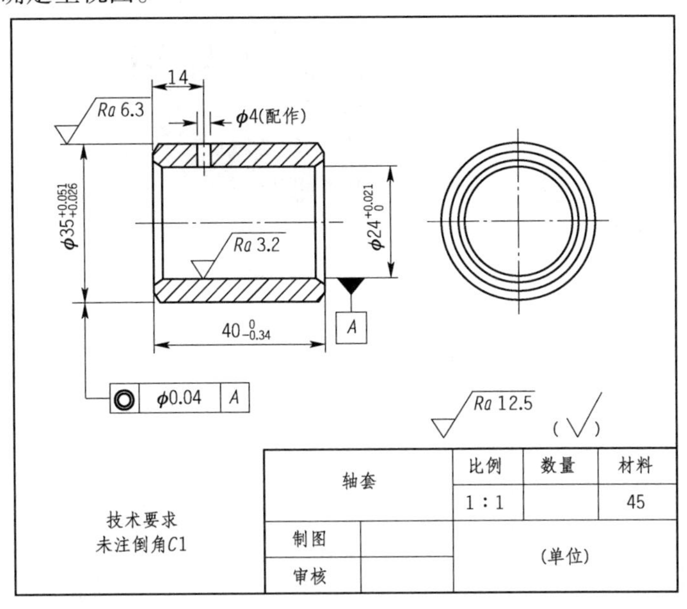

图 4-1 零件图

(一)主视图的选择

主视图的选择应从两方面考虑:零件的摆放位置和投影方向。

1. 加工位置原则

摆放位置主要从零件加工时所处的位置确定。主视图的选择如图 4-2 所示。*A* 向视图比 *B* 向视图作为主视图好。

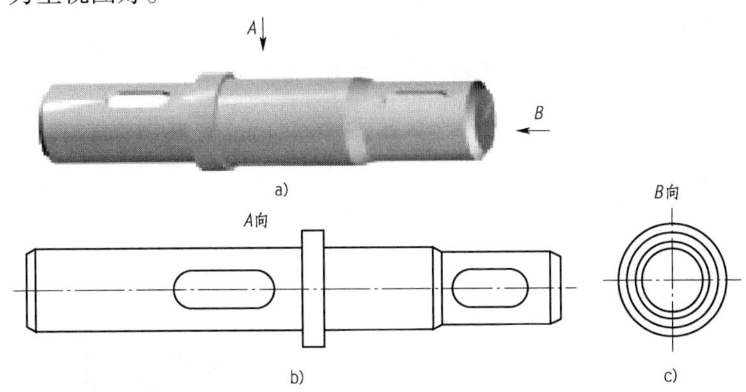

图 4-2 轴类零件主视图选择

2. 工作位置原则

尽量使主视图符合零件在机器上的工作位置,便于弄清零件在机器中工作和安装使用情况。如图 4-3 所示。球阀中的球体主视图。

(二)其他视图的选择

主视图确定后,将主视图未表达清楚的部位用其他视图进行表达,并在完整、清晰表达零件结构形状的前提下，尽量减少视图的数量，便于画图和读图。

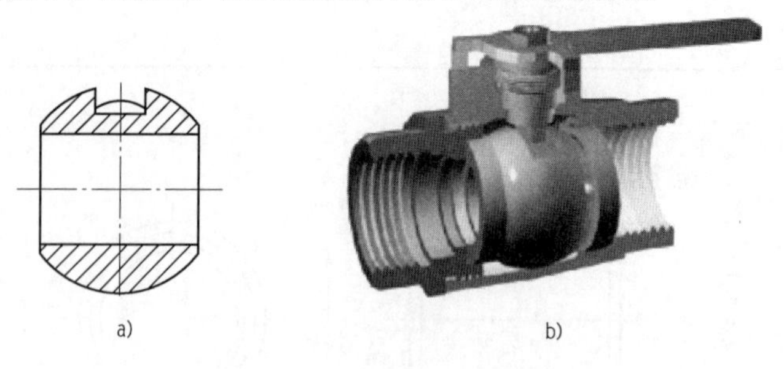

图 4-3　主视图的选择图例

1. 简单结构零件

可采用一、两个视图，加以尺寸标注即可表达清楚，如图 4-4 所示。

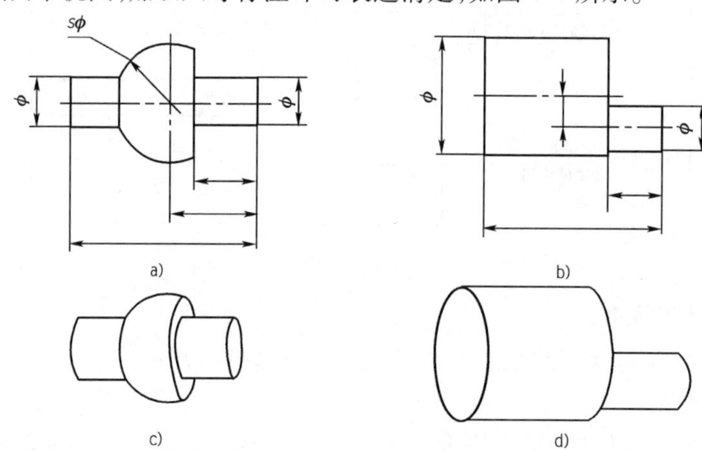

图 4-4　简单结构零件表达图例

2. 复杂结构零件

采用多个视图及多种表达方法进行表达，如图 4-5 所示。

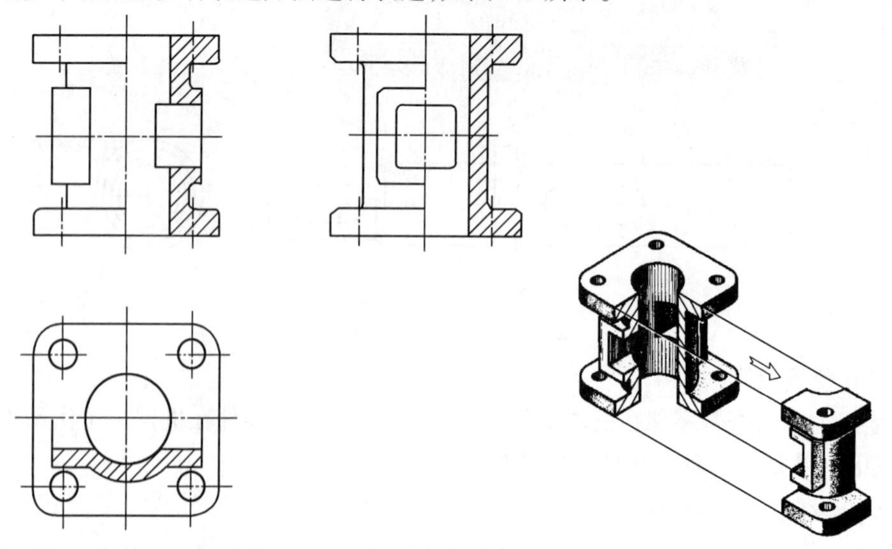

图 4-5　复杂结构零件的表达

课题二 零件图的尺寸标注

一、零件图尺寸标注的要求

零件图的尺寸标注，除了满足前几单元讲述的正确、完整、清晰的要求外，还应使尺寸标注合理。合理是指所注尺寸既符合设计要求，又便于零件的加工、测量和检验。要做到合理标注尺寸，就必须掌握正确的标注方法。

二、零件图尺寸标注的方法

（一）尺寸基准

尺寸基准是指图样中标注尺寸的始点。一般选择零件上的一些面和线。面基准常选择零件上较大的加工面、对称平面、重要端面等。线基准一般选择轴和孔的轴线、对称中心线。如图4-6所示。

零件有长、宽、高三个方向的尺寸，每个方向均有尺寸基准。当零件结构比较复杂时，可在同一方向上增加几个辅助基准，以便于加工和测量。决定零件主要尺寸的基准称主要基准，一般一个方向只有一个，辅助基准与主要基准要具有直接的联系尺寸，如图4-6中的尺寸58。

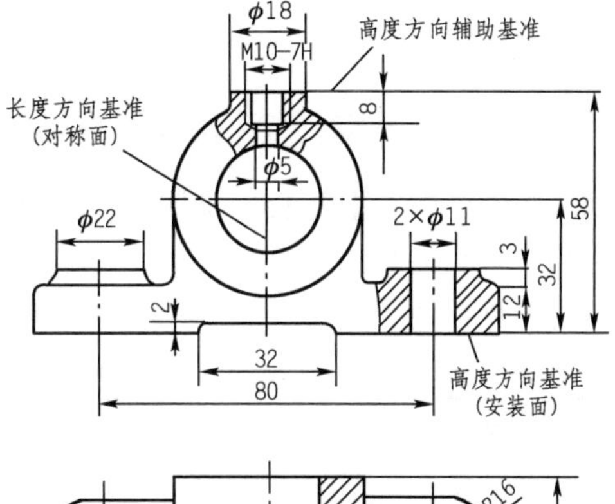

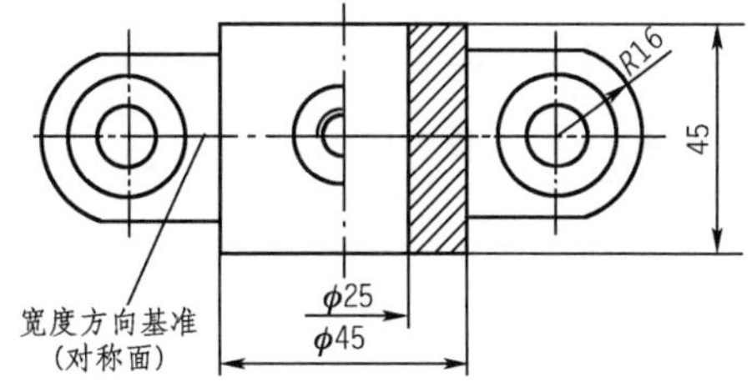

图4-6 零件基准的选择

（二）标注尺寸

（1）由基准出发，注出零件上各部分形体的定位尺寸及定形尺寸，如图4-6所示。

（2）零件上的重要尺寸应从基准直接注出，重要尺寸主要是指直接影响零件在机器中的工作性能和相对位置的尺寸。如图4-6所示的轴承座，轴承孔的中心高32和安装孔的间距尺寸80，必须直接注出，以保证工作中安装准确。

（三）标注尺寸注意事项

（1）避免出现封闭尺寸链，封闭尺寸链是指首尾相接并封闭的一组尺寸，如图4-7a）所示。为避免封闭尺寸链，可选择其中不重要的尺寸空出不注，使所有尺寸误差都积累到这一段，以保证重要尺寸的精度，如图4-7b）所示。

（2）标注尺寸应便于加工与测量，如图4-8所示，用圆盘铣刀铣键槽，应注出所用的铣刀直径，以便选定铣刀进行加工。

如图4-9所示为常见的几种断面，图4-9b）组标注的尺寸比图4-9a）组标注的尺寸便于测量。

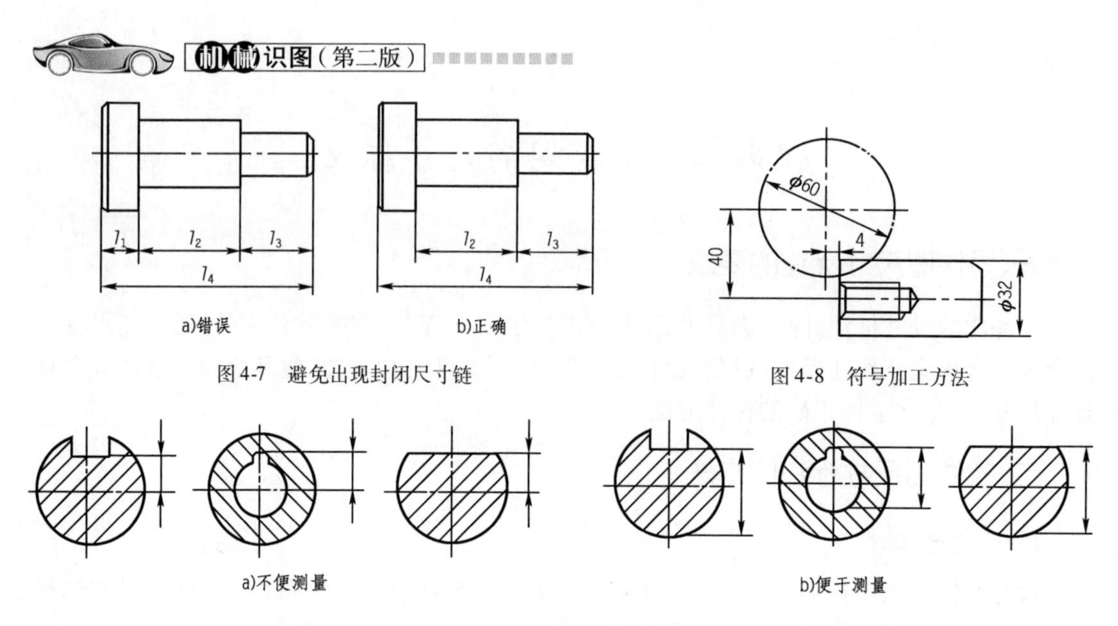

图4-7 避免出现封闭尺寸链

图4-8 符号加工方法

图4-9 尺寸标注符号测量方便

三、零件图常见结构的尺寸标注

对零件图上常见的孔、倒角、平面、斜度、锥度标注尺寸时，一般配合简化画法并尽可能使用符号和缩写词。

常见孔的简化画法及尺寸标注如表4-1所示。

各种孔的简化画法及尺寸标注 表4-1

零件结构类型		简化注法	一般注法	说明
光孔	一般孔	4×φ5↧10　4×φ5↧10	4×φ5　10	4×φ5表示直径为5mm均布的四个光孔，孔深可与孔径连注，也可分开注出
光孔	精加工孔	$4\times\phi5^{+0.012}_{0}$ ↧10 孔↧12　$4\times\phi5^{+0.012}_{0}$ ↧10 孔↧12	$4\times\phi5^{+0.012}_{0}$　10　12	光孔深为12mm，钻孔后需精加工至 $\phi5^{+0.012}_{0}$ mm，深度为10mm
光孔	锥孔	锥销孔φ5 配作　锥销孔φ5 配作	锥销孔φ5 配作	φ5mm为与锥销孔相配的圆锥销小头直径（公称直径）。锥销孔通常是两零件装在一起后加工的

续上表

零件结构类型		简化注法	一般注法	说明
深孔	锥形沉孔	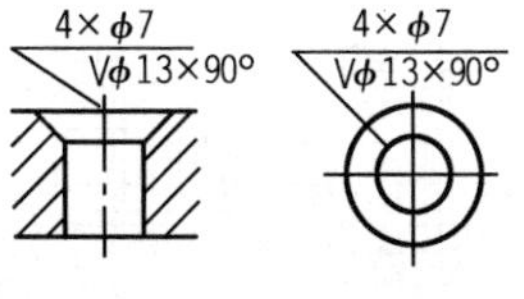 4×ϕ7 Vϕ13×90°　4×ϕ7 Vϕ13×90°	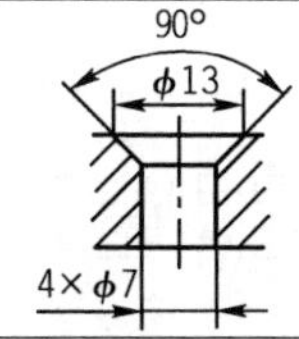 90° ϕ13 4×ϕ7	4×ϕ7 表示直径为 7mm 均匀分布的四个孔。锥形沉孔可以旁注，也可直接注出
	柱形沉孔	4×ϕ7 ⌴ϕ13↧3　4×ϕ7 ⌴ϕ13↧3	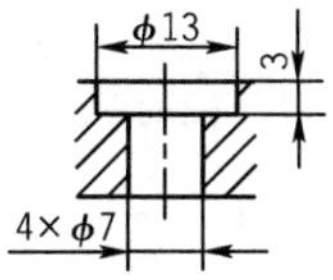 ϕ13 3 4×ϕ7	柱形沉孔的直径为 ϕ13mm，深度为 3mm，均须标注
	锪平沉孔	4×ϕ7 ⌴ϕ13　4×ϕ7 ⌴ϕ13	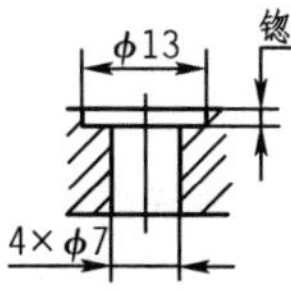 ϕ13 锪平 4×ϕ7	锪平面 ϕ13mm 的深度不必标注，一般锪平到不出现毛面为止
螺孔	通孔	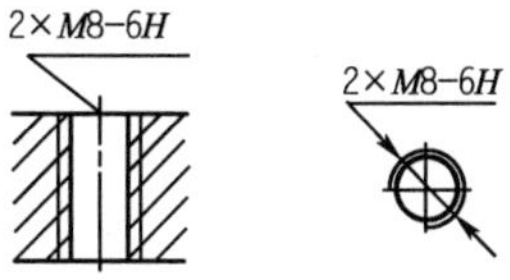 2×*M*8-6*H*　2×*M*8-6*H*	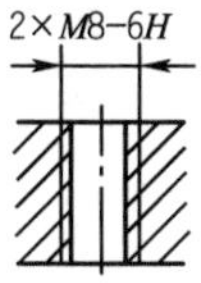 2×*M*8-6*H*	2×M8 表示公称直径为 8mm 的螺纹孔，可以旁注，也可直接注出
	不通孔	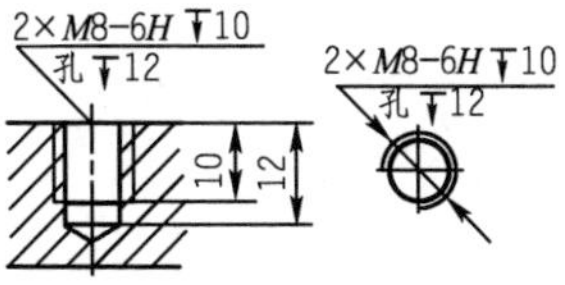 2×*M*8-6*H*↧10 孔↧12 10 12　2×*M*8-6*H*↧10 孔↧12	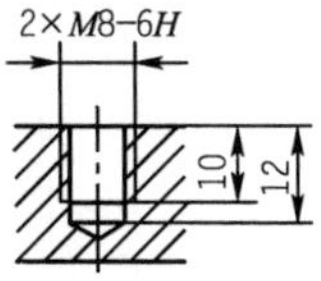 2×*M*8-6*H* 10 12	一般应分别注出螺纹孔和圆柱孔的深度尺寸

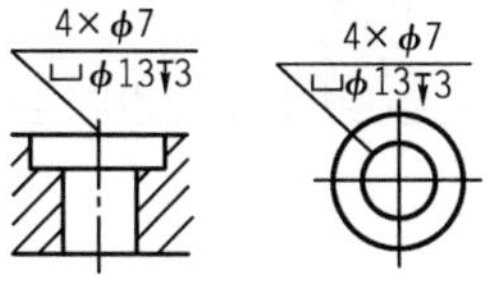

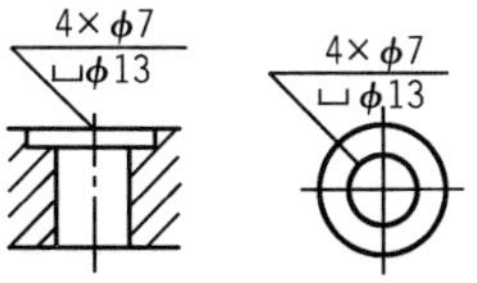

课题三　零件图的技术要求

零件图中的技术要求主要是指零件几何精度方面的要求，包括表面粗糙度、公差与配合、形状和位置公差等。通常是用符号、代号或标记标注在图形上，除此之外，技术要求还包括对材料、热处理和表面处理等方面的要求，这些一般用简练的文字注写在图中。

一、表面粗糙度

零件加工表面上具有的较小间距和峰谷所组成的微观几何形状特性，称为表面粗糙度。

表面粗糙度是评定零件表面质量的一项重要技术指标，影响到零件的配合质量、密封性能、使用寿命，是零件图中不可缺少的技术要求。

表面粗糙度的评定参数主要是轮廓算术平均偏差 Ra，其数值有 100、50、25、12.5、6.3、3、3.2、1.6、0.8、0.4、0.2、0.1、0.05、0.025、0.012 等，数值越小，零件表面越光滑，但加工成本也越高，两者成反比，应根据性能价格比选择。

（一）表面粗糙度代（符）号

表面粗糙度符号的画法如图 4-10 所示。

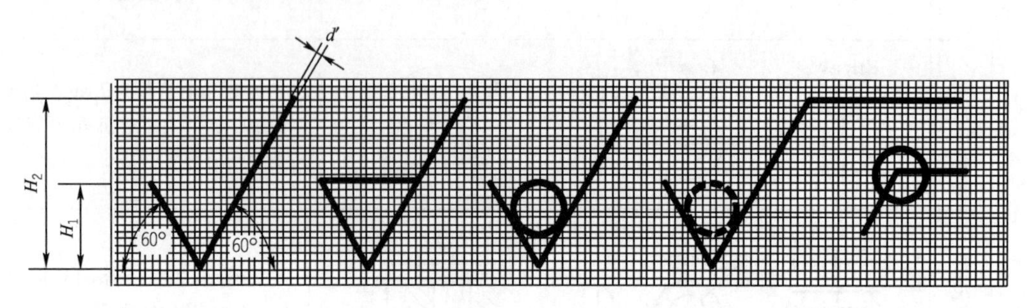

图 4-10　表面粗糙度符号的画法

（二）表面结构代号

表面结构代号，如表 4-2 所示。

常用表面结构参数符号　　表 4-2

符　号	含　义	符　号	含　义
Rz 0.4	不允许去除材料，*R* 轮廓表面结构最大高度为 0.4μm	Ra 0.8	*R* 轮廓，算术平均偏差为 0.8μm
Ra 6.3	*R* 轮廓，粗糙度最大高度为 6.3μm	Rzmax 0.2	*R* 轮廓，轮廓的最大高度的最大值为 0.2μm
Ra 0.8	不允许去除材料，*R* 轮廓算术平均偏差为 0.8μm	URz 1.6 LRx 0.8	R 轮廓，上限轮廓的最大高度为 1.6μm，下限算术平均偏差为 0.8μm

带有补充注释的符号，如表 4-3 所示。

带有补充注释的符号　　表 4-3

符　号	含　义	符　号	含　义
铣	加工方法，铣削		对投影视图上封闭的轮廓线所表示的表面有相同的表面结构要求
M	表面纹理；纹理呈多方向	3	加工余量

在表面结构(表面粗糙度)参数符号上,标注表面结构参数及有关的规定项目,称为表面结构代号。

在表面结构代号中,除了标注表面结构参数外,必要时还应标注补充要求,补充要求的内容及其指定标注位置如图4-11所示。

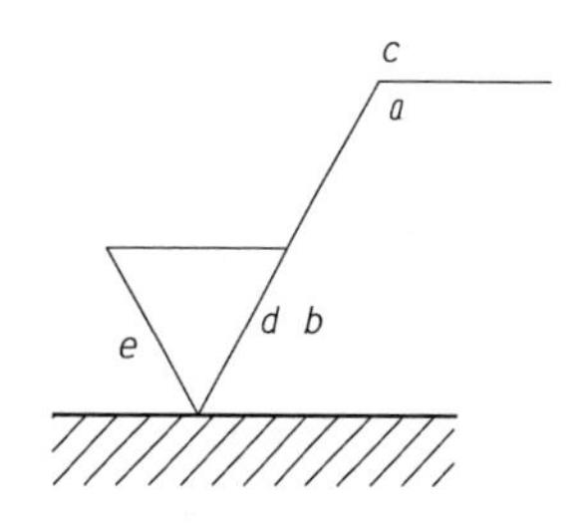

图4-11 表面结构的注写位置

a-注写第一个表面结构要求;*b*-注写第二个表面结构要求;*c*-注写加工方法,表面处理、涂层或其他加工方法;*d*-注写所要求的表面纹理和纹理方;*e*-注写所示要求的加工余量等

(三)表面粗糙度符(代)号的标注

表面粗糙度符号、代号一般注在可见轮廓线、尺寸界线、引出线或它们的延长线上。符号的尖端必须从材料外指向表面。代号中数字方向(必须与尺寸数字书写方向一致)及符号方向如表4-4所示。

表面粗糙度标注方法示例　　表4-4

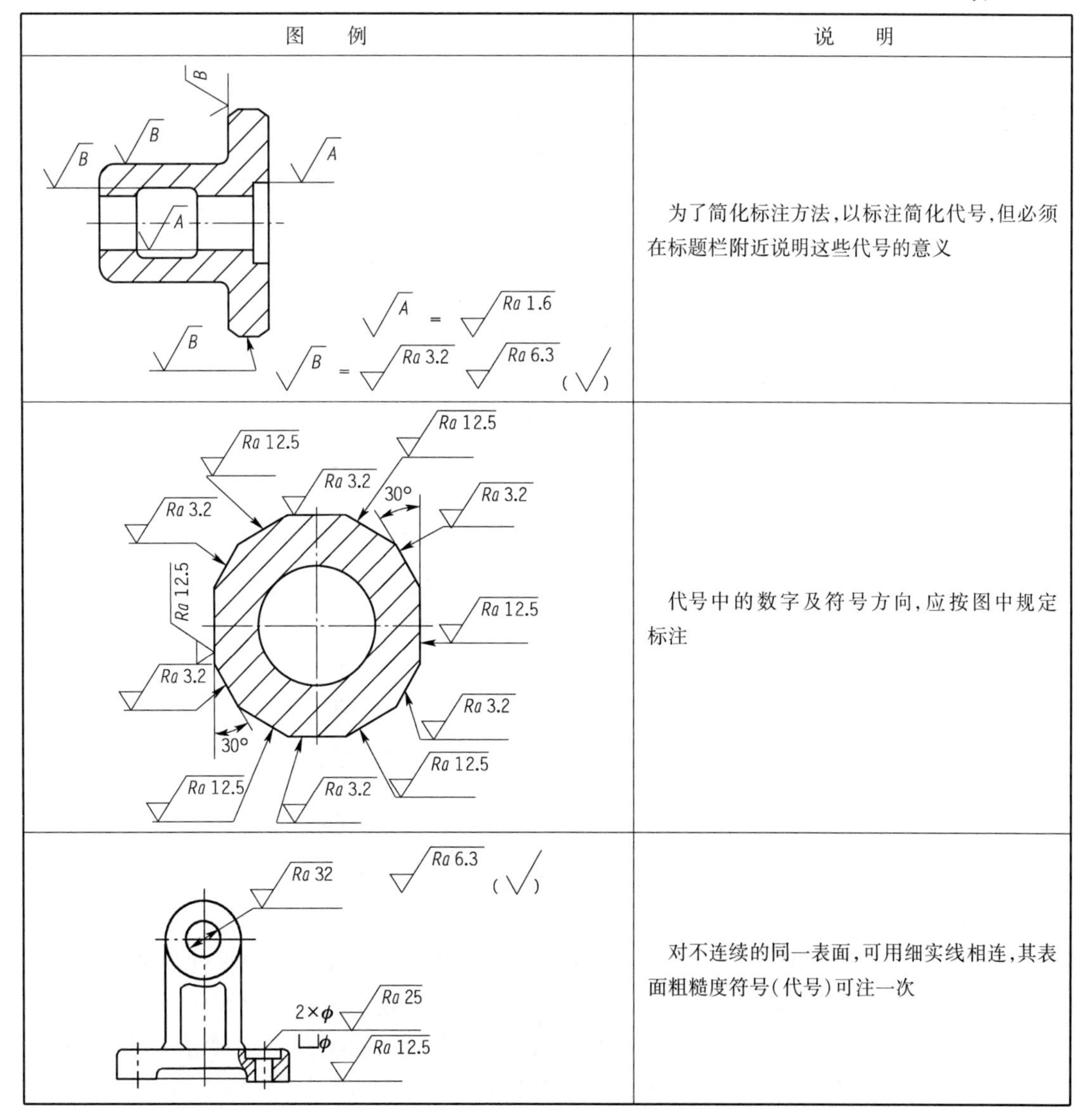

图　　例	说　　明
	为了简化标注方法,以标注简化代号,但必须在标题栏附近说明这些代号的意义
	代号中的数字及符号方向,应按图中规定标注
	对不连续的同一表面,可用细实线相连,其表面粗糙度符号(代号)可注一次

二、公差与配合

(一)互换性与加工误差

1. 互换性

在一批合格的相同零件中,任取一个不需任何修配就能装到机器上且满足使用要求,零件的这种性质称为互换性。零件具有互换性才能实行大批量生产、流水作业,提高生产效率和经济效益。

2. 加工误差

加工后零件的实际尺寸和形状相对于设计给定的理想尺寸与形状总会存在变动量,这种变动量称为加工误差。

(二)公差与配合

1. 尺寸公差

为保证零件的互换性,必须将零件的实际尺寸控制在允许的变动范围内,允许尺寸的变动量称为尺寸公差,简称公差。尺寸公差有关术语列于表 4-5。

公差的有关术语　　表 4-5

名　称	符　号		解　释
	孔	轴	
基本尺寸	L	l	设计给定的尺寸
实际尺寸	L_a	l_a	通过实际测量所得尺寸
最大极限尺寸	L_{max}	l_{max}	允许尺寸变化的最大极限值
最小极限尺寸	L_{min}	l_{min}	允许尺寸变化的最小极限值
偏差			某一尺寸减其基本尺寸所得的代数差
上偏差	ES	es	最大极限尺寸与其基本尺寸的代数差
下偏差	EI	ei	最小极限尺寸与其基本尺寸的代数差
公差	T_n	T_s	允许尺寸变化的范围:公差也等于最大极限尺寸与最小极限尺寸代数差的绝对值,或等于上偏差与下偏差的代数差的绝对值,即没有正、负符号的数值,更不能为零
零线			在公差带图中,确定上下偏差的一条基准直线,零线表示基本尺寸
公差带			在公差带图中,由代表上下偏差的两条直线所限定的区域

2. 公差带图

用方框简图表示公差大小以及相对位置的一个区域,从中可看出零件基本尺寸、极限尺寸、偏差、公差以及配合零件的相互关系。公差带图如图 4-12 所示。

3. 配合

配合是指基本尺寸相同的,相互结合的孔、轴公差带之间的关系。根据使用要求不同,孔与轴之间的配合有松有紧,配合可分为三类:间隙配合、过盈配合和过渡配合。

(1)间隙配合:轴的外圆柱面与孔的内圆柱面间具有间隙的配合。此时,孔的公差带在轴的公差带之上,如图 4-13 所示。轴在孔中能自由转动。

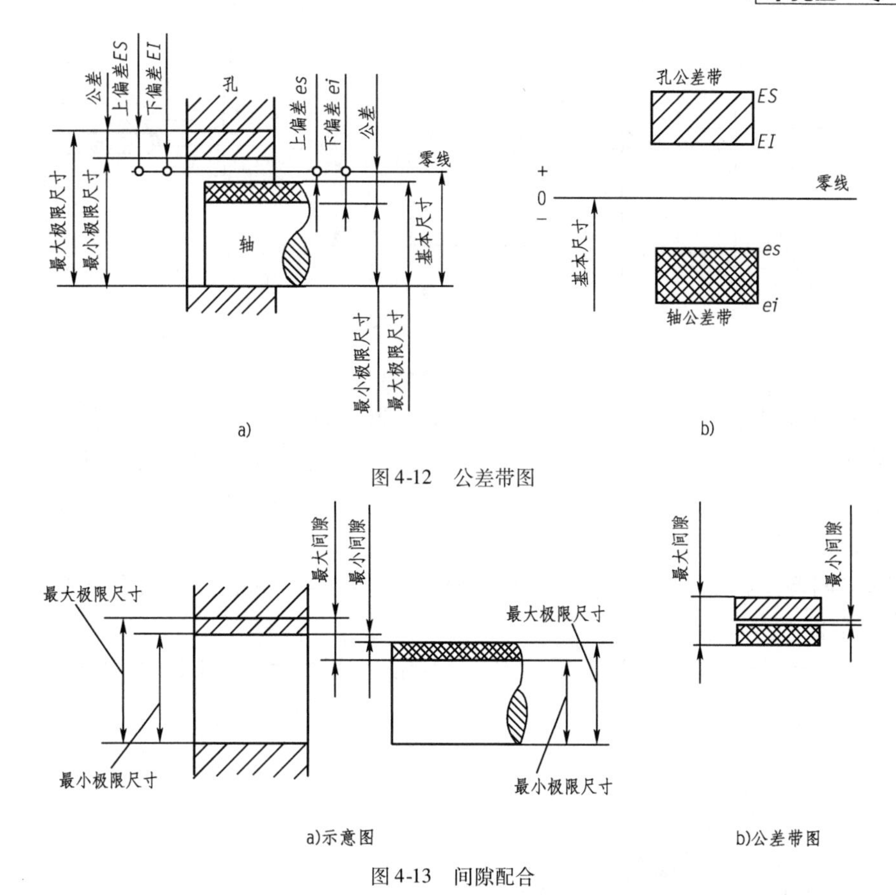

图 4-12　公差带图

图 4-13　间隙配合

(2)过盈配合:轴的直径尺寸大于孔的直径尺寸的配合。此时,孔的公差带在轴的公差带之下。如图 4-14 所示,轴与孔装配后不能作相对运动。

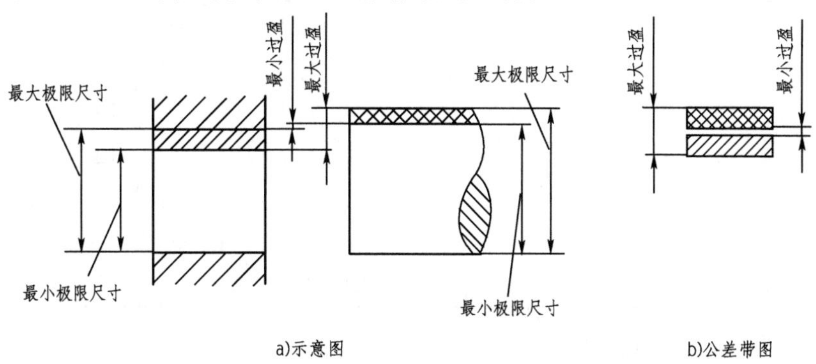

图 4-14　过盈配合

(3)过渡配合:可能具有间隙或过盈的配合。此时,孔的公差带与轴的公差带相互交叠,如图 4-15 所示。是一种介于间隙与过盈之间的配合。

4. 标准公差与基本偏差

为了让零件的尺寸既满足互换性和不同的使用要求,又能便于制造和检测,国家标准规定了尺寸的公差带由标准公差和基本偏差两个要素组成。标准公差确定公差带大小,基本偏差确定公差带位置。

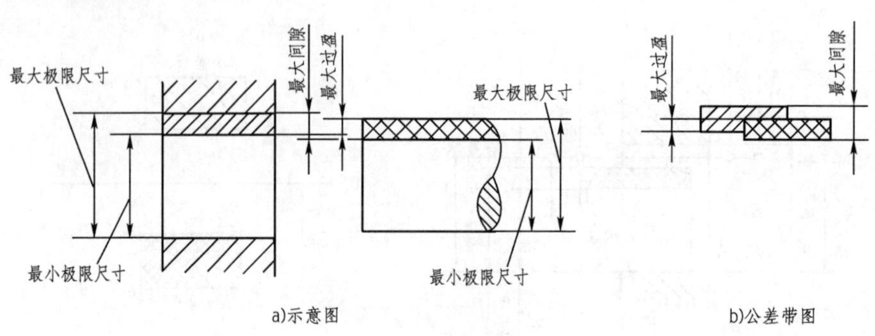

图 4-15　过渡配合

(1)标准公差:标准公差的数值与基本尺寸和公差等级有关。标准公差等级代号用符号 IT 和数字组成,例如:IT7。当其与代表基本偏差的字母一起组成公差带时,省略 IT 字母,如 h7。标准公差分为 20 级,即 IT01、IT0、IT1……IT18。IT0 公差值最小,精度最高;IT18 公差值最大,精度最低。

(2)基本偏差:基本偏差用以确定公差带相对于零线位置的上偏差或下偏差,一般为靠近零线的那个偏差。

基本偏差的代号用拉丁字母表示,大写的为孔,小写的为轴,各 28 个基本偏差系列如图 4-16所示。

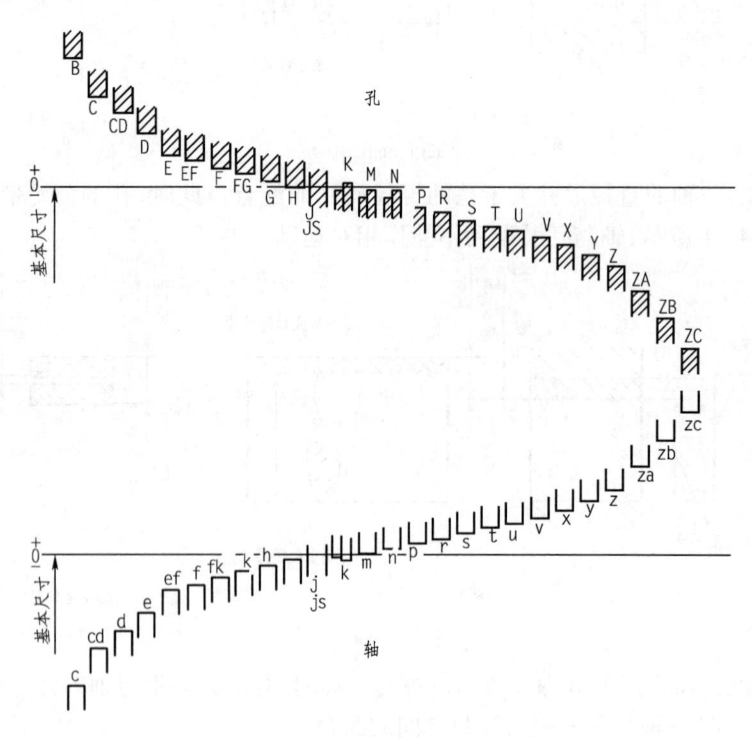

图 4-16　基本偏差系列图

5. 配合基准制

如果孔和轴的基本偏差都允许变动,将会出现很多种配合情况,过多的配合不利于零件的设计和制造。因此,在制造相互配合的零件时,使其中一种零件作为基准件,其基本偏差固定，通过改变另一种零件的基本偏差来获得各种不同性质的配合制度称为配合制。国家标准规定了两种配合基准制。

(1)基孔制：基本偏差为一定的孔的公差带，与不同基本偏差的轴的公差带形成各种配合的一种制度。

基孔制的孔称为基准孔，其基本偏差代号为 H，下偏差为零。当与基本偏差代号在 a ~ h 之间的轴配合时，可获得间隙配合；当与基本偏差代号在 j ~ n 之间的轴配合时，可获得过渡配合；当与基本偏差代号在 p ~ zc 之间的轴配合时，可获得过盈配合。

(2)基轴制：基本偏差为一定的轴的公差带，与不同基本偏差的孔的公差带形成各种配合的一种制度。

基轴制的轴称为基准轴，其基本偏差代号为 h，上偏差为零。当与基本偏差代号在 A ~ H 之间的孔配合时，可获得间隙配合；当与基本偏差代号在 J ~ N 之间的孔配合时，可获得过渡配合；当与基本偏差代号在 P ~ ZC 之间的孔配合时，可获得过盈配合。

6. 公差与配合的标注与识读(GB/T 4458.4—2003)

(1)尺寸公差在零件图上的标注有三种形式，如图 4-17 所示。

①标注公差带代号，如图 4-17a)所示。公差带代号由基本偏差代号及标准公差等级代号组成，注在基本尺寸的右边。

②标注极限偏差，如图 4-17b)所示。将上下偏差数值注在基本尺寸右边。

③公差带代号与极限偏差一起标注，如图 4-17c)所示。偏差数值注在尺寸公差带代号之后，并加圆括号。

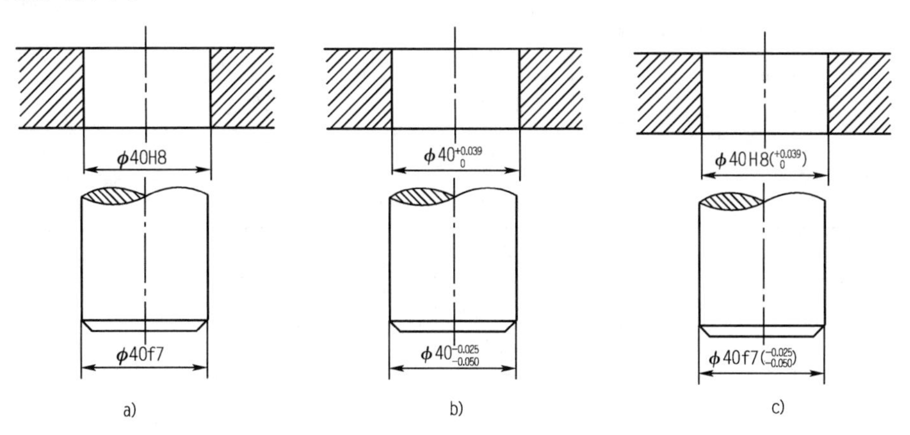

图 4-17 零件图中公差的标注方法

(2)尺寸公差在装配图中的标注，如图 4-18 所示。对有配合要求的两个零件的配合标注，是在基本尺寸的右边用分数形式标注，分子为孔的公差带代号，分母为轴的公差带代号。

(三)形状位置公差

1. 基本概念

零件在加工过程中，除了产生尺寸误差，还会出现形状和相对位置的误差。如加工轴时出现轴线微量弯曲，轴两端粗细不一的现象，就是属于零件的形状误差。又如阶梯轴在加工后，它的轴线有微量偏移，不在同一直线上，带来了位置上的不准确，就属于位置误差。形状和位置误差过大会影响机器的使用，对精度要求高的零件，不仅要保证尺寸精度，还必须控制形状和位置的误差。对形状和位置误差的控制是通过设定形状和位置公差来实现的，只要零件的实际形状和实际位置在公差范围内，就被认为是合格的。

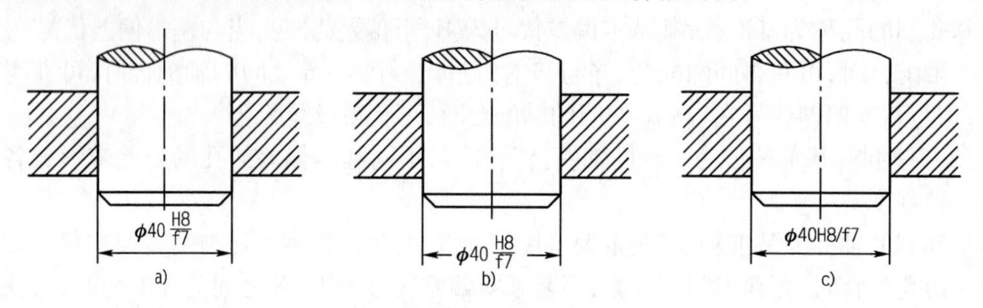

图 4-18　装配图中配合的标注方法

形状和位置公差简称形位公差，是指零件的实际形状和实际位置对理想形状和理理想位置所允许的最大变动量。

2. 形位公差的代号（GB/T 1182—2008）

形位公差代号由形位公差特征项目符号、形位公差框格及指引线、形位公差数值和其他有关符号、基准符号等组成，共有 2 类 14 项，见表 4-6。

形位公差的特征项目及符号　　表 4-6

公差		特征项目	符号	基准要求
形状	形状	直线度	—	无
		平面度	▱	无
		圆度	○	无
		圆柱度	⌭	无
形状或位置	轮廓	线轮廓度	⌒	有或无
		面轮廓度	⌓	有或无
位置	定向	平行度	//	有
		垂直度	⊥	有
		倾斜度	∠	有
	定位	位置度	⌖	有或无
		同轴（同心）度	◎	有
		对称度	⌯	有
	跳动	圆跳动	↗	有
		全跳动	⌰	有

形位公差代号采用框格标注，内容如图 4-19a）所示。

基准符号由基准字母、圆圈、粗的短横和连线组成，如图 4-19b）所示。

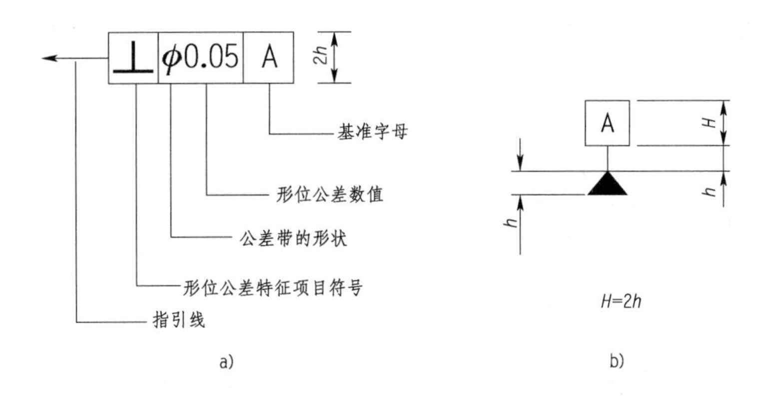

图 4-19　形位公差代号

3. 形位公差代号在图样上标注

当被测要素是表面或素线时，从框格引出的指引线箭头，应指在该要素的轮廓线或其延长线上；当被测要素或基准要素是轴线时，应将箭头或基准符号与该要素的尺寸线对齐，如表 4-7 所示。

形位公差的标注　　表 4-7

图　示	说　明
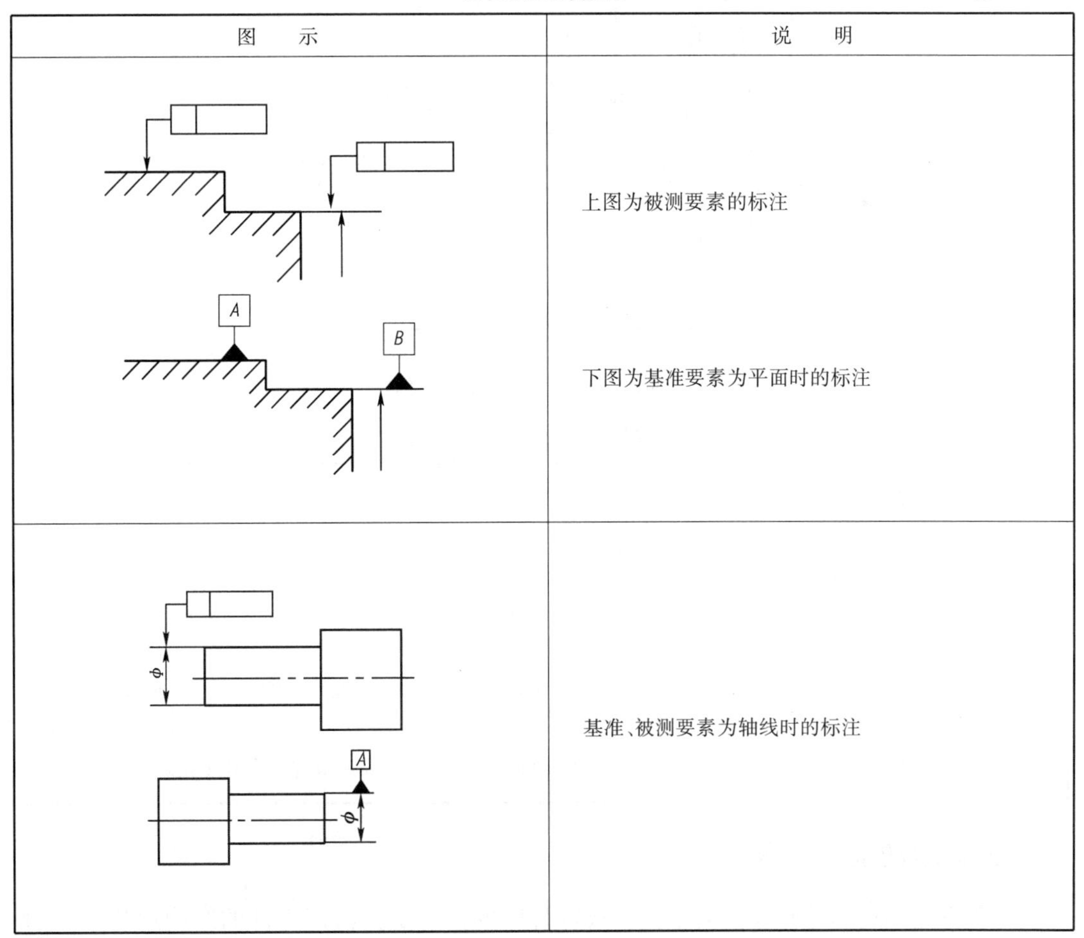	上图为被测要素的标注 下图为基准要素为平面时的标注
	基准、被测要素为轴线时的标注

续上表

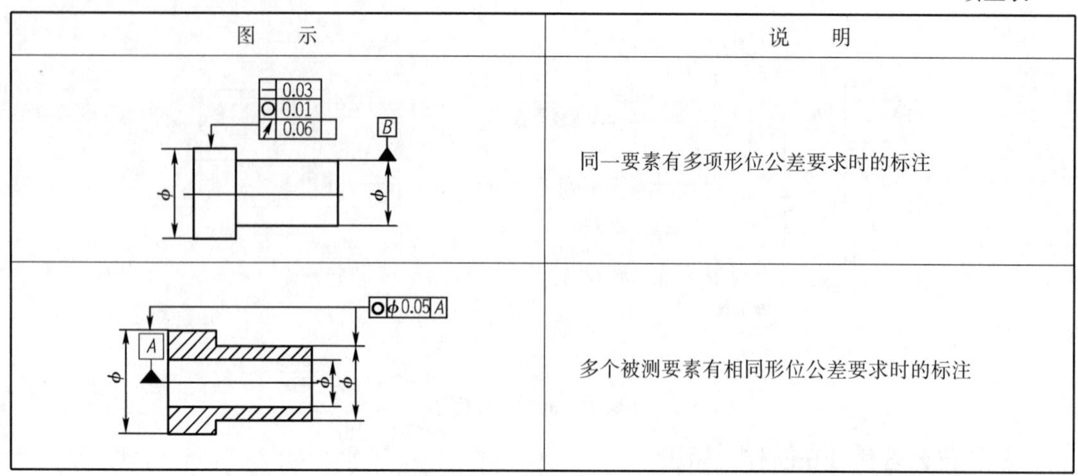

图　　示	说　　明
— 0.03 ◎ 0.01 ↗ 0.06 B ϕ ϕ	同一要素有多项形位公差要求时的标注
◎ ϕ0.05 A A ϕ ϕ ϕ	多个被测要素有相同形位公差要求时的标注

4. 形位公差在图样上的标注与识读

如图 4-20 所示零件形位公差的标注示例，项目内容如表 4-8 所示。

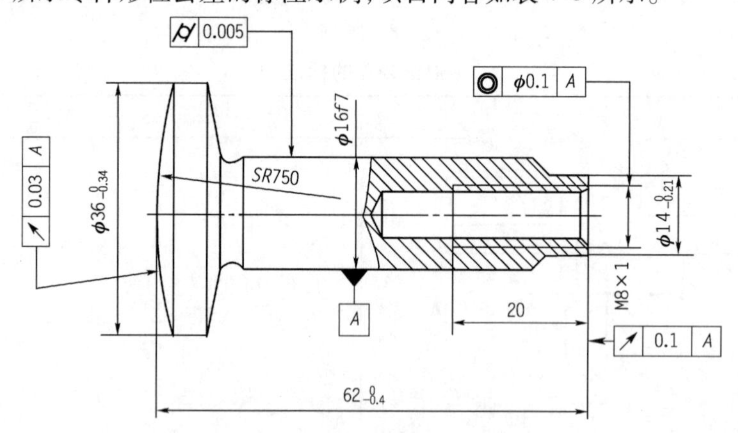

图 4-20　形位公差综合标注示例

形位公差综合标注示例说明　　表 4-8

形位公差项目内容	说　　明
⌭ 0.005	ϕ16f7 的外圆柱面的圆柱度公差为 0.005
↗ 0.1 A	$\phi14^{0}_{-0.24}$端面对基准 A(Φ16f7 轴线)的端面圆跳动公差为0.1
◎ ϕ0.1 A	M8 ×1 的轴线对基准 A(Φ16f7 轴线)同轴度公差为 Φ0.1
↗ 0.03 A	SR750 的球面对基准 A(Φ16f7 轴线)的圆跳动公差为0.03

三、识读典型零件图

零件图是制造和检验零件的依据。读零件图的目的是弄清楚零件的结构形状、尺寸和技术要求，能够按零件图生产加工出符合规定质量标准的零件。

按结构形状的特点，零件可分为轴套类、轮盘类、叉架类和箱体类四类。识读零件图的一般步骤是：看标题栏，了解零件概况。包括零件种类、名称、材料、绘图比例、数量等；看视图，了解零件结构、形状；看尺寸，确定尺寸基准，明确各部分的大小；看技术要求，分析零件的表面粗糙度、尺寸公差、形位公差和其他技术要求。

1. 轴套类零件

汽车上的水泵轴、半轴、变速器轴、连杆衬套等均属轴套类零件。如图4-21所示为轿车水泵轴零件图。

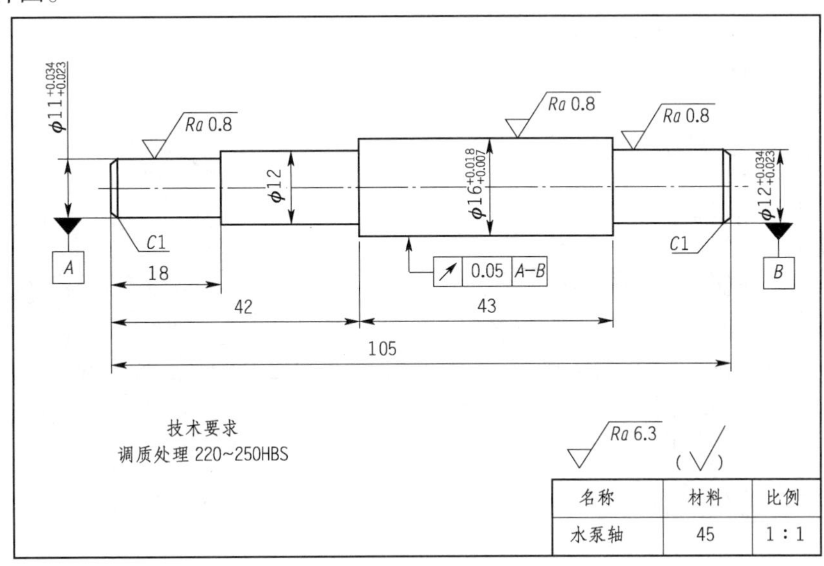

图4-21 水泵轴零件图

识读方法与步骤如下。

(1)读标题栏，概括了解：从标题栏可知，水泵轴按1:1绘制，材料为45号钢。

(2)读视图，分析结构形状：主视图按加工位置将水泵轴水平放置。由于该零件的各组成部分大都是回转体构成，因此，只用主视图一个基本视图。

(3)读尺寸标注：水泵轴以水平轴线作为径向尺寸基准(也是高度与宽度方向尺寸基准)，以左端面作为水泵轴轴向(也是长度方向)的主要基准。

(4)了解技术要求：水泵轴径向尺 $\Phi11$、$\Phi12$、$\Phi16$ 标注尺寸公差，表面粗糙度要求 *Ra* 值 0.8μm，其余为 6.3μm。零件所有表面都要经过机械加工。

图中 ↗ 0.05 A–B 表示 $\Phi16^{+0.081}_{+0.007}$ 轴段对水泵轴公共轴线AB的径向圆跳动误差不大于0.05mm。

2. 轮盘类零件

汽车上离合器压盘、凸缘盘、皮带轮、气泵盖等均属轮盘类零件。如图4-22所示皮带轮零件图，识读方法和步骤如下。

(1)读标题栏：该零件名称叫皮带盘。材料是灰口铸铁，牌号为HT200，采用铸造加工。

(2)结构形状分析：主视图采用旋转剖视，主要表达了三角皮带轮轮缘上三角皮带槽的开头和轮毂的形状，左视图主要表达了轮辐上减轻孔、肋的形状和相对位置，以及轮毂上键槽的形状。

（3）尺寸标注分析：以轴线作为径向尺寸基准，以右端面作为长度方向（轴向）主要尺寸基准。

（4）技术要求分析：皮带轮为铸件，须时效处理，消除内应力。Φ48、Φ46 有尺寸公差要求，且表面粗糙度要求高，表明与相关零件有配合要求。右端面是基准，有表面粗糙度要求。其余为不经切削加工的铸件表面。

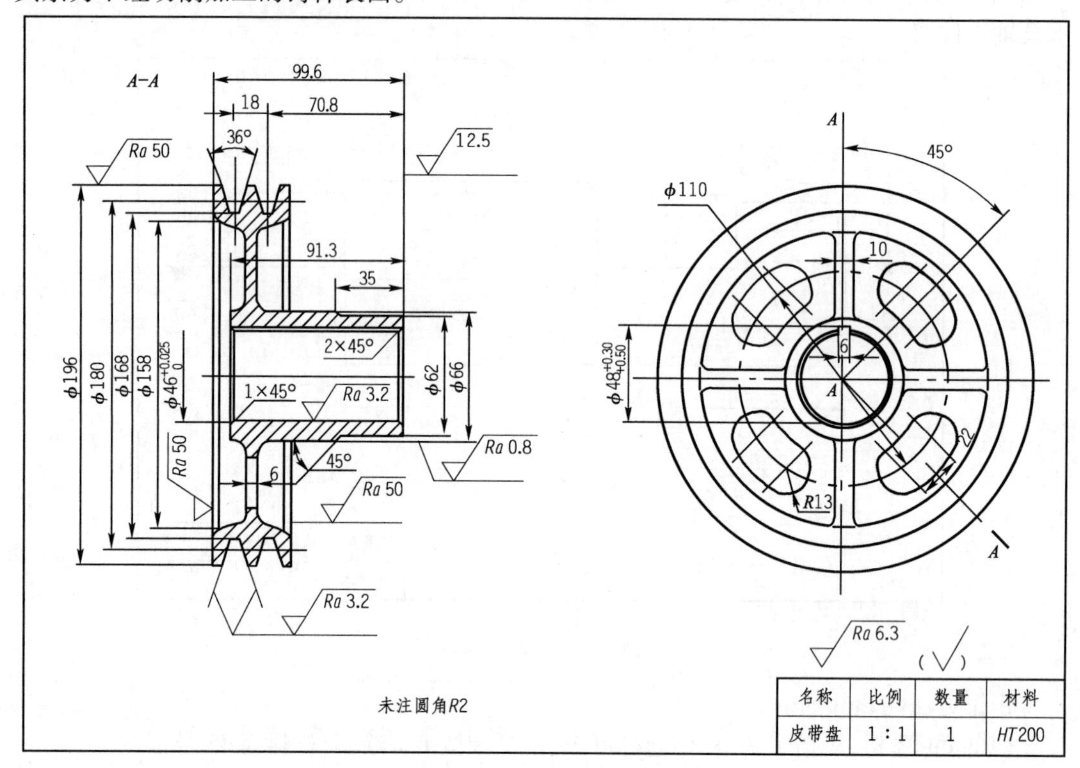

名称	比例	数量	材料
皮带盘	1∶1	1	HT200

图 4-22　皮带盘零件图

3. 叉架类零件

汽车上变速器中的拨叉、制动杠杆、轴承支架等均属于叉架类零件。如图 4-23 所示为轿车变速器拨叉零件图。

识读方法与步骤如下。

（1）读标题栏：从标题栏中可知，该零件名称是拨叉，材料为 ZG45，图样采用 1∶2 比例。

（2）分析视图：拨叉用三个视图来表达，一个基本视图（主视图），一个斜视图（*A* 向），一个局部视图（*B* 向）。主视图主要表达拨叉外形，其结构由四部分组成：即叉口部分、肋板部分、转动轴孔部分和螺孔部分。主视图有一处采用局部剖，结合局部视图（*B* 向）表达了螺孔的结构位置和小凸台部分的形状；斜视图（*A* 向）结合主视图可看出肋板部分形状；在斜视图上采用局部剖表达出转动轴孔的结构形状。

（3）尺寸标注分析：拨叉长度、高度方向的主要尺寸基准是转动轴孔轴线，宽度方向的主要尺寸基准是转动轴孔后端面。

(4)技术要求分析：拨叉的主要组成转动轴孔和叉口部分都有表面粗糙度和尺寸公差要求，其中 $\Phi19_{0}^{0.021}$ 转动轴孔是基孔制的基准孔，叉口尺寸 $72_{0}^{+0.30}$，两部分对应的表面粗糙度 Ra 值分别为 1.25μm、1.6μm。拨叉的热处理要求为调质，硬度为 HB220 ~ 250。

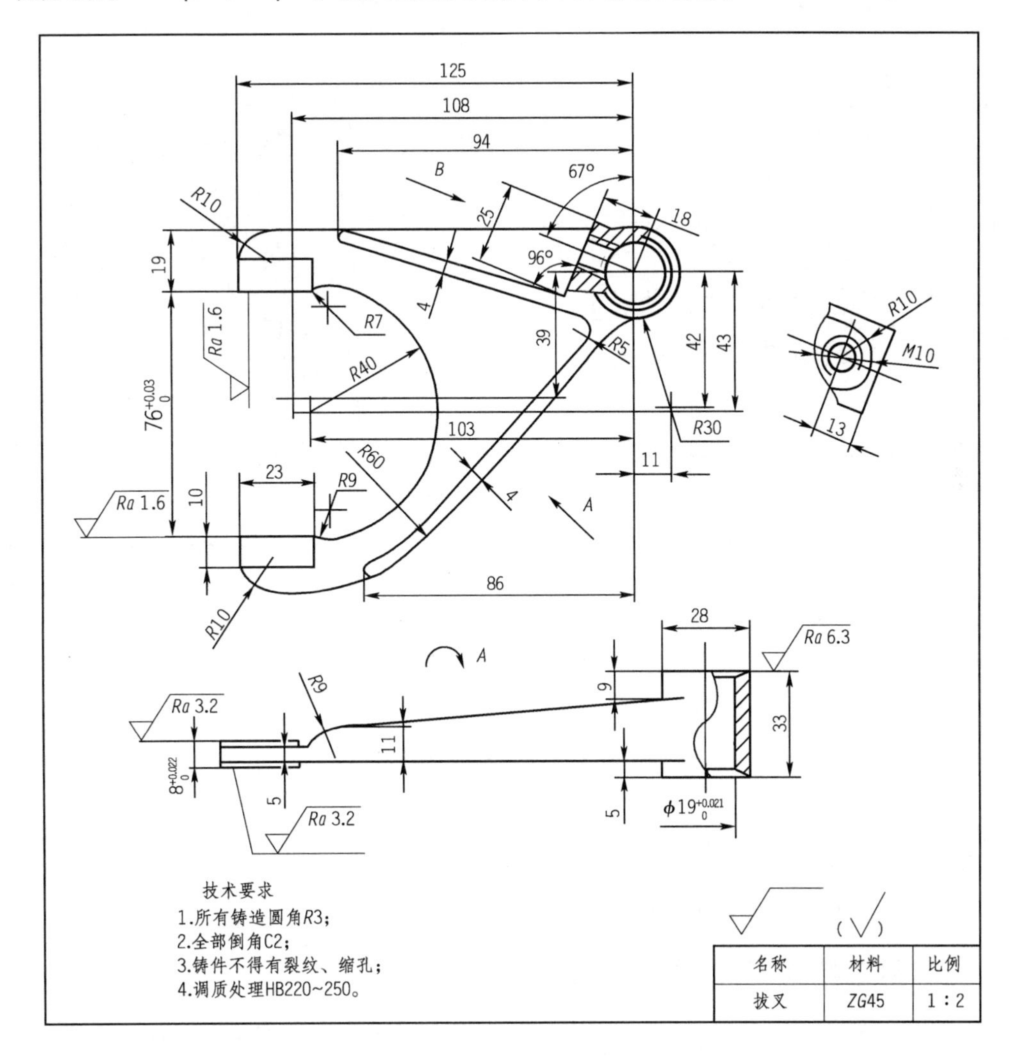

图 4-23 拨叉零件图

4. 箱体类零件

汽车上的变速器壳体、汽缸体、后桥壳、油泵体等均属箱体类零件。图 4-24 所示为泵体零件图。识读方法与步骤如下。

(1)读标题栏：泵体按 1∶2 绘制，材料为 HT150。毛坯采用铸造方法制造，结构形状较复杂，端面和内孔及多个螺孔都需切削加工。

(2)视图表达：泵体采用主视图和左视图两个基本视图表达，主视图采用全剖视图，左视图采用局部剖视图。

(3)分析尺寸：泵体长度方向基准是左端面，宽度方向的基准是对称平面，高度方向的基准是底面。标注尺寸较多，可自行分析。

(4)了解技术要求:泵体比较重要的尺寸都标注偏差数值或公差代号。与此对应的各表面粗糙度要求也比较高。部分外表面为铸造表面不进行切削加工,表面粗糙度要求较低。

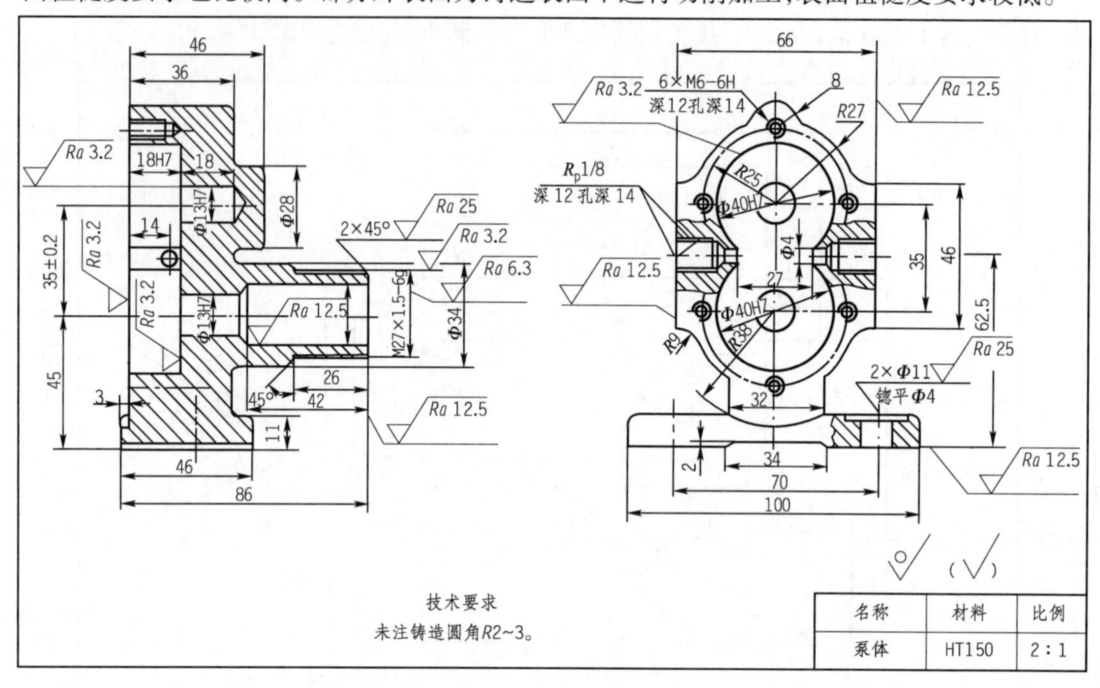

图4-24 泵体零件图

*课题四 零件测绘

在汽车维修中,如遇到零部件损坏后需仿制加工时,就需要进行零部件的测绘。零件测绘工作常常在现场进行。由于受时间及场地环境条件的限制,需要先徒手绘制出零件的草图,经整理后,绘出零件的正规图样。

一、常用的测量工具及测量方法

测量尺寸常用的工具有:直尺、内卡钳、外卡钳,测量较精密的零件常用游标卡尺。

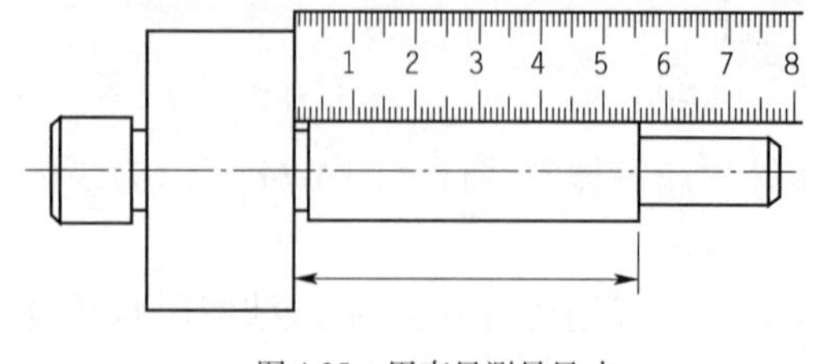

图4-25 用直尺测量尺寸

(1)测量直线尺寸:一般可用直尺直接测量,有时也可用三角尺与直尺配合进行。如图4-25所示。如要求精确时,则用游标卡尺。

(2)测量回转体的内外径:测量外径用外卡钳,测量内径用内卡钳,测量要内、外卡钳上下、前后移动,量得的最大值为其内径或外径。用游标卡尺测量时的方法与内、外卡钳时相同,如图4-26所示。

(3)测量壁厚和孔间距:可用外卡钳与直尺配合使用,如图4-27a)所示。孔间距测量时,用外卡钳测量相关尺寸,再进行计算,如图4-27b)所示。

(4)测量中心距和螺纹方法如图4-28所示。

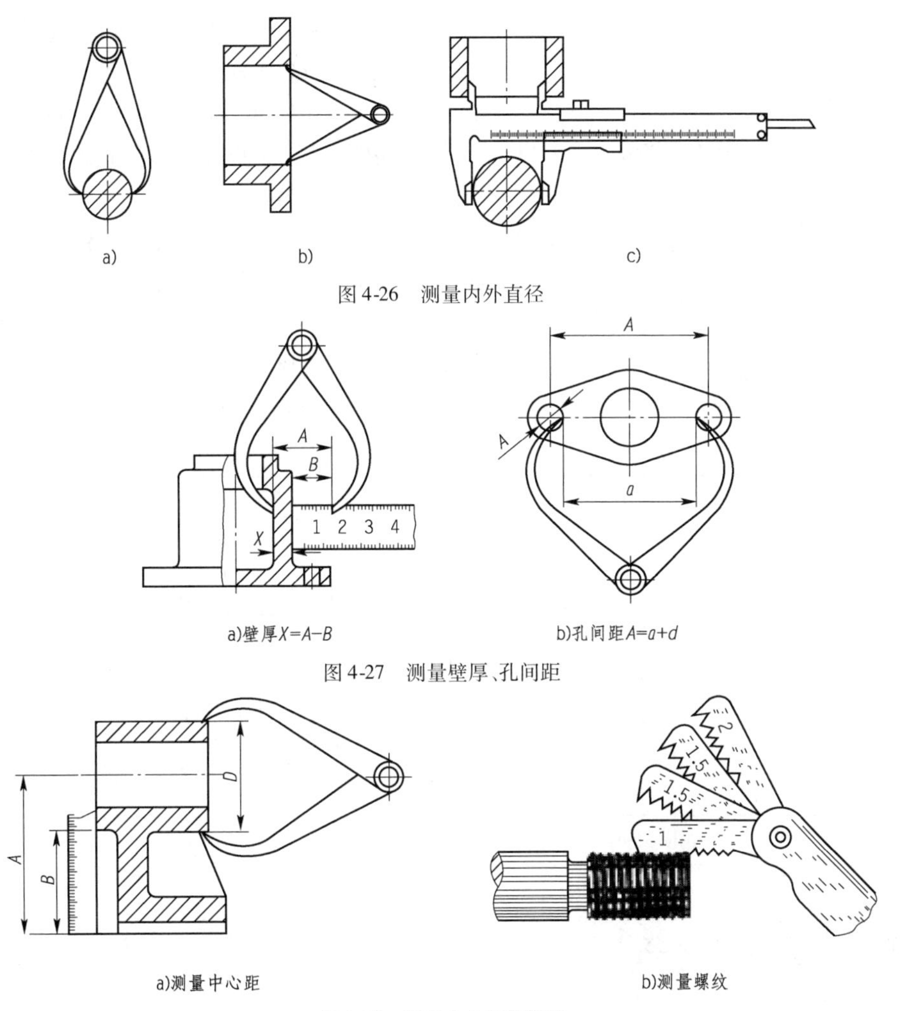

a) b) c)

图 4-26 测量内外直径

a)壁厚$X=A-B$ b)孔间距$A=a+d$

图 4-27 测量壁厚、孔间距

a)测量中心距 b)测量螺纹

图 4-28 测量中心距和螺纹

二、零件测绘的方法步骤

零件的测绘，有两层含义：一是测量，二是绘图；测分目测和量具测量；

绘图分两步：通过目测画出草图，通过量具测量来标注零件图上的尺寸，然后画出正规的零件图。

1. 分析所要测绘的零件对象，确定表达方案

（1）了解被测绘零件的名称，用途、材料以及制造方法等，分析零件结构，了解各结构的作用；

（2）根据零件的形体特征、工作位置、加工位置来确定主视图，再根据具体情况来选择其他视图，每个视图多应有新的内容，有存在的价值，能用基本视图来表达的就用基本视图，在基本视图不能完成的时候，选择其他视图；对视图表达的方案要求：正确、完整、清晰、简练。这样绘图是便于识图。

2. 绘制零件草图步骤

例 1 测绘支架零件图，如图 4-29 所示。

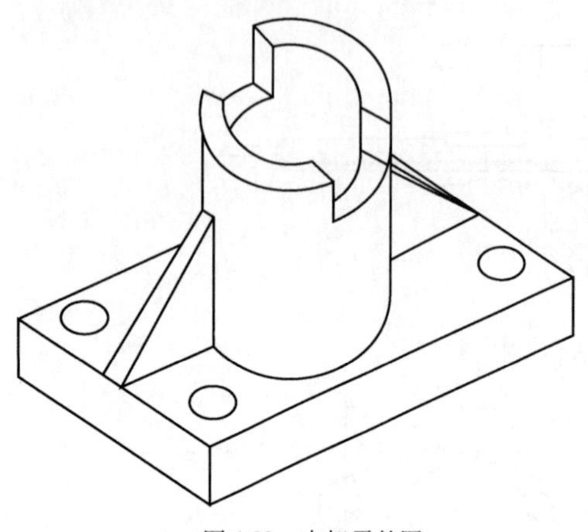

图 4-29　支架零件图

（1）先画各视图中的中心线、定位线，如图 4-30a）所示，注意视图与视图之间留合适的间距，用于下一步的尺寸标注，画出标题栏表格。

（2）根据零件的特征，先后画出零件的内外结构形状，如图 4-30b）所示。

（3）选择尺寸基准，画尺寸界线、尺寸线。认真核实后，将轮廓线描深，如图 4-30c）所示。

（4）逐个测量尺寸，填写尺寸数字。对标注结构件，如倒角、倒圆、退刀槽、中心孔等，测量后应查表取标准值。确定并填写各项技术要求，填好标题栏。如图 4-30d）所示。

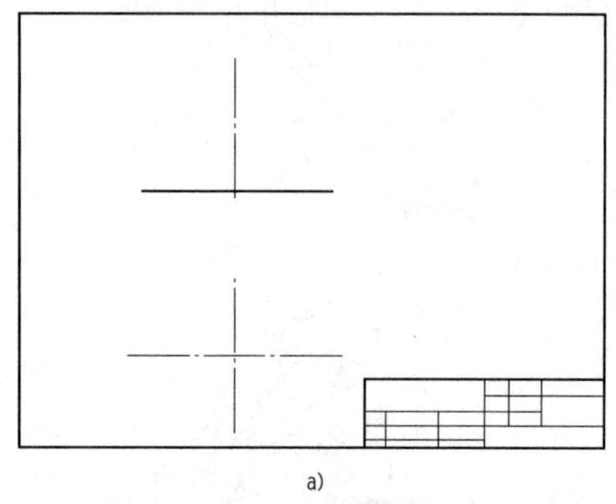

a)

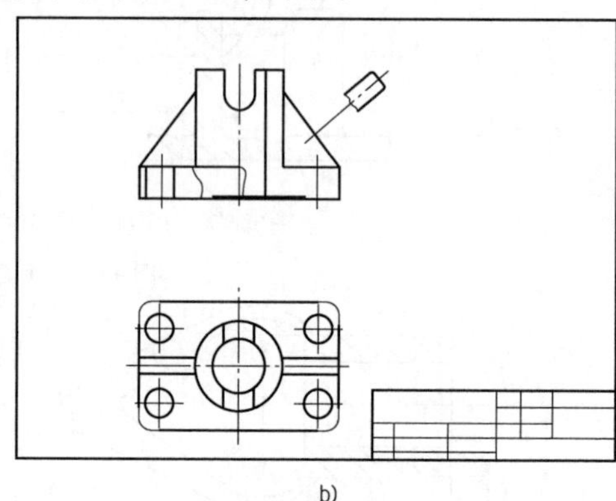

b)

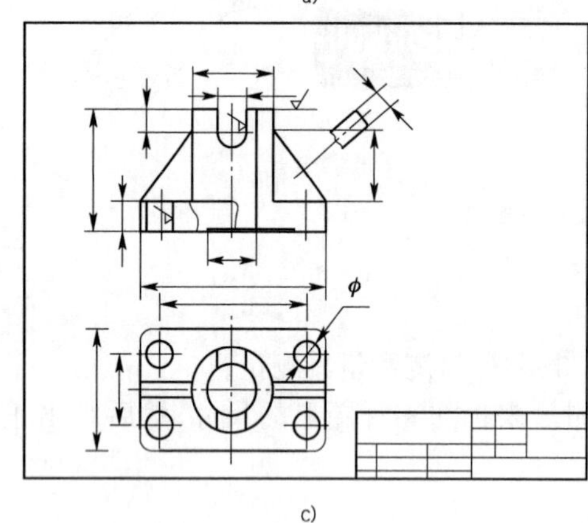

c)

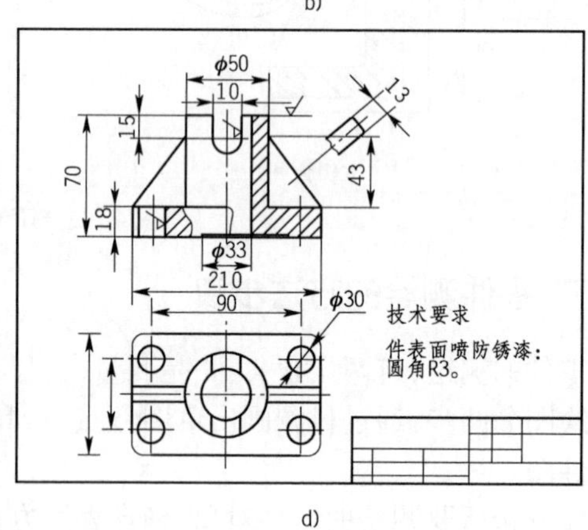

d)

图 4-30　支架零件测绘图

零件测绘注意事项：

（1）重要的尺寸，如中心距、齿轮模数、零件表面的斜度等，必要时可通过计算确定。

（2）孔、轴配合尺寸一般只测量轴的直径；相互旋合的内外螺纹尺寸，一般只测外螺纹尺寸。

（3）非重要尺寸如果测量值为小数应取整数。

（4）对缺陷、损坏部位的尺寸，应按设计要求予以更正。

对标准结构尺寸，例如齿轮模数、倒角、轴类零件的退刀槽、键槽、中心等，应查阅有关手册确定。与滚动轴承配合的孔和轴的尺寸应查表确定。

单元五
常用零件的画法

学习目标

1. 掌握内、外螺纹的规定画法，正确识读螺纹标记，熟悉螺纹标注的格式；

2. 熟悉常用的螺纹紧固件及标记，能按规定画法画螺纹连接图；

3. 熟悉键和销的作用及常见的类型，识读它们的标记，正确识读键连接和销的连接图；

4. 熟悉常见齿轮的种类和应用，掌握圆柱齿轮的规定画法；

5. 能识别机械图样中的弹簧；

6. 能识别机械图样中的滚动轴承类型。

我们在汽车上常见的螺栓、螺母、螺钉、垫圈、键、销、滚动轴承、弹簧、齿轮等零件，由于它们被广泛地应用，所以通常称之为常用件。为了便于设计、生产和互换，对其中有些常用件的整体结构和尺寸实行标准化，如螺栓、螺母、键、销等零件，称之为标准件。有些常用件的结构也实行了部分标准化，如齿轮等。本单元将分别介绍这些常用零件的结构、规定画法、代号或标记、标注方法及连接画法。

课题一　螺纹及其连接

螺纹是指在圆柱或圆锥表面上，沿着螺旋线形成的、具有相同剖面的连续凸起和沟槽，称螺纹。

加工在圆柱（圆锥）外表面上的螺纹叫外螺纹，加工在圆柱（圆锥）内表面上的螺纹叫内螺纹。如图 5-1 所示，内、外螺纹总是成对使用的，只有在牙型、大径、线数、螺距和旋向等诸要素均相同的内、外螺纹才能旋合在一起。

一、螺纹的结构要素

1. 牙型

在通过螺纹轴线的截面上，螺纹的轮廓形状称为牙型。常见的螺纹牙型有三角形、梯形和锯齿形等，如图 5-2 所示。

图 5-1　外、内螺纹加工

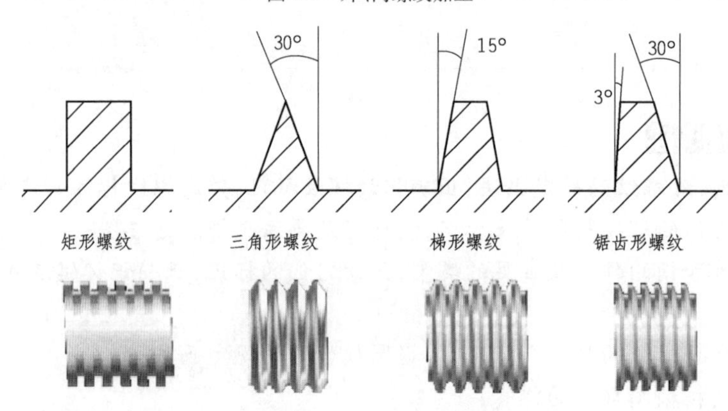

图 5-2　螺纹的牙型

2. 直径(图 5-3)

(1)大径。与外螺纹牙顶或内螺纹牙底相重合的假想圆柱面的直径称为大径,内外螺纹的大径分别以 D 和 d 表示。

(2)小径。与外螺纹牙底或内螺纹牙顶相重合的假想圆柱面的直径称为小径,内外螺纹的小径分别以 D_1 和 d_1 表示。

(3)中径。在大径和小径之间的一个假想圆柱直径(接近于大、小径的平均值)称为中径,内外螺纹的中径分别以 D_2 和 d_2 表示。

(4)公称直径。代表螺纹尺寸的直径,指螺纹大径的基本尺寸。

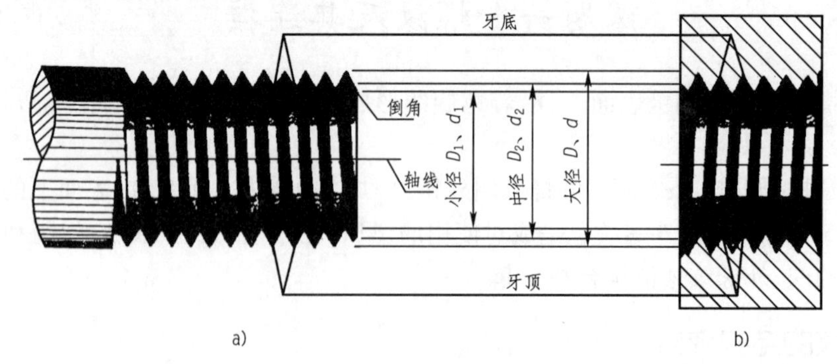

图 5-3　螺纹的直径

3. 线数(头数)

螺纹有单线和多线之分,线数用 n 表示。沿一条螺旋线所形成的螺纹称为单线螺纹,沿两条或两条以上,在轴向等距分布的螺旋线所形成的螺纹称为多线螺纹,如图 5-4 所示。

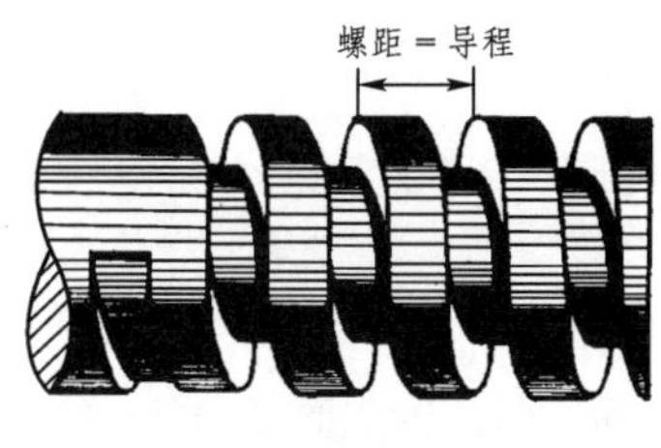

a)单线螺纹

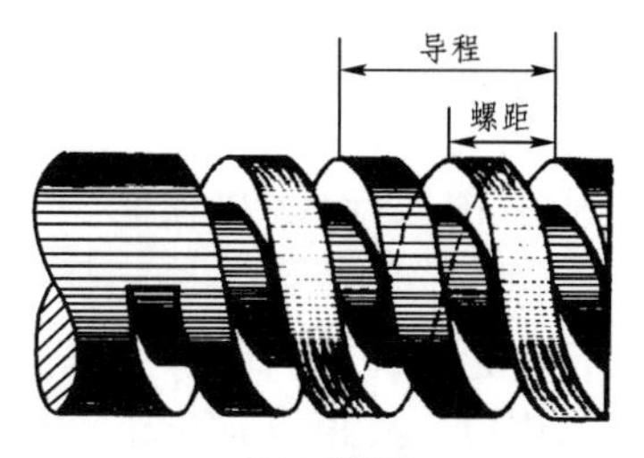

b)双线螺纹

图 5-4 螺纹的线数、螺距、导程

4. 螺距与导程

(1)螺纹上相邻两牙在中径线上对应两点间的轴向距离称为螺距,用 P 表示。

(2)同一条螺旋线上的相邻两牙在中径线上对应两点间的轴向距离称为导程,用 P_h 表示。

(3)螺距与导程的关系:螺距 = 导程/线数。

单线螺纹的螺距 $P = P_h$;多线螺纹的螺距 $P = P_h/n$。

5. 旋向

螺旋线的旋转方向称为旋向。当螺纹为顺时针方向旋入时,称为右旋螺纹;螺纹为逆时针方向旋入时,称为左旋螺纹。

旋向可按下列方法判定:如图 5-5 所示。

将螺纹轴线垂直放置,螺纹的可见部分是左高右低者是左旋螺纹,右高左低者是右旋螺纹。

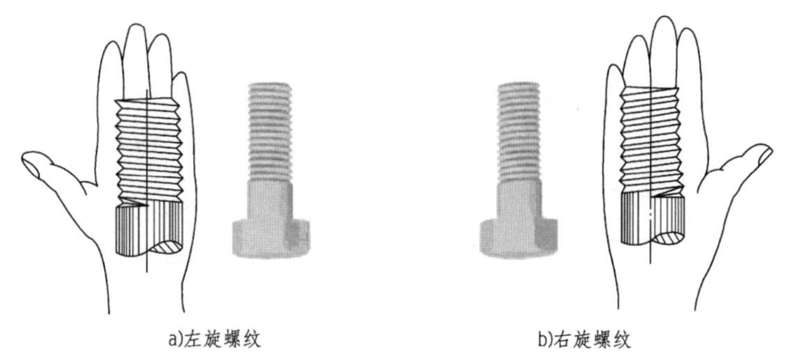

a)左旋螺纹　　b)右旋螺纹

图 5-5 螺纹的旋向

左旋螺纹用 LH 表示;右旋螺纹用 RH 表示。

在螺纹的要素中,牙型、大径和螺距称为螺纹三要素。

二、螺纹的分类

螺纹按牙型、大径和螺距三要素是否符号国家标准,可分为三类:

(1)标准螺纹——螺纹三要素均符合标准的螺纹。

(2)特殊螺纹——螺纹牙型符合标准,而大径和螺距不符合标准的螺纹。

(3)非标准螺纹——牙型不符合标准的螺纹。

按螺纹的用途又可分为连接螺纹和传动螺纹两类。

三、螺纹的规定画法

为了便于画图,国家标准《机械制图》GB/T 20666—2006 对螺纹和螺纹紧固件规定了画法。

1. 外螺纹的规定画法

大径(牙顶)用粗实线画,小径(牙底)用细实线画(小径近似画成 0.85 倍大径),并且画到螺杆的倒角或倒圆角之内。螺纹终止线用粗实线画。在垂直于螺纹轴线方向的视图中,牙顶用粗实线画整个圆,小径(牙底)用细实线画任意的 3/4 圆,倒角部分省略不画,如图 5-6 所示。

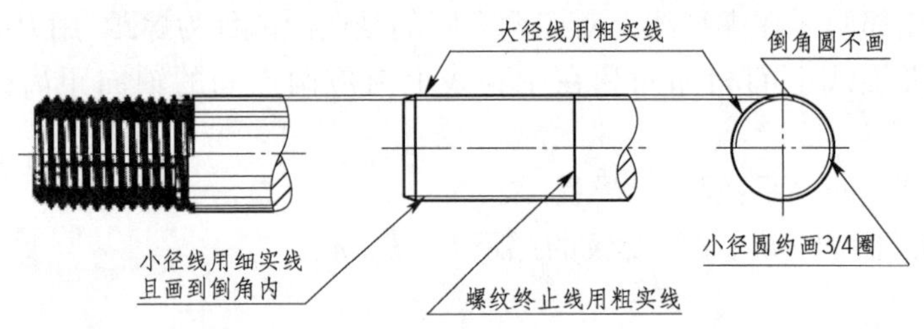

图 5-6　外螺纹规定画法

2. 内螺纹的规定画法

在内螺纹的轴向剖视图中,用细实线画出内螺纹的大径部分,其他结构线均用粗实线画出;剖面线画到粗实线位置。在垂直于轴线方向的剖视图中,用细实线画出牙顶部分结构,且只画任意的 3/4 圆,孔口部分的倒角不画。如图 5-7 所示。

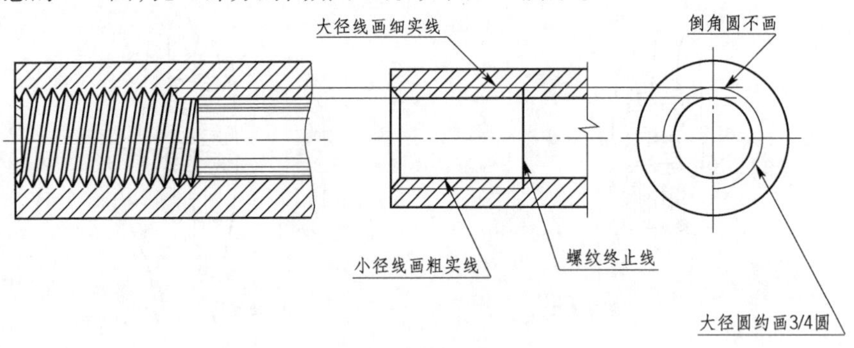

图 5-7　内螺纹的规定画法

盲孔螺纹孔的画法,如图 5-8 所示。

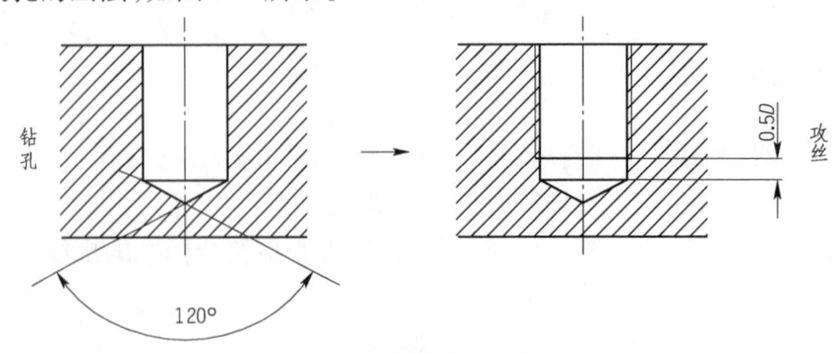

图 5-8　盲孔内螺纹的画法

3. 内外螺纹连接的规定画法

在剖视图中,其旋合部分应按外螺纹的规定画法绘制,其余部分仍按各自的画法画出,如图 5-9 所示。需要注意的是,外螺纹大径的粗实线应和内螺纹的大径细实线对齐,外螺纹小径细实线应和内螺纹的小径粗实线对齐。

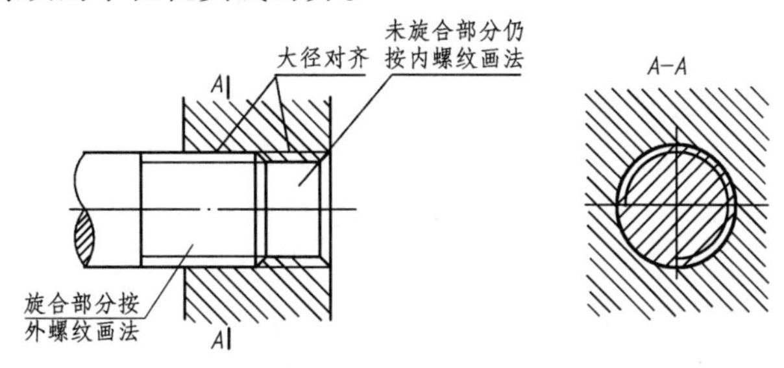

图 5-9　内外螺纹连接的规定画法

常用标准螺纹的种类见表 5-1。

常 用 标 准 螺 纹　　表 5-1

螺纹种类		牙型符号	牙型图	用途
连接螺纹	粗牙普通螺纹	M	60°	粗牙用于一般机件的连接,细牙用于薄壁或精密连接的机件
	细牙普通螺纹			
	非密封圆柱管螺纹	G	55°	用于压力小于 1.568Pa 的水管、油管、煤气管等管路和电线管路系统
传动螺纹	梯形螺纹	Tr	30°	用于传递运动和动力
	锯齿形螺纹	S	3°　30°	用于传递单向动力

四、螺纹标注

1. 普通螺纹的标注

标注项目和格式:螺纹的特征代号　尺寸代号-公差带代号-旋合长度代号-旋向

单线螺纹尺寸代号为:公称直径×螺距

多线螺纹尺寸代号为:公称直径×导程(螺距)

公差带代号含中径公差带代号(在前),顶径公差带代号(在后)

普通螺纹特征代号为M。普通粗牙螺纹不标注螺距,细牙螺纹标注螺距;中径公差带代号和顶径公差带代号相同是,可只注一个公差代号;旋合长度分短、中、长三组,代号分别为“S”“N”“L”,中等旋合长度不必标注,长或短旋合长度必须标注;特殊的旋合长度可直接注出长度数值;右旋螺纹不标注,左旋螺纹标注左旋或“LH”。

标注示例:

M6×0.75-5h6h-S-LH表示是单线左旋普通螺纹,公称直径6mm,螺距0.75mm,中径公差带代号5h,顶径公差带代号6h,短旋合长度。

2. 梯形螺纹和锯齿形螺纹的标注

标注项目和格式:

螺纹的特征代号　公称直径×导程(螺距)旋向－中径公差带代号－旋合长度代号

右旋不注,左旋用“LH”。

3. 管螺纹的标注

螺纹密封的管螺纹标注格式:

螺纹的特征代号　尺寸代号

非螺纹密封的管螺纹标注格式:

螺纹的特征代号　尺寸代号　公差等级－旋向

管螺纹尺寸代号是指孔径(英寸)的近似值,不是管子的外径,也不是螺纹的大径,螺纹公差等级代号对外螺纹分A、B两级,对内螺纹则不标记,对用螺纹密封的管螺纹也不标记。

4. 在图样上的标注方法

标准螺纹的螺纹代号(或标记)的注法与一般线性尺寸注法相同,但应特别注意,除管螺纹的标注内容必须注写在从螺纹大径引出的指引线的水平折线上以外,其他的都应注写在大径的尺寸线上。

5. 特殊螺纹与非标准螺纹的标注

特殊螺纹应在螺纹种类代号前加注“特”字。非标准螺纹可按规定画法画出,但必须画出牙型和注出螺纹结构的全部尺寸。

常用螺纹标注示例见表5-2。

五、常用螺纹连接件及其规定标记

常用螺纹连接件有螺栓、双头螺柱、螺钉、螺母、垫圈等,如图5-10所示。

常用螺纹标注示例　　表 5-2

螺纹种类	特征代号	标注示例	标注	说明
粗牙普通螺纹	M	M20-5g-6g-L	粗牙普通螺纹，公称直径为20，右旋，中径、顶径公差带分别为5g、6g，长旋合长度	1. 粗牙普通螺纹不注螺距； 2. 左旋要注“LH”，右旋不注； 3. 中、顶径公差带相同时，只标一个代号； 4. 旋合长度分中等（N）、长（L）、短（S）三种，中等可不标注； 5. 单线螺纹只注螺距，多线螺纹还要注导程
细牙普通螺纹		M24×2LH-7H	细牙普通螺纹，公称直径为24，螺距为2，左旋，中径、顶径公差带均匀7H，中等旋合长度	
梯形螺纹	Tr	Tr32×8（P4）-7h	梯形螺纹，公称直径为32，螺距4，导程8，右旋，中径公差带为7h，中等旋合长度	
管螺纹	G	G1A	管螺纹的尺寸代号为1，公差为A级，右旋	外螺纹的公差等级代号分为A、B两级，内螺纹不标记

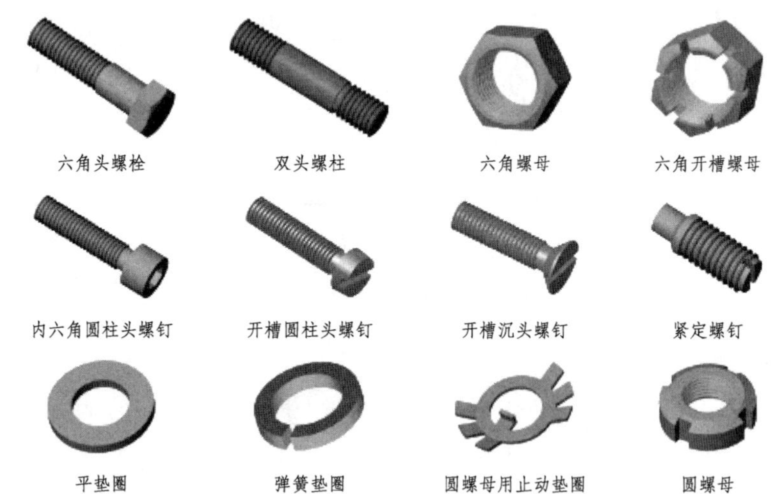

图 5-10　常用螺纹连接件

它们的类型和结构形式多样，但大多已标准化，通称标准件。按标记，可在国家标准《机械制图》（GB/T 4459.7—1998）中查出其有关尺寸，其规定标记见表 5-3。

常用螺纹连接件的规定标记　　表 5-3

名　　称	图　　例	规定标记示例
六角头螺栓	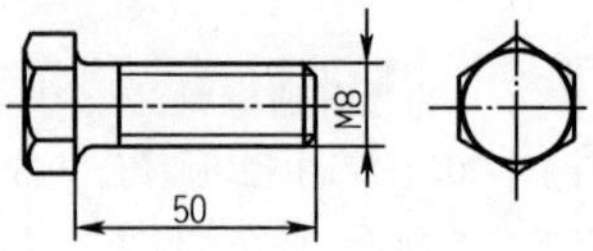	螺栓 GB/T 5780—2016 M8×50
双头螺柱	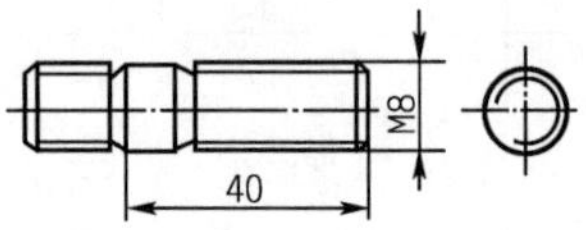	螺柱 GB/T 897—1988 M8×40
开槽沉头螺钉	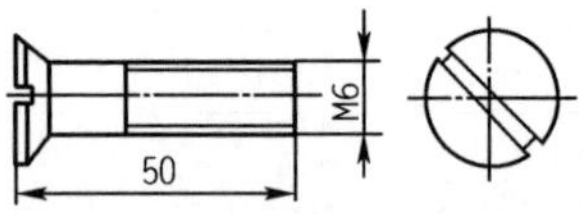	螺钉 GB/T 68—2016 M6×50
六角头螺母	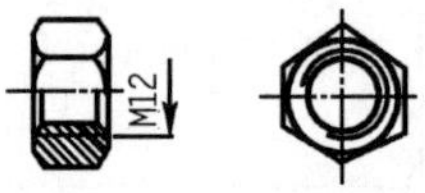	螺母 GB/T 6170—2015 M12
平垫圈	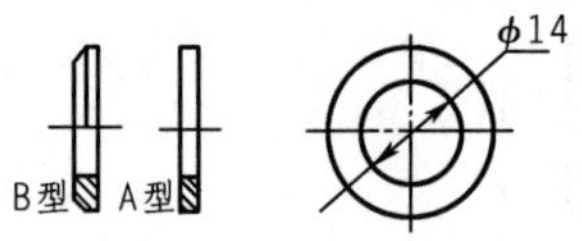	垫圈 GB 97.1 14
标准型弹簧垫圈	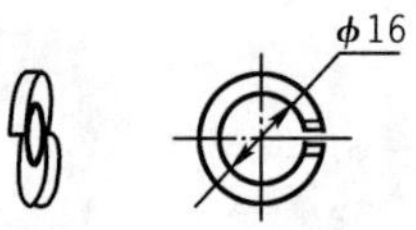	垫圈 GB 93—1987 16
六角头螺栓	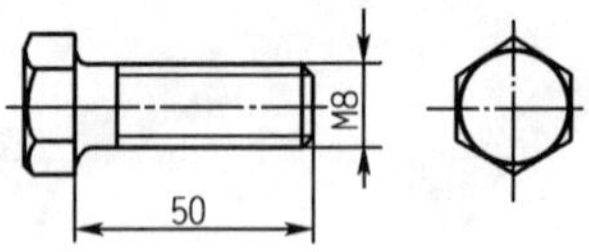	螺栓 GB/T 5780—2016 M8×50
双头螺柱	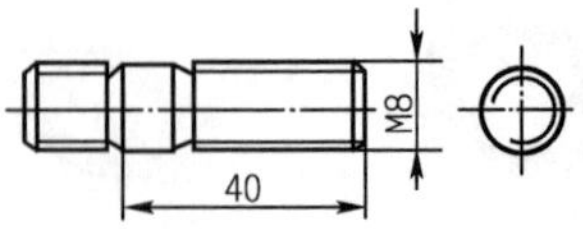	螺柱 GB/T 897—1988 M8×40
开槽沉头螺钉	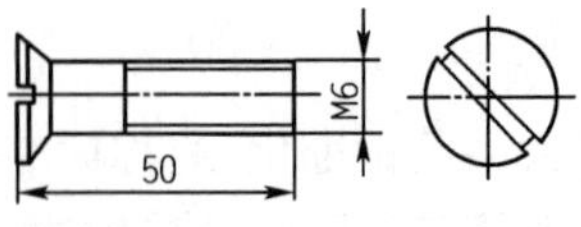	螺钉 GB/T 68—2015 M6×50

六、常用螺纹连接件的规定画法

常用螺纹连接件的规定画法见表5-4。

常用螺纹连接件的规定画法　　表5-4

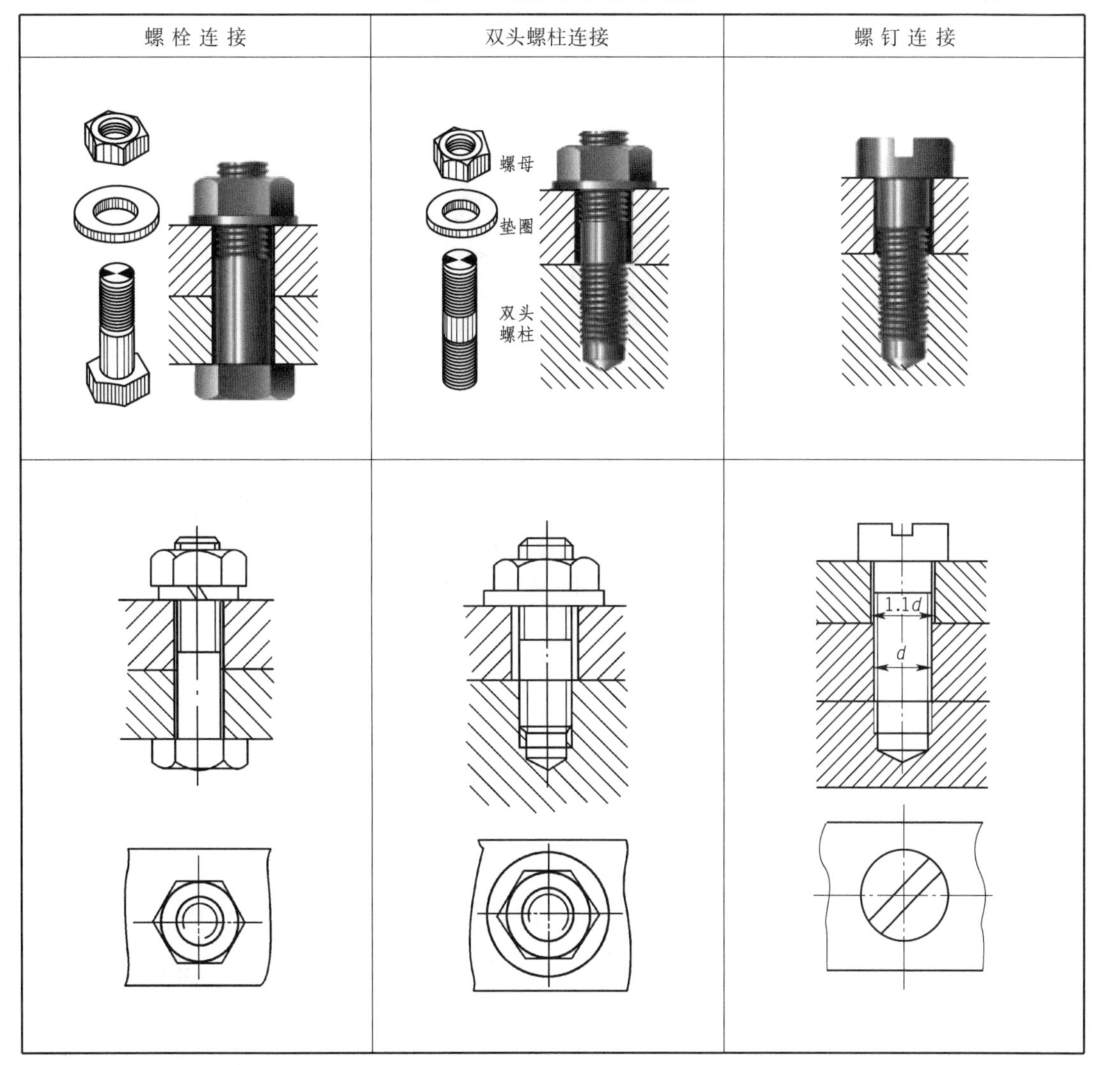

课题二　键及其连接

在机器中，可以采用键来连接轴和轴上的零件（如带轮、齿轮等），使它们能一起转动，以达到传递转矩的目的。这种连接称为键连接，如图5-11所示。

常用的键有平键、半圆键、钩头楔键、花键轴等，如图5-12所示。

一、键的连接画法及标记

（1）键的连接画法及标记形式如表5-5所示。

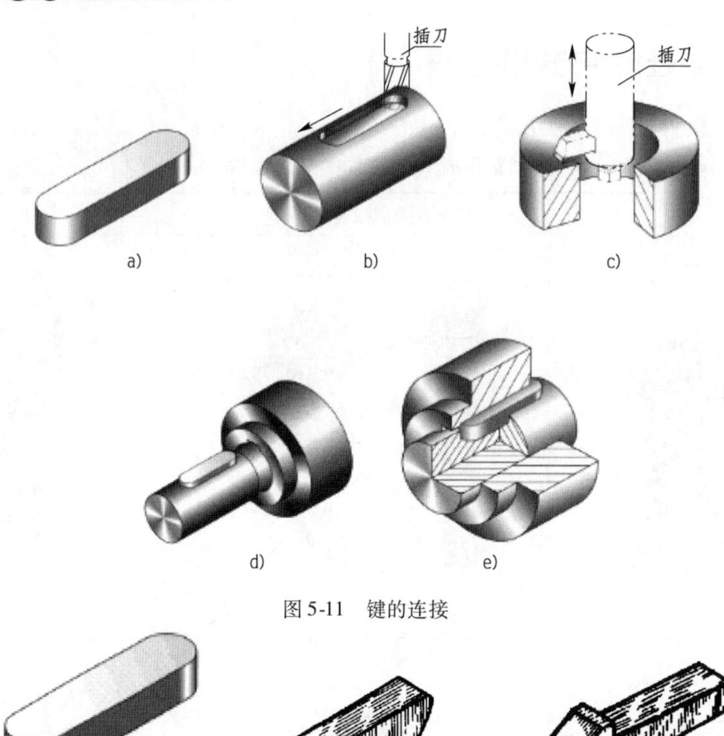

图 5-11　键的连接

图 5-12　常用标准键形式

常用键的型式、规定标记及连接画法　　表 5-5

名称	立 体 图	规定标记示例	装 配 图	装配立体图
普通平键	A 型	圆头普通平键 键 14×80 GB/T 1096—2003		
	B 型普通平键			
	C 型			
半圆键		半圆键 键 6×25 GB/T 1096—2003		

续上表

名称	立体图	规定标记示例	装配图	装配立体图
钩头楔键		钩头楔键 键 18 × 100 GB/T 1565—2003	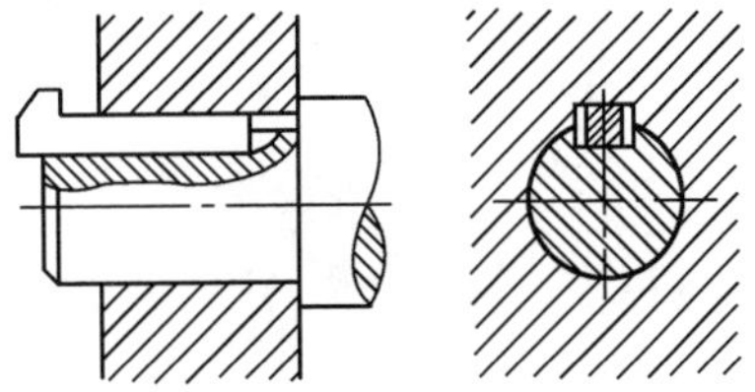	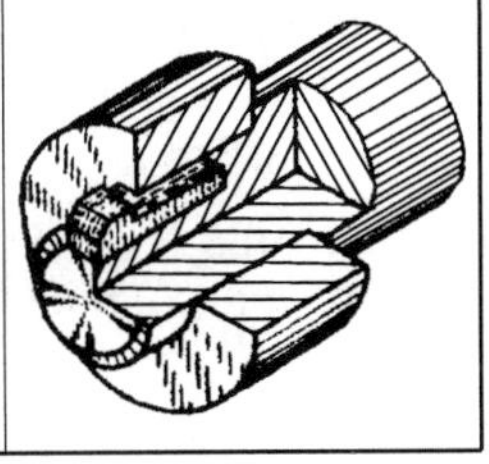

键和键槽的尺寸可根据轴(轮毂孔)的直径从相应的标准查得,键的长度 L 应小于或等于轮毂的长度,并取标准值;键槽的画法与尺寸标注如图 5-13 和图 5-14 所示。

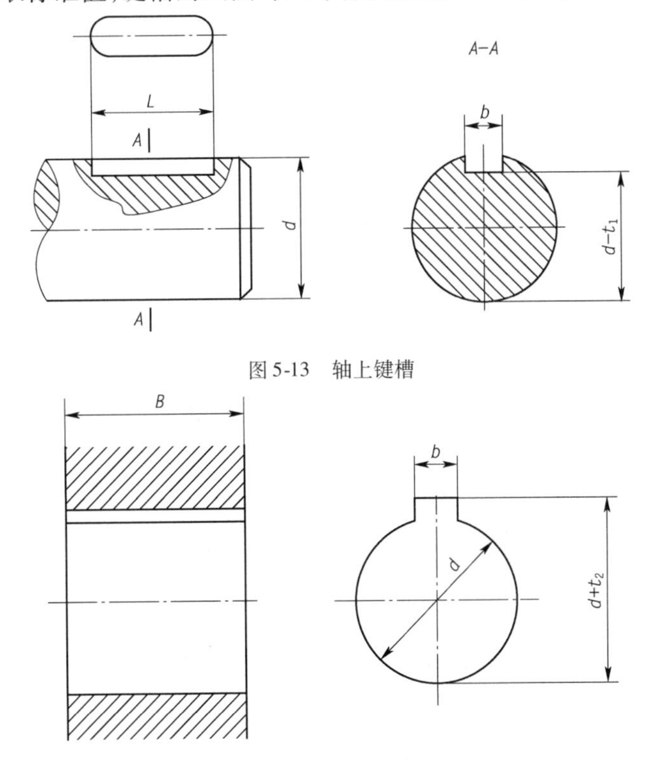

图 5-13　轴上键槽

图 5-14　轮毂上键槽

(2)键连接的画法如图 5-15 所示。

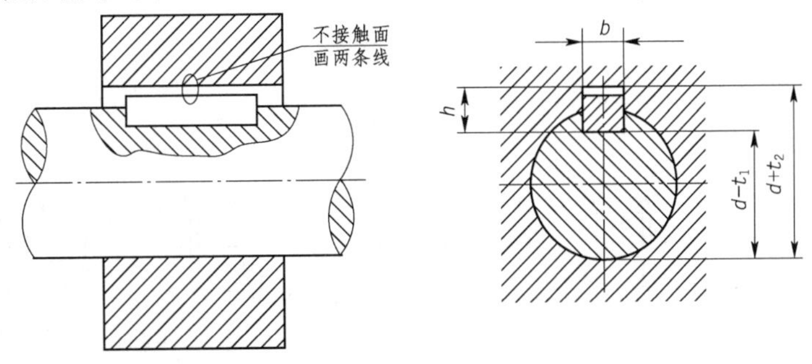

图 5-15　键连接的画法

二、花键及其连接（GB/T 4459.3—2000）

花键连接由外花键和内花键组成，如图5-16所示。

图5-16　花键

可以认为花键连接是平键连接在数目上的发展。在轴、孔断面上键成对称分布，有四键、六键、八键等。花键连接能传递较大的转矩，被连接件之间的同轴度和导向性好。花键的画法见表5-6。

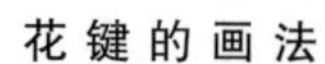

表5-6

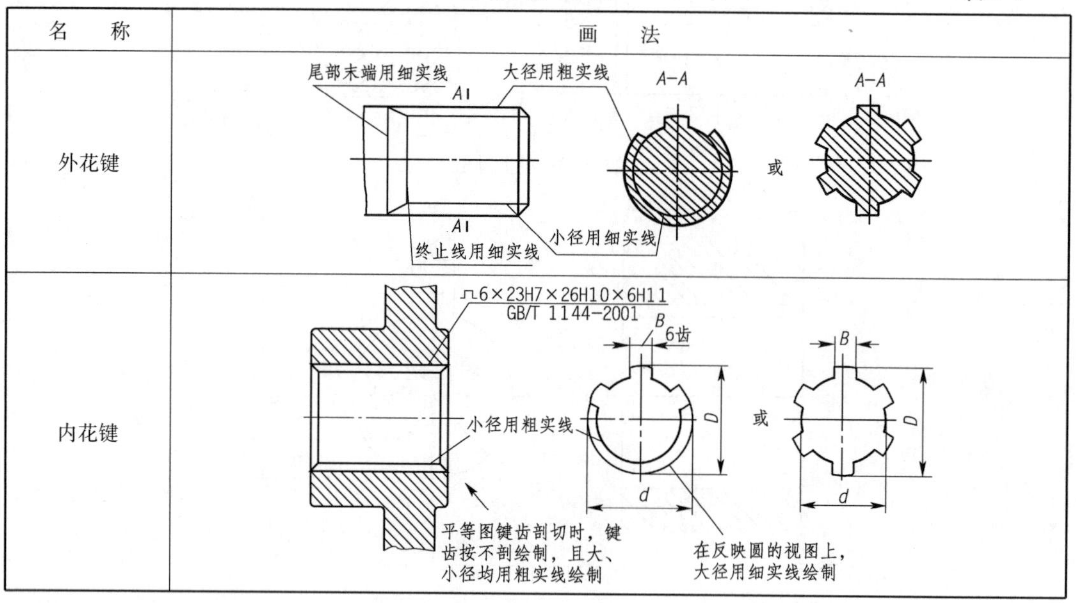

名　称	画　法
外花键	
内花键	

内外花键的连接画法，如表5-7所示。

内外花键的连接画法　　表5-7

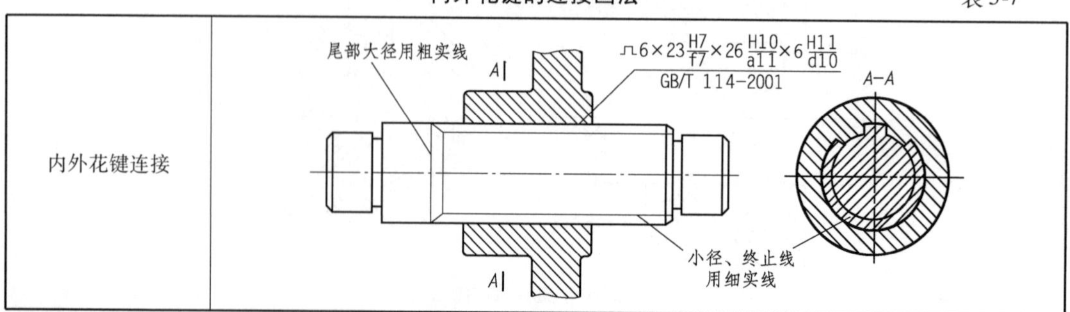

内外花键连接	

课题三　销及其连接

销也是一种标准件，通常用于零件间的连接或定位。如图 5-17 所示，其名称、类型、规定标记和连接画法见表 5-8。

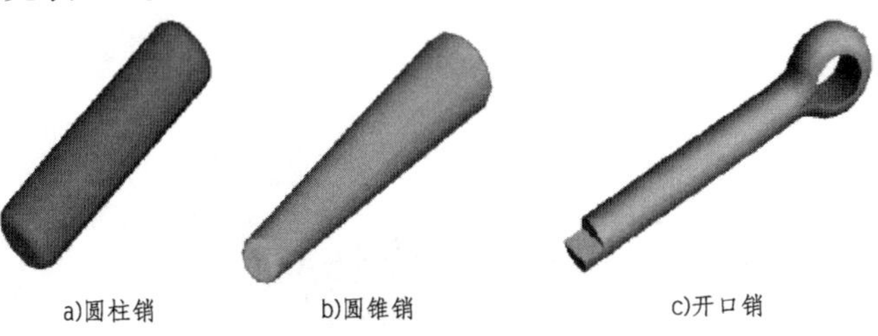

a)圆柱销　b)圆锥销　c)开口销

图 5-17　销的类型

销的名称、类型、规定标记和连接画法　　表 5-8

名称	标记示例	类型	连接画法
圆柱销	销 GB/T 119.1—2000　6m 6×30 表示公称直径 $d=6$，公差为 m6，公称长度 $l=30$，材料为钢、不经淬火、不经表面处理的圆柱销	d　l	圆柱销
圆锥销	销 GB/T 117—2000　10×60 表示公称直径 $d=10$，公称长度 $l=60$，材料为 35 钢、热处理硬度 28－38HRC、表面处理的 A 型圆锥销	1∶50　d　l	圆锥销
开口销	销 GB/T 91—2000　5×50 表示公称直径 $d=5$，公称长度 $l=50$，材料为低碳钢、不经表面处理的开口销	l　d	

课题四　齿　　轮

我们在汽车中常见的齿轮是一种传动零件,用来传递动力改变转速和旋转方向等。常用的齿轮有圆柱齿轮、圆锥齿轮和蜗轮蜗杆三类,如图 5-18 所示。在此我们只介绍标准圆柱齿轮。

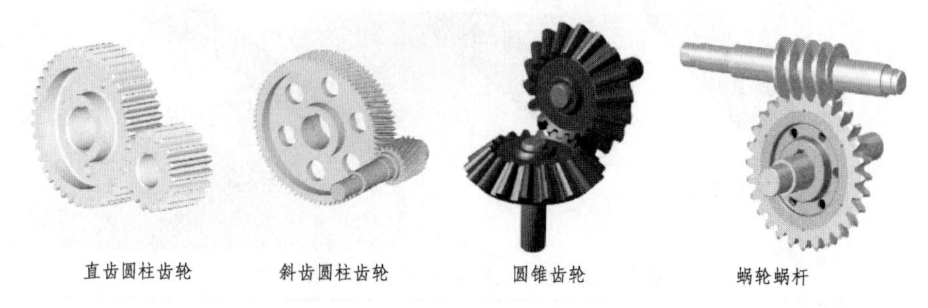

图 5-18　常见的齿轮传动形式

一、圆柱齿轮的种类

常用的圆柱齿轮按轮齿方向的不同,可分为直齿、斜齿和人字齿圆柱齿轮三种。我们以标准直齿圆柱齿轮为例说明。

二、圆柱齿轮的基本要素

圆柱齿轮的基本要素,如图 5-19 所示。

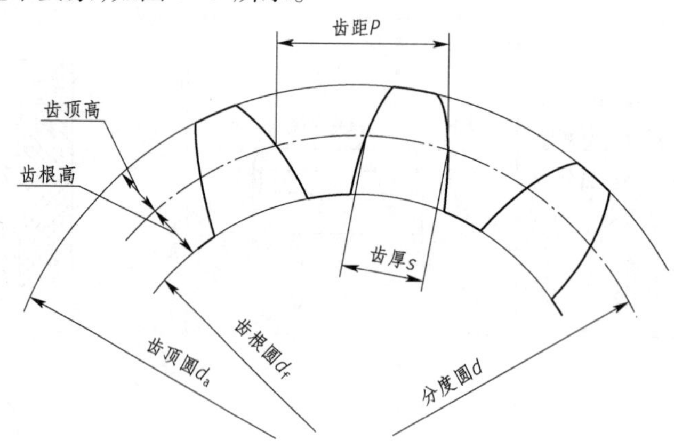

图 5-19　直齿圆柱齿轮常见各部分名称

(1)齿数:用 z 表示。

(2)齿顶圆:通过轮齿顶部的圆,其直径用 d_a 表示。

(3)齿根圆:通过轮齿根部的圆,其直径用 d_f 表示。

(4)分度圆:当标准齿轮的齿厚与齿槽宽的弧长相等时所在位置的圆,其直径用 d 表示。

(5)齿距:分度圆上相邻两齿对应点之间的弧长,以 p 表示。

(6)模数:用 m 表示,$m = p/\pi$。

为了设计和制造方便 GB/T 1357—2008 规定了齿轮的标准模数，见表 5-9。

标　准　模　数　　　　表 5-9

第一系列	0.1	0.12	0.15	0.2	0.25	0.3	0.4	0.5	0.6	0.8	1
	1.25	1.5	2	2.5	3	4	5	6	8	10	12
	16	20	25	32	40	50					
第二系列	0.35	0.7	0.9	1.75	2.25	2.75	(3.25)	3.5	(3.75)	4.5	5.5
	(6.5)	7	9	(11)	14	18	22	28	(30)	36	45

1. 单个圆柱齿轮的规定画法(GB/T 4459.2—2003)

国家标准对单个圆柱齿轮作了规定画法，如图 5-20 所示。

(1)参见图 5-20a)，齿顶圆和齿顶线用粗实线绘制，齿根圆和齿根线用细实线绘制或省略不画，分度圆和分度线用细点画线绘制。

(2)参见图 5-20b)在剖视图中，当剖切平面通过齿轮的轴线时，轮齿一律按不剖处理，齿根线用粗实线表示。

(3)对于斜齿，在非圆外形图上用三条平行的细实线表示轮齿方向，如图 5-20c)所示。

(4)齿轮的其他结构按投影画出。

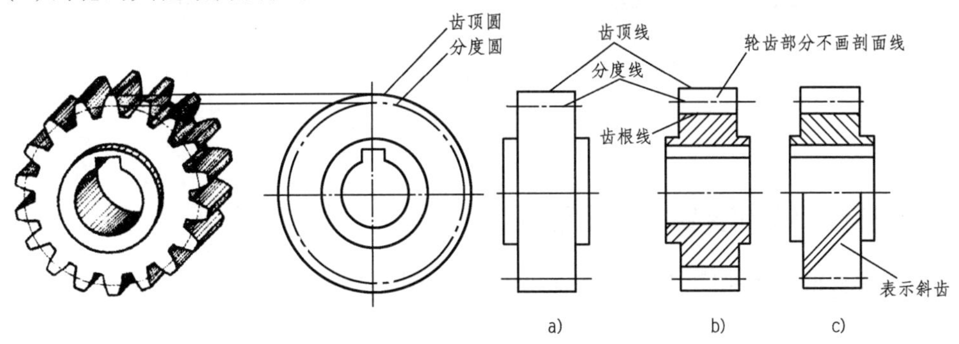

图 5-20　单个圆柱齿轮的规定画法

2. 啮合圆柱齿轮的规定画法

两标准齿轮啮合时，分度圆相切，此时分度圆又称为节圆。啮合部分的画法规定如下：

(1)在投影为圆的视图中，齿顶圆用粗实线绘制，分度圆用细点画线绘制，两齿根圆省略不画，如图 5-21a)所示；当啮合区图线较密时，齿顶圆可省略不画，如图 5-21c)所示。

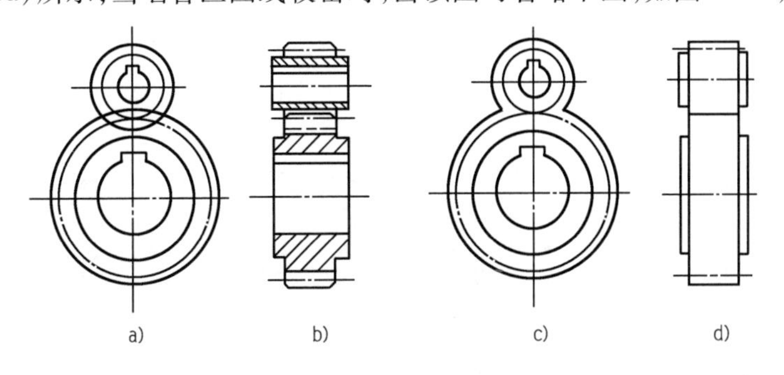

图 5-21　圆柱齿轮啮合的规定画法

(2)在投影为非圆的外形视图中，不画出啮合处的齿顶线，分度线用粗实线绘制，非啮合区的分度线用细点画线绘制，如图5-21d）所示。

（3）在非圆剖视图中，当剖切平面通过两啮合齿轮的轴线时，在啮合区内，一个齿轮的轮廓用粗实绘制，另一个轮齿的被遮部分用虚线绘制，如图5-21b）所示。

课题五　弹　　簧

弹簧是一种常用件，其作用是夹紧、减振、复位、测力和储能等，其特点是当外力去除后能迅速恢复原状。

一、弹簧的种类

弹簧的种类很多，常见的有螺旋弹簧（圆柱压缩弹簧、圆柱拉伸弹簧、圆柱扭力弹簧）、涡卷弹簧、板弹簧和片弹簧等，如图5-22所示。

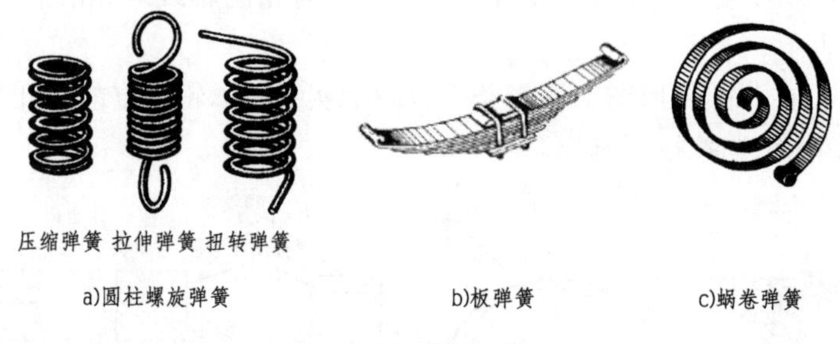

图5-22　常用弹簧

二、圆柱螺旋压缩弹簧的规定画法

1.单个弹簧的规定画法（GB/T 4459.4—2003，图5-23）

（1）画基准线；

（2）画支撑圈和工作圈；

（3）按右旋方向作相应圆的公切线，再画上剖面符号，完成作图；

（4）若不画成剖视图，可按右旋方向作相应圆的公切线，完成弹簧外形图。

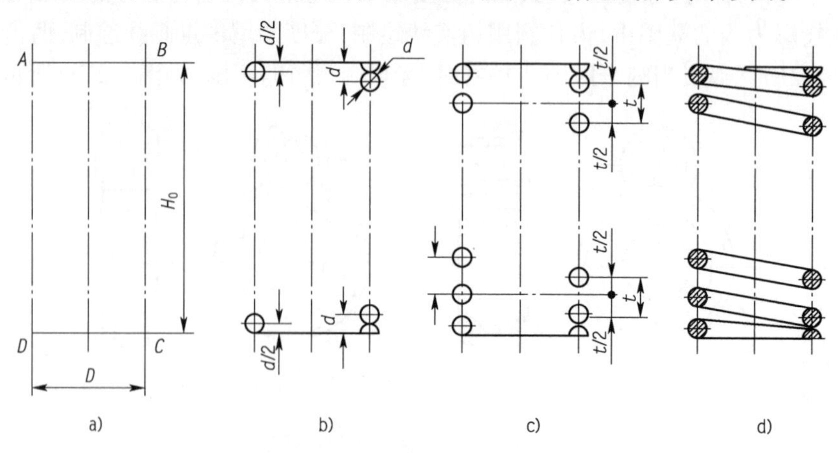

图5-23　圆柱螺旋压缩弹簧的画图步骤

簧丝直径 d：制造弹簧的材料直径。

弹簧外径 D 和内径 D_1：分别指弹簧的最大和最小直径。

有效圈数 n：弹簧受力时实际起作用的圈数。

螺旋压缩弹簧可用视图、剖视图或示意图来表示，如表 5-10 所示。

常见弹簧的表示法　　表 5-10

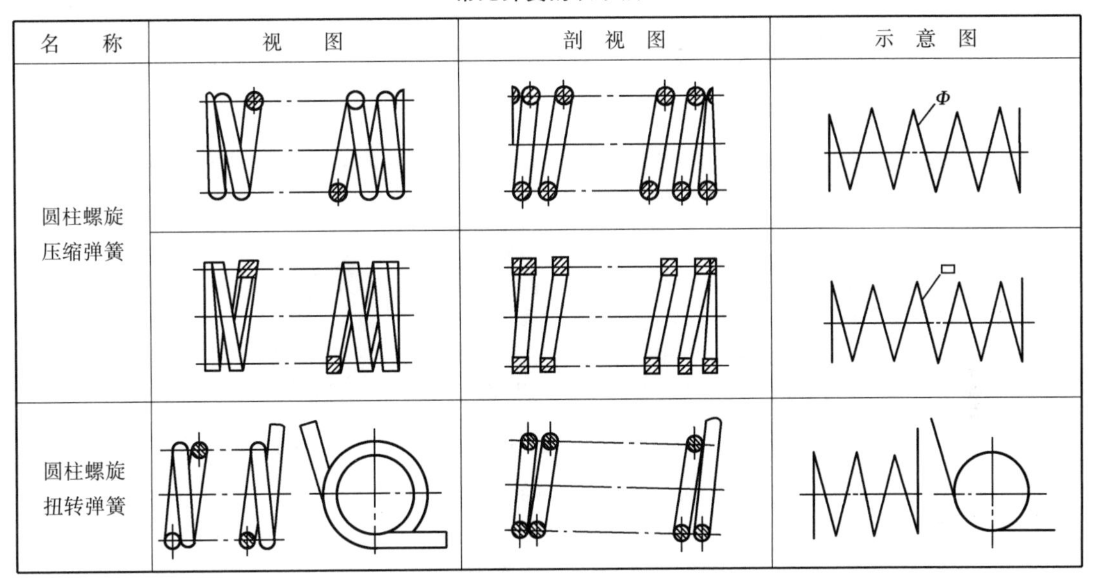

名　称	视　图	剖　视　图	示　意　图
圆柱螺旋压缩弹簧			
圆柱螺旋扭转弹簧			

(1) 在弹簧平行于轴线的投影面的视图中，各圈螺线轮廓线应画成直线。

(2) 不论左旋或右旋弹簧，均可画成右旋，但左旋一律注出旋向“左”字。

(3) 有效圈数在四圈以上的螺旋弹簧中间部分可以省略不画，允许适当缩短图形长度。

2. 装配图中弹簧的画法

装配图中，弹簧后面的机件按不可见处理，可见轮廓线只画到弹簧钢丝的剖面轮廓或中心线上，如图 5-24a) 所示；弹簧丝直径小于或等于 2mm 的剖面，可用涂黑表示，如图 5-24b) 所示；小于 1mm 时，可采用示意画法，如图 5-24c) 所示。

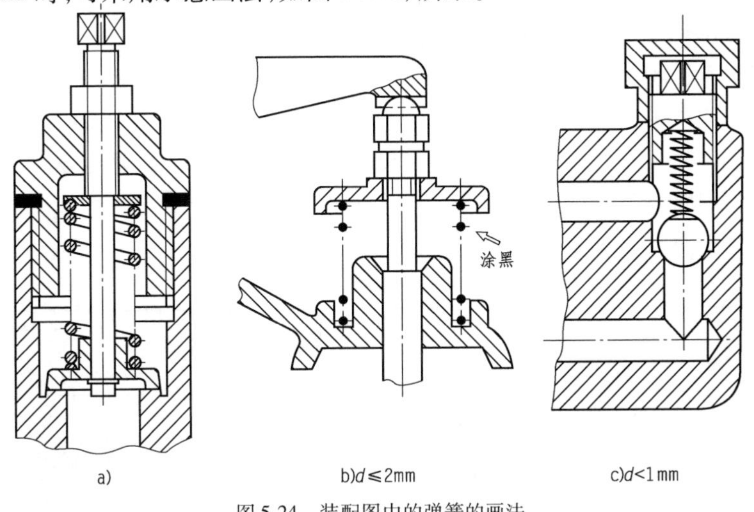

a)　　b) $d \leq 2$mm　　c) $d<1$mm

图 5-24　装配图中的弹簧的画法

课题六　滚动轴承

轴承分为滑动轴承和滚动轴承,用于支撑旋转的轴。滚动轴承的摩擦阻力小,结构紧凑、转动灵活,拆装方便,在机械设备中应用广泛。

一、滚动轴承的种类及代号

1. 滚动轴承的种类

按受力方向分为向心轴承、推力轴承和向心推力轴承三类,它们的结构大致相同,由外圈、滚动体、内圈和保持架组成,如图 5-25 所示。

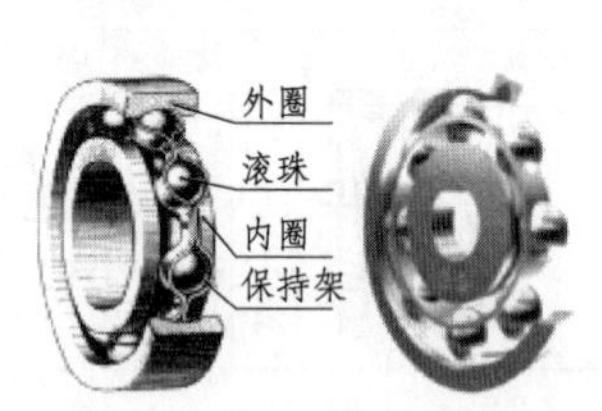

a)深沟球轴承

b)圆锥滚子轴承

c)推力圆柱滚子轴承

图 5-25　滚动轴承的结构和种类

2. 滚动轴承代号(表 5-11)

滚动轴承代号　　表 5-11

前置代号	基本代号					后置代号
分部件代号	类型代号与	基本代号		内径代号		内部结构代号 密封与防尘代号 公差等级代号
字母	5	4	3	2	1	字母(+数字)

尺寸系列代号由轴承的宽(高)度系列代号和直径系列代号组合而成,用两位阿拉伯数字来表示。它的主要作用是区别内径相同而宽度和外径不同的轴承。

内径代号表示轴承的公称内径,一般用两位阿拉伯数字表示:

(1)代号数字为 00、01、02、03 时,分别表示轴承内径 $d=10$、12、15、17(mm);

(2)代号数字为 04 ~ 96 时,轴承内径 = 代号数字 ×5;

(3)轴承公称内径为 1 ~ 9 大于或等于 500 以及 22、28、32 时,用公称内径毫米直接表示,但应与尺寸系列代号之间用"/"隔开。

滚动轴承类型及代号如表 5-12 所示。

滚动轴承类型及代号　　表 5-12

代号	轴承类型	代号	轴承类型
0	双列角接触球轴承	4	双列深沟球轴承
1	调心球轴承	5	推力球轴承
2	调心滚子轴承和推力调心滚子轴承	6	深沟球轴承
3	圆锥滚子轴承	7	角接触轴承

续上表

代号	轴 承 类 型	代号	轴 承 类 型
8	推力圆柱滚子轴承	U	外球面球轴承
N	圆柱滚子轴承	QJ	四点接触球轴承

例1　7208

7　表示轴承类型代号为角接触球轴承；

2　表示尺寸系列代号(02)：宽度系列代号0省略，直径系列代号为2；

08　表示内径代号 $d=8\times5=40$(mm)。

例2　513/22

5　表示轴承类型代号为推力球轴承；

13　表示尺寸系列代号：高度系列代号为1，直径系列代号为3；

22　表示内径代号 $d=22$mm。

二、滚动轴承的规定画法

在国家标准《机械制图》(GB/T 4459.7—1998)中规定轴承的画法有简化画法和规定画法。

1. 简化画法

(1)通用画法：在剖视图中，当不需要确切地表示滚动轴承的外形轮廓、载荷特征和结构特征时，可用矩形线框及位于中央正立的十字形符号表示滚动轴承。

(2)特征画法：在剖视图中，如需较形象地表示滚动轴承的结构特征时，可采用在矩形线框内画出其结构要素符号表示滚动轴承。

2. 规定画法

必要时，在滚动轴承的产品图样、产品样本和产品标准中，可采用规定画法表示滚动轴承。采用规定画法绘制滚动轴承的剖视图时，轴承的滚动体不画剖面线，其内外圈可画成方向和间隔相同的剖面线，在不致引起误解时，也允许省略不画剖面线。滚动轴承的倒角省略不画。

常用滚动轴承的规定画法一般绘制在轴的一侧，另一侧按通用画法绘制，见表5-13。

常用滚动轴承画法(GB/T 4459.7—1998)　　表5-13

轴承名称和代号	立 体 图	规 定 画 法	简 化 画 法	
			特征画法	通用画法
深沟球轴承 0000 型		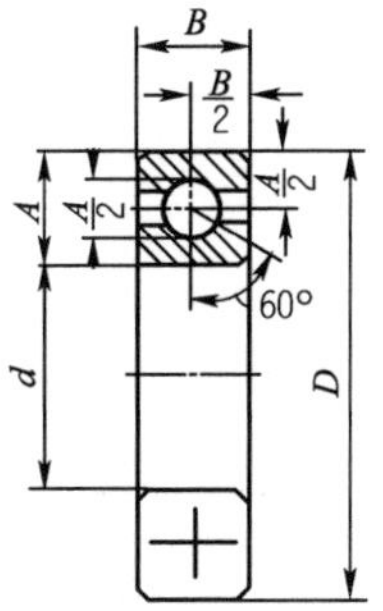 B, $\frac{B}{2}$, $\frac{A}{2}$, $\frac{A}{2}$, A, 60°, d, D	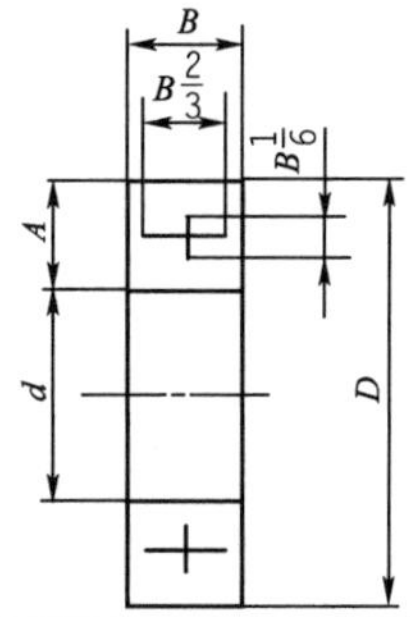 B, $\frac{2}{3}B$, $\frac{1}{6}B$, A, d, D	

续上表

<table>
<tr><th rowspan="2">轴承名称和代号</th><th rowspan="2">立体图</th><th rowspan="2">规定画法</th><th colspan="2">简化画法</th></tr>
<tr><th>特征画法</th><th>通用画法</th></tr>
<tr><td>向心短圆柱
滚子轴承 2000 型</td><td>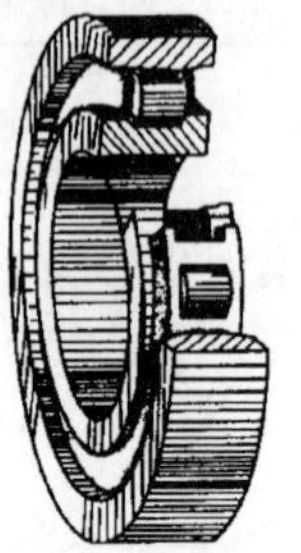</td><td>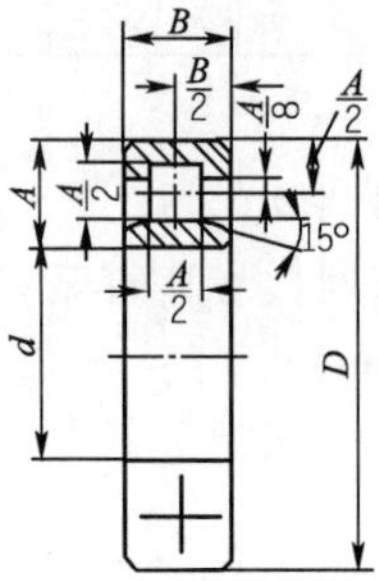</td><td>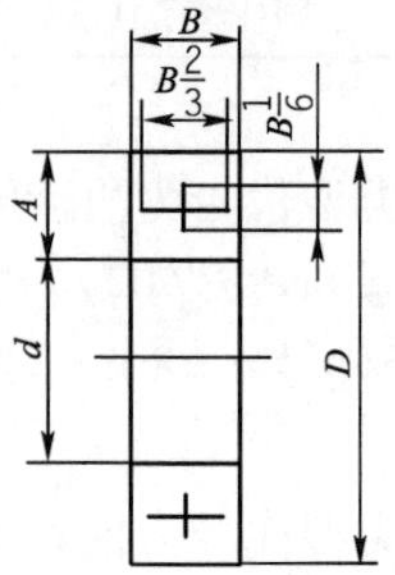</td><td rowspan="3">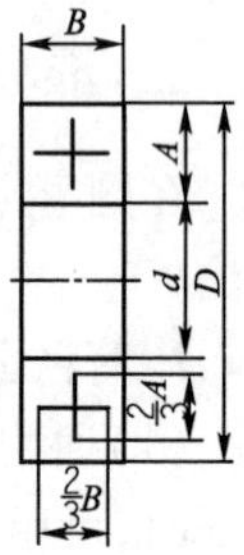</td></tr>
<tr><td>圆锥滚子
轴承 7000 型</td><td>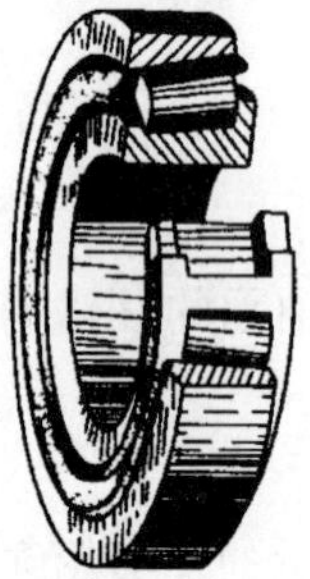</td><td>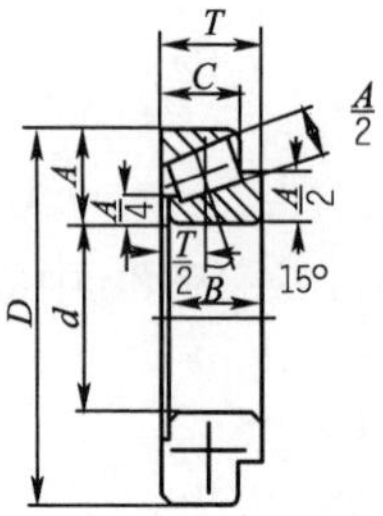</td><td>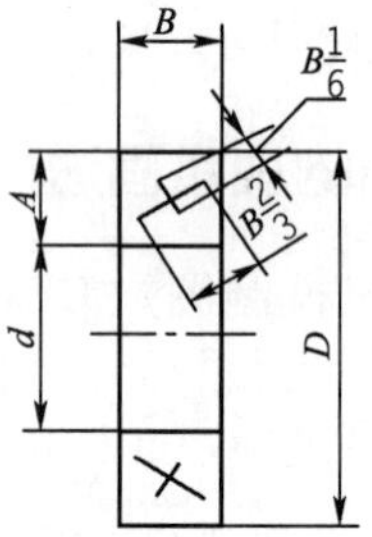</td></tr>
<tr><td>平底推力球
轴 8000 型</td><td></td><td>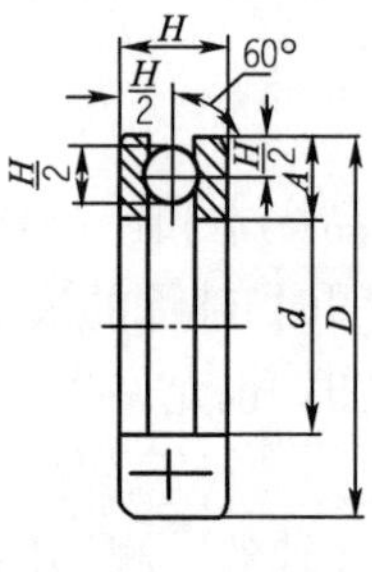</td><td>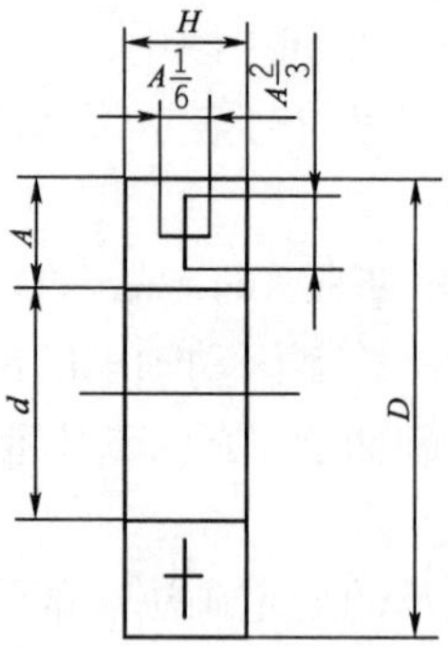</td></tr>
</table>

单元六
装 配 图

学习目标

1. 熟悉装配图的作用、内容,零部件序号和明细栏的有关规定;
2. 熟悉装配图的规定画法和特殊表达方法;
3. 了解装配体的名称、用途、结构及工作原理;
4. 了解装配体上各零件之间位置关系、装配关系及连接方式;
5. 熟悉装配图的画法,掌握看装配图的方法和步骤。

课题一　装配图的概念

一、装配图的概念及其作用

表达汽车部件的各部分、总成连接和装配关系的图样称为装配图。

在设计过程中,一般是先画出装配图,再根据装配图设计零件并绘制零件图。在生产过程中,装配图是制定装配工艺规程,进行装配、检验、安装及维修的技术依据。

二、装配图的内容

图 6-1 和图 6-2 分别是活塞连杆装配图和立体图。由图可知,一张完整的装配图一般具有下列四项内容:

1. 一组视图

用视图、剖视图和其他表示方法来表达装配体的工作原理和各零件间的装配、连接关系以及各零件主要结构形状。

2. 必要的尺寸

用以表明装配体的性能、规格、外形、配合、安装和检验等有关重要尺寸。

3. 技术要求

用文字或符号说明装配体在装配、检验、调试和使用等方面所需达到的要求。

4. 零件序号、标题栏、明细栏

在装配图上对每一种零件按顺序编注序号,并填写明细表。标题栏用以注明装配体的名称、代号、数量、材料、备注等。

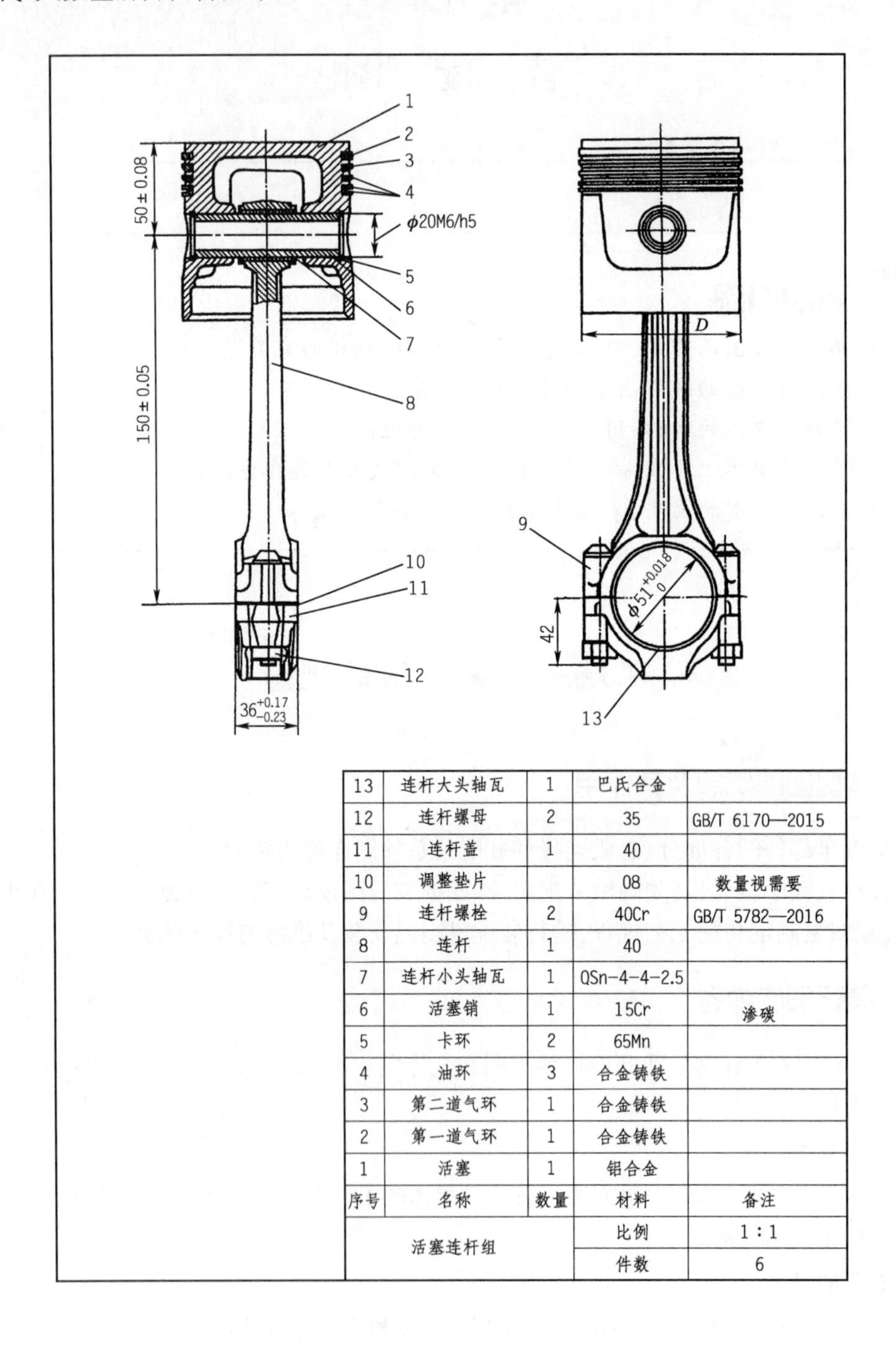

序号	名称	数量	材料	备注
13	连杆大头轴瓦	1	巴氏合金	
12	连杆螺母	2	35	GB/T 6170—2015
11	连杆盖	1	40	
10	调整垫片		08	数量视需要
9	连杆螺栓	2	40Cr	GB/T 5782—2016
8	连杆	1	40	
7	连杆小头轴瓦	1	QSn-4-4-2.5	
6	活塞销	1	15Cr	渗碳
5	卡环	2	65Mn	
4	油环	3	合金铸铁	
3	第二道气环	1	合金铸铁	
2	第一道气环	1	合金铸铁	
1	活塞	1	铝合金	
活塞连杆组			比例	1:1
			件数	6

图 6-1　活塞连杆组装配图

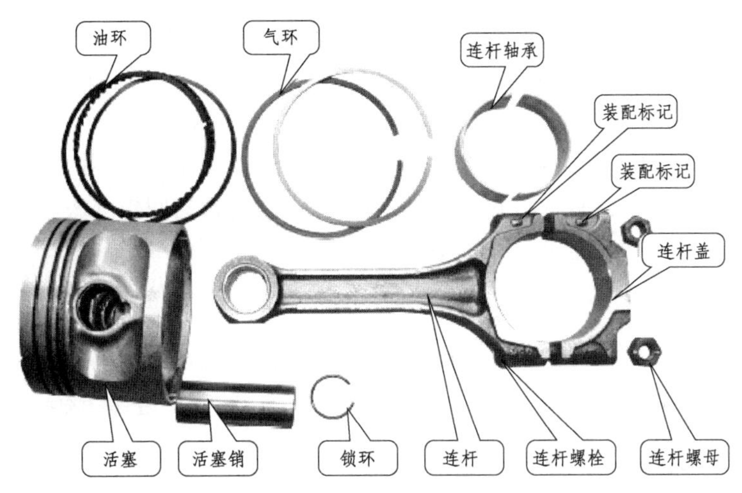

图 6-2 活塞连杆立体图

课题二 装配图的表达方法

装配图除了用零件图的各种表达方法(如视图和剖视图等)外,根据表达的需要,另外还有规定画法和特殊画法。

一、规定画法

(1)两个(或两个以上)金属零件相互邻接时,剖面线的倾斜方向应当相反,或者方向一致,但间隔不等,以示区别。如图 6-1 所示。

(2)相邻零件的接触表面和配合表面只画一条粗实线,不接触表面和非配合表面应画两条粗实线,如图 6-3 所示。

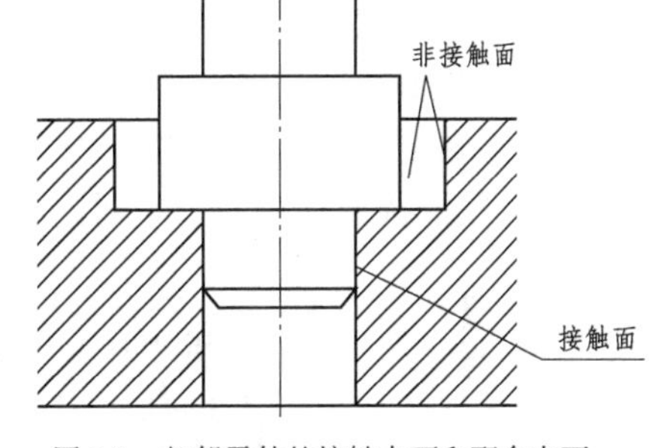

图 6-3 相邻零件的接触表面和配合表面

(3)同一零件在各视图中的剖面线方向和间隔必须一致,如图 6-3 所示。

(4)当剖切平面通过螺钉、螺母、垫圈等标准件及实心件,如轴、手柄、连杆、键、销、球等的轴线时,这些零件均按不剖绘制。当它们的孔和槽需要表达时,可采用局部剖视表达。当剖切平面垂直这些零件的轴线时,则应画剖面线,如图 6-4 所示。

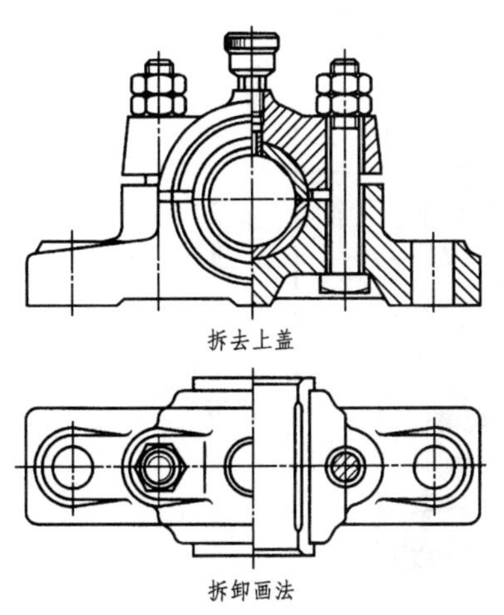

图 6-4 滑动轴承

二、特殊画法

1. 拆卸画法

装配图上的某些零件,在某个视图上的位置和基本连接关系等已表达清楚时,为了避免遮盖某些零件的投影,在其他视图上可假想将这些零件拆去不画,注明“拆去 × × 等”。如图 6-4 所示,其俯视图为沿轴承盖与轴承座的结合面剖开，拆去上面部分，以表达轴瓦与轴承座的装配情况。拆去的零件号应在该视图上方注明。装配体中沿盖、座结合面剖开的画法，零件的结合面不要画剖面线。

2. 假想画法

（1）在装配图中为了表示某些零件的运动范围和极限位置时，可用双点画线画出该零件的极限位置图，图6-5中手柄所示的位置，是运动件极限位置的假想画法。

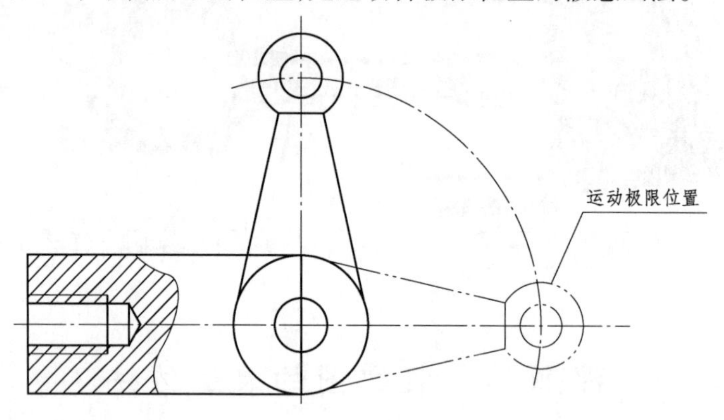

图6-5　假想画法

（2）当需要表达本部件与相邻部件间的装配关系时，可用双点画线画出相邻部件的轮廓线，如图6-6中的主轴箱所示的位置。

3. 展开画法

为了表示传动机构的传动路线和装配关系，可假想用剖切平面沿传动路线上各轴线顺序剖切，并依次展开在同一平面内，画出其剖视图，这种画法称为展开画法，图6-6所示。

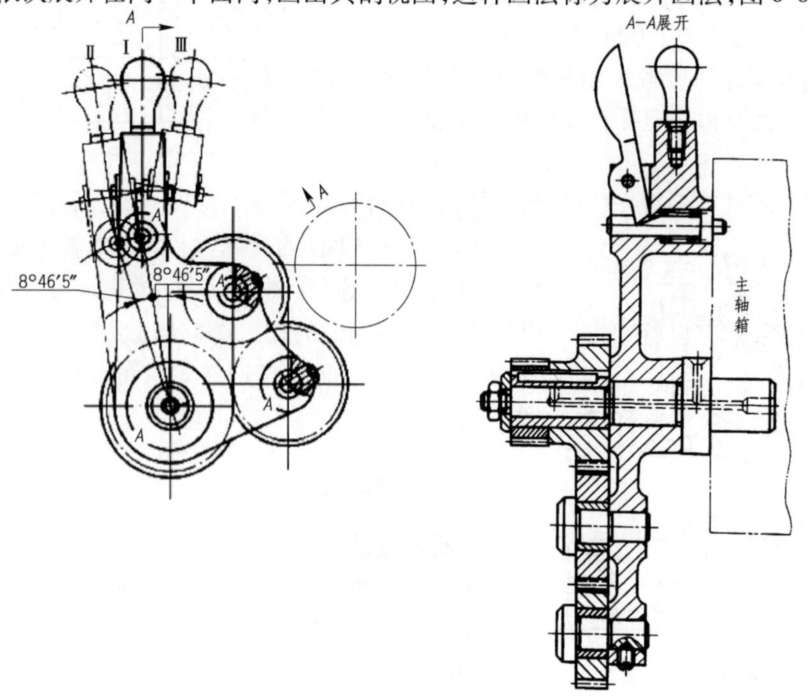

图6-6　轮系的展开画法

4. 简化画法

(1)装配图中若干相同的零件组,如螺栓、螺钉等允许只画出一组,其余用细点画线表示中心位置即可,如图 6-7 所示。

(2)装配图中的零件的工艺结构,如小圆角、倒角、倒圆、退刀槽等允许省略不画;螺纹紧固件也可采用简化画法。

(3)装配图中滚动轴承允许按规定画法绘制。

5. 夸大画法

装配图中的薄片、细金属丝、小间隙、小斜度、小锥度等允许夸大画出。对于厚度、直径小于或等于 2mm 的薄、细零件,可用涂黑代替剖面符号,如图 6-7 所示。

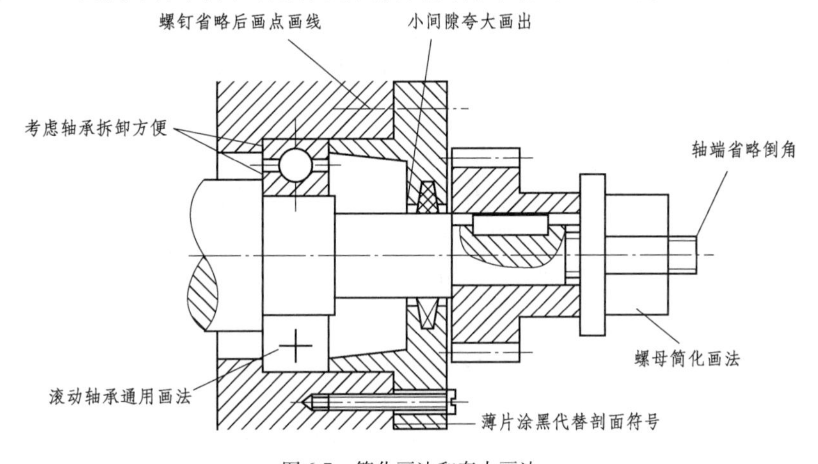

图 6-7 简化画法和夸大画法

课题三 装配图的其他内容

一、尺寸标注

装配图上应标注与装配体有关的性能、装配、外形、安装等尺寸,不必注出全部尺寸。

1. 性能尺寸

性能尺寸是指用以表明装配体工作性能或规格的尺寸。

2. 装配尺寸

装配尺寸是指装配体上零件间相互配合时有公差要求的尺寸及保证零件相对位置的尺寸。

3. 安装尺寸

安装尺寸是指机器或部件安装在某个固定位置时所需要的尺寸。

4. 总体尺寸

总体尺寸是指装配体外形轮廓和所占空间的尺寸,即总长、总宽、总高尺寸。

5. 其他重要尺寸

根据装配体的结构特点和需要,必须标注的重要尺寸。

二、技术要求

装配图上的技术要求主要是针对该装配体的工作性能、装配及检验要求、调试要求及使用与维修等方面所提出的,一般采用文字注写在明细栏的上方或图样空位处。

三、零件序号和明细栏

为了便于读图和图样管理,必须对装配体中每种零部件编写序号,并在标题栏上方编写相应的明细栏。

1. 零、部件序号的编写

为了便于看图和图样管理,装配图中所有零、部件都必须编写序号。相同的零部件编写一个序号,一般只标注一次。序号应注写在视图外明显的位置。序号的注写形式,如图6-8所示。

(1)在所指零、部件的可见轮廓内画一圆点,然后从圆点开始画指引线(细实线),在指引线的另一端画水平线或圆(细实线),在水平线上或圆内注写序号,序号的字高比装配图中所注尺寸数字的高度大一号或两号,如图6-8a)所示。

(2)在指引线的另一端附近直接注写序号,序号字高比装配图中所注尺寸数字高度大两号,如图6-8b)所示。

(3)若所指部分(很薄的零件或涂黑的剖面)内不便画圆点时,可在指引线的末端画出箭头,并指向该部分的轮廓,如图6-8c)所示。在同一装配图中,编写序号的形式应一致。

(4)指引线相互不能交叉;当通过有剖面线的区域时,指引线不应与剖面线平行;必要时,指引线可以画成折线,但只可曲折一次,如图6-8d)所示。

(5)一组紧固件以及装配关系清楚的零件组,可以采用公共指引线,如图6-8e)所示。

(6)序号应按顺时针(或逆时针)方向整齐地顺序排列。如在整个图上无法连续时,只可在每个水平或垂直方向顺此排列,如图6-8f)所示。

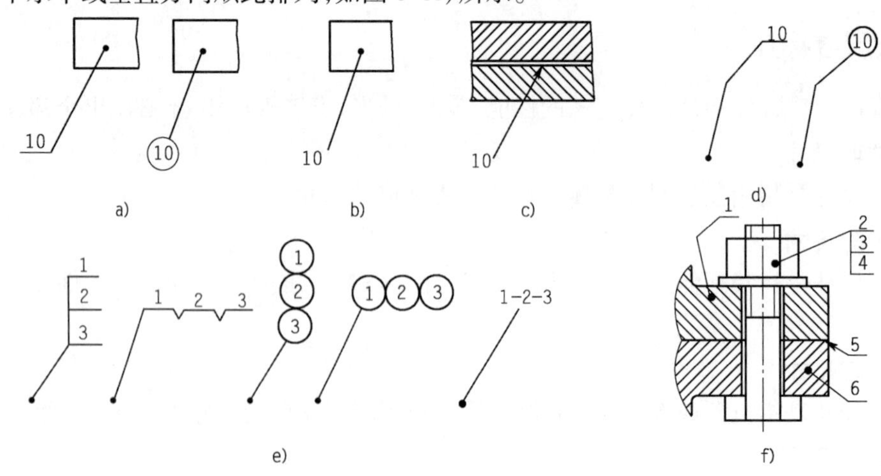

图6-8 零件序号的写法

2. 零件明细栏的编写

明细栏一般配置在装配图中标题栏上方,并与标题栏平齐。填写序号时应按由下而上进行。当标题栏上方位置不够时,可在标题栏左方继续列表由下向上填写。

四、装配图的工艺结构

装配体内的各零件结构除要达到设计要求外,还要考虑其装配工艺,否则会影响装配质量,装卸困难,甚至达不到设计要求。

(1)当轴与孔配合且轴肩与孔的端面相互接触时,应在孔的接触端面制成倒角或在轴肩根部切槽,以保证有良好的接触,如图6-9所示。

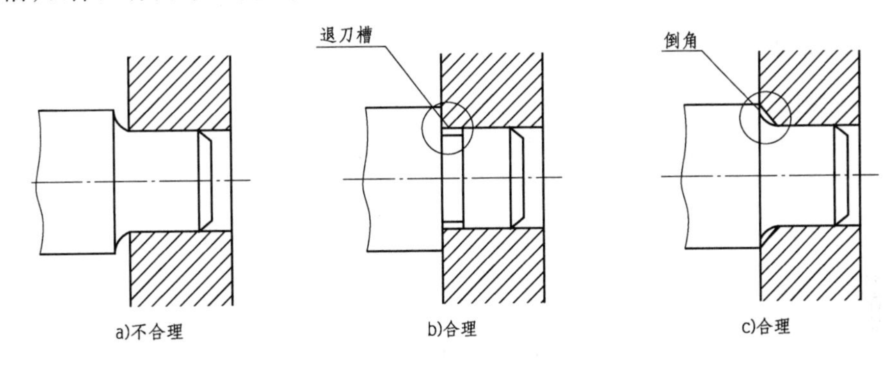

图6-9 常见工艺结构(一)

(2)当两零件接触时,在同方向上的接触面最好只有一个,这样既可满足装配要求,又给制造带来方便,如图6-10所示。

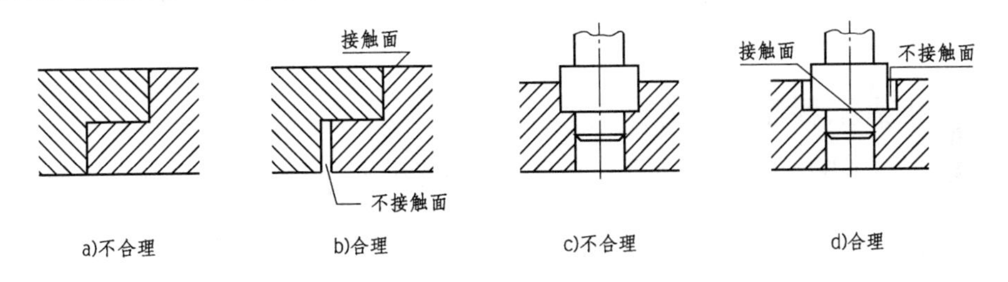

图6-10 常见工艺结构(二)

(3)由于锥面配合能同时确定轴向和径向的位置,因此,当锥孔不通时,锥体和锥孔之间的底部必须留有间隙,如图6-11所示。

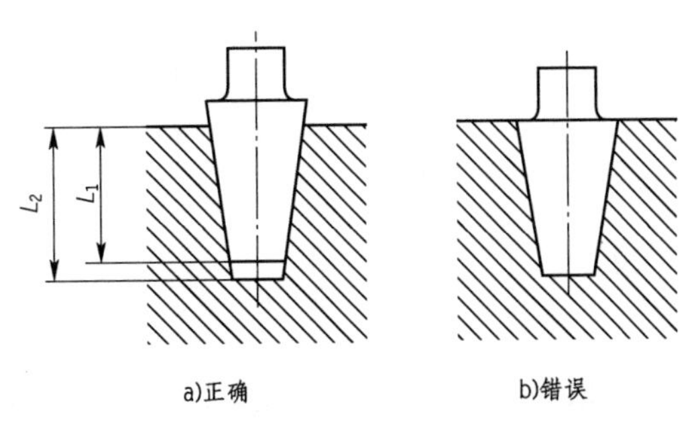

图6-11 常见工艺结构(三)

课题四　识读装配图

装配图是表达设计意图和设计要求的过程。而读装配图是通过对图形、尺寸、标题栏、明细栏及技术要求的分析,了解设计意图和要求的过程。只有读懂装配图,才能在装配时,将零件正确地组装成部件和机器;在维修时,才能进行正确地拆装,准确地分析和解决问题;在技术交流时,才能表达清楚。为此,我们一定要掌握装配图的识读。

一、概括了解

1. 了解标题栏

从标题栏中可了解装配体的名称、比例和大致用途。

2. 了解明细栏

从明细栏和序号可知零件的名称、数量、材料和种类等,从而略知其大致的组成情况及复杂程度。

3. 初步看视图

分析表达方法和各视图之间的关系,可弄清各视图表达重点。

二、了解装配关系和工作原理

在一般了解的基础上,结合有关说明书,分析装配体的装配关系和工作原理,这是看装配图的一个重要的环节。分析各装配干线,弄清零件相互的配合、定位和连接方式。此外,对运动件的润滑、密封形式等,也要有所了解。

三、分析视图,看懂零件的结构形状

分析视图,了解各视图、剖视图、断面图等之间的投影关系及表达意图。了解各零件的主要作用,看懂零件的主要结构。分析零件时,应从主要视图中的主要零件开始分析,可按"先简单,后复杂"的顺序进行。有些零件在装配图上不一定完全表达清楚,可配合零件图来读装配图。

常用的分析方法有:

(1)利用剖面线的方向和间隔不同来分析。同一零件的剖面线,在各个视图上方向、间隔都是一致的。

(2)利用规定画法来分析。如实心件在装配图中规定沿轴线方向剖开的可不画剖面线,据此能迅速地将丝杆、手柄、螺钉、键、销等零件区别出来。

(3)利用零件序号,对照明细栏来分析。

四、分析尺寸和技术要求

1. 尺寸分析

找出装配图中的性能(规格)尺寸、装配尺寸、安装尺寸、总体尺寸和其他重要尺寸。

2. 技术分析

一般是对装配体提出的装配要求、检验要求和使用要求等进行分析。

拆画零件图的过程中,要注意以下几个问题:

(1)在装配图中没有表达清楚的结构,要根据零件功用、零件结构和装配关系,加以补充完善。

(2)装配图上省略的细小结构、圆角、倒角、退刀槽等,在拆画零件图时均应补上。

(3)装配图主要是表达装配关系。因此,考虑零件视图方案时,不应该简单照抄,要根据零件的结构形状重新选择适当的表达方案。

(4)零件图的各部分尺寸大小在装配图上按比例直接量取,并补全装配图上没有的尺寸的表面结构符号、尺寸公差、几何公差等技术要求。

五、识读装配图示例

(一)识读齿轮油泵装配图(图6-12)

步骤:

1. 了解标题栏

从标题栏中可知该装配体名称是齿轮油泵。齿轮油泵的内部有一对相互啮合(一般有内啮合和外啮合之分)的齿轮,通过这对啮合齿轮连续转动来实现油泵的吸油与泵油过程。

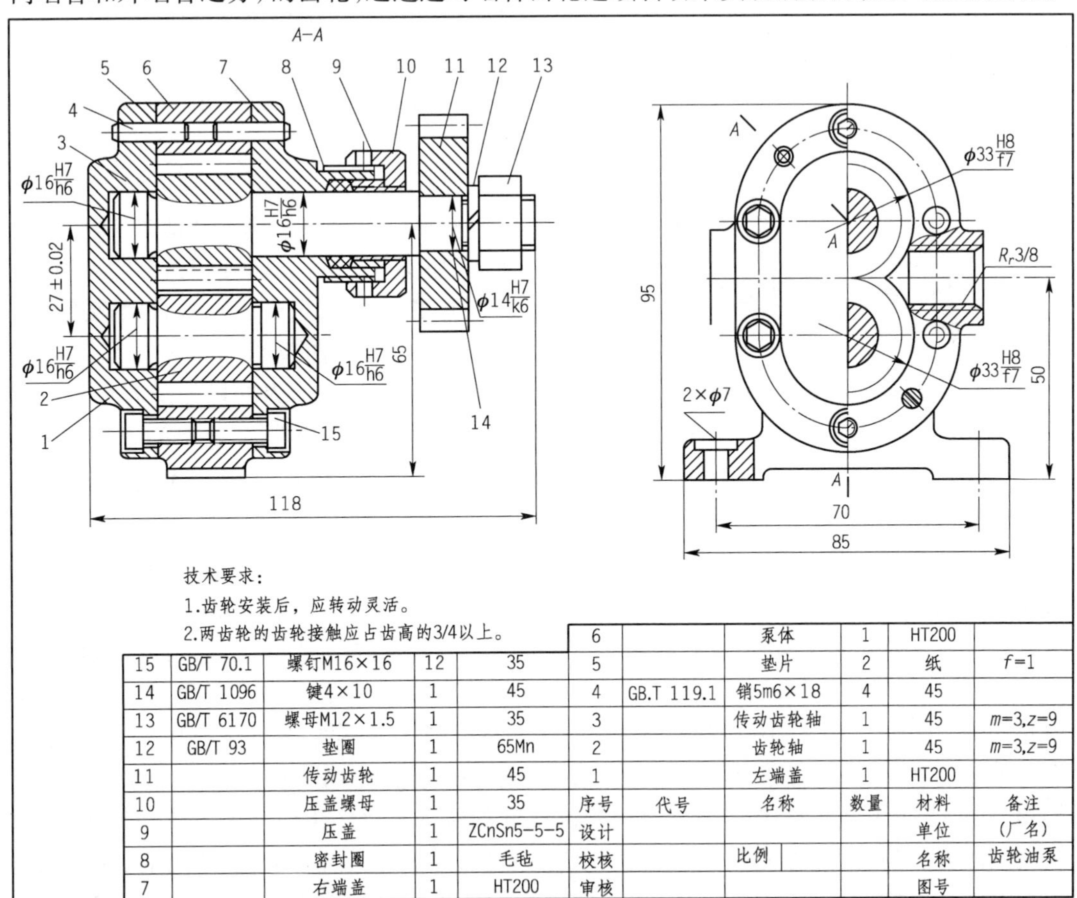

序号	代号	名称	数量	材料	序号	代号	名称	数量	材料	备注
					6		泵体	1	HT200	
15	GB/T 70.1	螺钉M16×16	12	35	5		垫片	2	纸	$f=1$
14	GB/T 1096	键4×10	1	45	4	GB.T 119.1	销5m6×18	4	45	
13	GB/T 6170	螺母M12×1.5	1	35	3		传动齿轮轴	1	45	$m=3,z=9$
12	GB/T 93	垫圈	1	65Mn	2		齿轮轴	1	45	$m=3,z=9$
11		传动齿轮	1	45	1		左端盖	1	HT200	
10		压盖螺母	1	35	序号	代号	名称	数量	材料	备注
9		压盖	1	ZCnSn5-5-5	设计				单位	(厂名)
8		密封圈	1	毛毡	校核		比例		名称	齿轮油泵
7		右端盖	1	HT200	审核				图号	

图6-12 齿轮泵装配图

2. 了解明细栏

从明细栏和序号可知齿轮油泵共由 15 种零件组成，其中标准件有 5 种，其他为专用件。

3. 初步看视图

该齿轮油泵装配图共采用了 2 个基本视图表达。主视图采用全剖视，表达各零件之间的装配关系。左视图采用沿左端盖处的垫片与泵体结合面剖开，以表达了油泵的外形、工作原理，右视图中运用局部剖视的方法来表达油孔位置与尺寸。

4. 了解齿轮油泵的装配关系与工作原理

读主视图可知：泵体 6 内腔有一对相互啮合齿轮，即齿轮轴 2 和传动齿轮轴 3（齿轮与支承其运动的轴制成一体）。将两齿轮装入后，由左端盖 1 和右端盖 7 支承这一对齿轮转动，左、右端盖 1、7 先通过 2 个定位销 4 定位，再由 12 个螺钉 15 将其固定在泵体两端。为了防止端盖 1、7 与泵体之间漏油，调整啮合齿轮与左、右端盖之间的端隙，所以在左、右端盖与泵体之间装有垫片 5；为了防止传动齿轮轴 3 与右端盖 7 之间漏油，在右端盖 7 最右端与传动齿轮轴之间设计有密封装置（即密封圈 8、压盖 9 和压盖螺母 10）。传动齿轮轴右端装有传动齿轮 11、垫片 12 和螺母 13，为传动齿轮轴提供旋转动力。

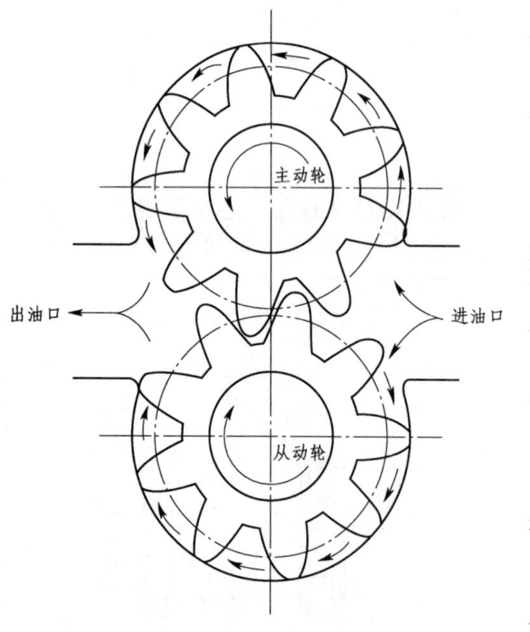

图 6-13 齿轮泵工作原理

左视图可反映齿轮油泵工作原理，如图 6-13所示。当主动齿轮逆时针方向转动时，带动从动齿轮顺时针方向旋转，在两齿轮啮合区的右边，由于两齿轮由相互啮合状态逐渐进入分离状态，使密封的容积逐渐增大，形成真空区而吸油，齿轮齿间槽内的机油随着齿轮的旋转被带到齿轮啮合区的左边，由于齿轮由分离状态逐渐进入啮合状态，使密封的容积不断减小，形成高压区。齿轮连续地转动，油泵便不断地将机油从一端吸入，从另一端高压排出。

5. 分析尺寸，了解技术要求

齿轮油泵装配图中标注的装配尺寸有四处，ϕ16H7/h6 是齿轮轴 2、传动齿轮轴 3 与左、右端盖的配合尺寸，ϕ14H7/k6 是传动齿轮轴与传动齿轮的配合尺寸；ϕ33H8/f7 是主、从动齿轮 2、3 与泵体 6 的径向配合尺寸，两者配合间隙过小影响油泵正常工作，若间隙过大，则影响油泵的泵油压力与泵油量；27 ±0.02 是油泵重要的性能尺寸，其加工精度将直接影响两齿轮的啮合间隙，间隙过小影响油泵正常工作，若间隙过大，油泵的泵油压力与泵油量下降。

从油泵的结构与工作原理不难看出，泵体与左、右端盖间的垫片 5 厚度对油泵的工作性能影响极大，如间隙过大，将造成油泵内部高压区的机油直接经齿轮端面回流到低压区，形成所谓的内泄漏，造成泵油量、泵油压力下降。所以，在对油泵进行装配、维修时，应加强对齿轮的啮合间隙、齿轮的侧隙以及齿轮端隙进行检查与调整。此外，还有安装尺寸 70，总体尺寸 118、95、85 和其他重要尺寸。

(二)识读水泵装配图(图 6-14)

步骤:

1. 概括了解

由图 6-14 的标题栏得知该装配体的名称为水泵。在发动机前端直接将水泵壳体安装在机体上。水泵的主要作用是对冷却液加压,使发动机冷却液在冷却系中循环流动。

2. 了解装配体的比例大小,各组成零件的名称、数量、材料等

由图 6-14 标题栏知所用的比例为 1∶1,即绘制图形的大小与实际装配体相同。由明细表可知,它由 10 种零件组成,了解到每个零件的名称、数量和材料等。

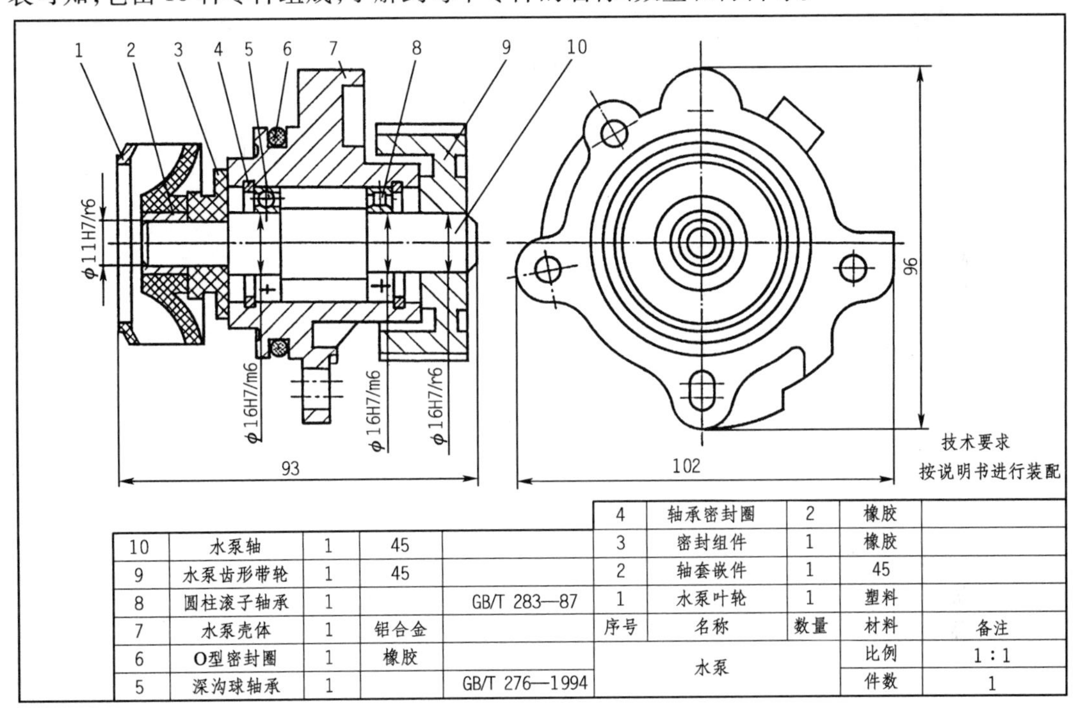

序号	名称	数量	材料	备注
10	水泵轴	1	45	
9	水泵齿形带轮	1	45	
8	圆柱滚子轴承	1		GB/T 283—87
7	水泵壳体	1	铝合金	
6	O型密封圈	1	橡胶	
5	深沟球轴承	1		GB/T 276—1994
4	轴承密封圈	2	橡胶	
3	密封组件	1	橡胶	
2	轴套嵌件	1	45	
1	水泵叶轮	1	塑料	

水泵	比例	1∶1
	件数	1

图 6-14 水泵装配图

3. 分析视图表达方法

由图 6-7 知采用两个基本视图,主视图采用全剖视图,主要表达水泵的叶轮、密封件、轴承、壳体、齿形带轮和轴的装配关系;左视图表达从左边看到的水泵外形。

4. 分析各零件间的连接方式和装配关系

由图 6-7 知在发动机前端直接将水泵壳体安装在机体上,通过 O 形密封圈起密封作用;叶轮通过轴套嵌件与轴连接,轴与轴套嵌件为过盈配合;轴承与轴为过渡配合;轴与齿形带轮为过盈配合;通过齿形带轮把运动传递给轴,由轴带动叶轮转动,达到把冷却液从轴向进入水泵,经叶轮后径向直接进入机体水套的目的。由密封组件和轴承密封圈起密封作用。通过水泵壳体上的孔很方便地安装在机体的前端。

5. 分析必要的尺寸

Φ11H7/r6 是轴与轴套嵌件的配合尺寸,Φ16H7/m6 是轴承与轴的配合尺寸,Φ16H7/r6 是轴与齿形带轮的配合尺寸,93 是水泵总长尺寸,102 是水泵总宽尺寸,96 是水泵总高尺寸。

6. 分析技术要求

(1)Φ11H7/r 6 的基本尺寸为 Φ11,孔的基本偏差代号为 H,是基准孔,公差等级为 7 级,轴的基本偏差代号为 r 公差等级为 6 级,是基孔制的过盈配合。

图 6-15　汽车水泵立体图

(2)Φ16H7/m6 的基本尺寸为 Φ16,孔的基本偏差代号为 H,是基水泵立体图准孔,公差等级为 7 级,轴的基本偏差代号为 m,公差等级为 6 级,是基孔制的过渡配合。

(3)Φ16H7/r 6 基本尺寸为 Φ16,孔的基本偏差代号为 H,是基准孔,公差等级为 7 级,轴的基本偏差代号为 r,公差等级为 6 级,是基孔制的过盈配合。

7. 综合归纳、想象整体

经上述分析后,进行综合归纳,想象出水泵的整体形状(图 6-15)。

附　　录

一、螺纹(附表1~附表3)

普通螺纹直径与螺距(摘自 GB/T 193—2003)(单位:mm)　　　　附表1

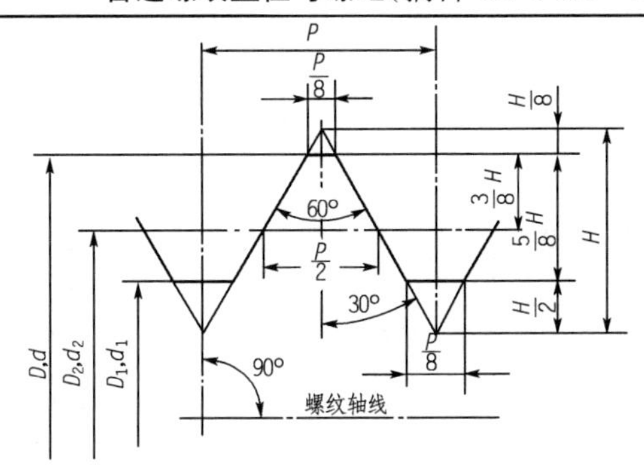

D——内螺纹大径

d——外螺纹大径

D_2——内螺纹中径

d_2——外螺纹中径

D_1——内螺纹小径

P——螺矩

标记示例:

M10－6g(粗牙普通外螺纹、公称直径 $d=10$、右旋、中径及大径公差带均为6g、中等旋合长度)

M10×1LH－6H(细牙普通内螺纹、公称直径 $D=10$、螺距 $P=1$、左旋、中径及小径公差带均为6H、中等旋合长度)

公称直径 D、d			螺距 P		粗牙螺纹小径 D_1、d_1
第一系列	第二系列	第三系列	粗牙	细牙	
4	–	–	0.7	0.5	3.242
5	–	–	0.8		4.134
6	–	–	1	0.75、(0.5)	4.917
	–	7			5.917
8	–	–	1.25	1、0.75、(0.5)	6.647
10	–	–	1.5	1.25、1、0.75、(0.5)	8.376
12	–	–	1.75	1.5、1.25、1、(0.75)、(0.5)	10.106
–	14	–	2		11.835
–	–	15		1.5、(1)	*13.376
16	–	–	2	1.5、1、(0.75)、(0.5)	13.835
–	18	–	2.5	2、1.5、1、(0.75)、(0.5)	15.294
20	–	–			17.294
–	22	–			19.294
24	–		3	2、1.5、1、(0.75)	20.752
–	–	25	–	2、1.5、(1)	22.835
–	27	–	3	2、1.5、1、(0.75)	23.752
30	–	–	3.5	(3)、2、1.5、1、(0.75)	26.211
–	33	–		(3)、2、1.5、1、(0.75)	29.211
–	–	35	–	1.5	*33.37%
36	–	–	4	3、2、1.5(1)	31.670
–	39	–			34.670

注:1. 优先选用第一系列,其次是第二系列,第三系列尽可能不用。
　2. 括号内尺寸尽可能不用。
　3. M141.25 仅用于火花塞;M351.5 仅用于滚动轴承锁紧螺母。
　4. 带"*"者为细牙参数。

梯形螺纹(摘自 GB/T 5796.1～5796.4—2005)(单位:mm)　　附表 2

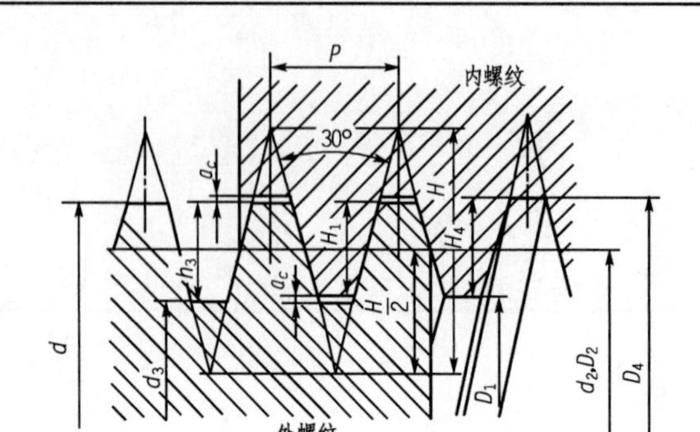

d——外螺纹大径(公称直径)
d_3——外螺纹小径
D_4——内螺纹大径
D_1——内螺纹小径
d_2——外螺纹中径
D_2——内螺纹中径
P——螺距
a_c——牙顶间隙

标记示例:

Tr40×7－7H(单线梯形内螺纹、公称直径 $d=40$、螺距 $P=7$、右旋、中径公差带为 7H、中等旋合长度)

Tr60×18(P9)LH－8e－L(双线梯形外螺纹、公称直径 $d=60$、导程 $S=18$、螺距 $P=9$、左旋、中径公差为 8e、长旋合长度)

梯形螺纹的基本尺寸

d 公称系列		螺距	中径	大径	小径		d 公称系列		螺距	中径	大径	小径	
第一系列	第二系列	P	$d_2=D_2$	D_4	d_3	D_1	第一系列	第二系列	P	$d_2=D_2$	D_4	d_3	D_1
8	–	1.5	7.25	8.3	6.2	6.5	32	–		29.0	33	25	26
–	9		8.0	9.5	6.5	7	–	34	6	31.0	35	27	28
10	–	2	9.0	10.5	7.5	8	36	–		33.0	37	29	30
–	11		10.0	11.5	8.5	9	–	38		34.5	39	30	31
12	–	3	10.5	12.5	8.5	9	40	–	7	36.5	41	32	33
–	14		12.5	14.5	10.5	11	–	42		38.5	43	34	35
16	–		14.0	16.5	11.5	12	44	–		40.5	45	36	37
–	18	4	16.0	18.5	13.5	14	–	46		42.0	47	37	38
20	–		18.0	20.5	15.5	16	48	–	8	44.0	49	39	40
–	22		19.5	22.5	16.5	17	–	50		46.0	51	41	42
24	–	5	21.5	24.5	18.5	19	52	–		48.0	53	43	44
–	26		23.5	26.5	20.5	21	–	55	9	50.5	56	45	46
28	–		25.5	28.5	22.5	23	60	–		55.5	61	50	51
–	30	6	27.0	31.0	23.0	24	–	65	10	60.0	65	54	55

注:1. 优先选用第一系列的直径。

2. 表中所列螺距和直径,是优先选择的螺距及与之对应的直径。

管　螺　纹

附表 3

用螺纹密封的管螺纹(摘自 GB/T 7306—2000)

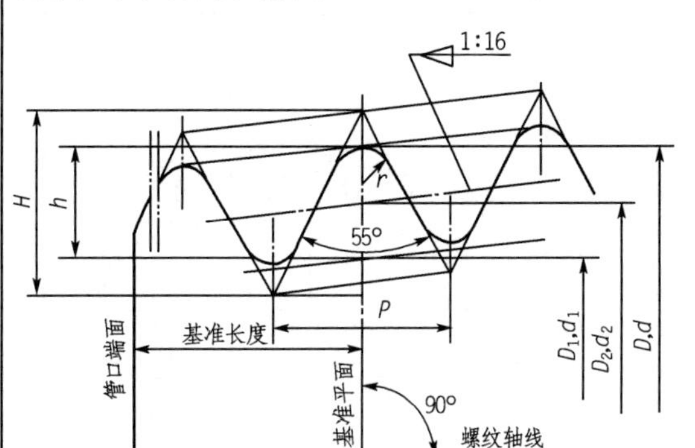

非螺纹密封的管螺纹(摘自 GB/T 7307—2001)

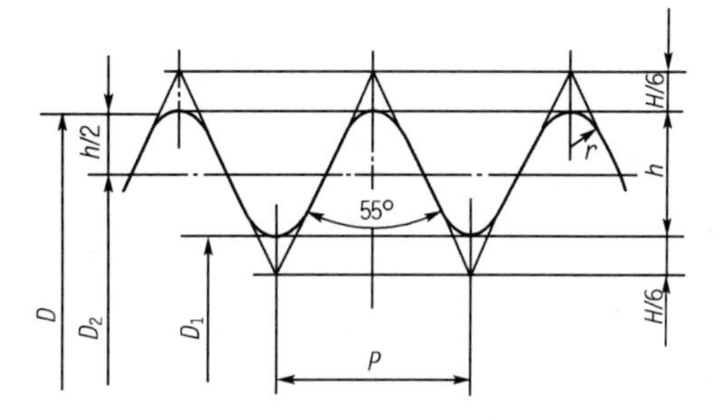

标记示例:

R1/2(尺寸代号 1/2,右旋圆锥外螺纹)

Rc1/2-LH(尺寸代号 1/2,左旋圆锥内螺纹)

Rp1/2(尺寸代号 1/2,右旋圆柱内螺纹)

标记示例:

G1/2-LH(尺寸代号 1/2,左旋内螺纹)

G1/2A(尺寸代号 1/2,A 级右旋外螺纹)

G1/2-LH(尺寸代号 1/2,B 级左旋外螺纹)

尺寸代号	基面上的直径(GB/T 7306) 基本直径(GB/T 7307)			螺距 P (mm)	牙高 h (mm)	圆弧半径 r (mm)	每 25.4mm 内的牙数 n	有效螺纹长度 (GB/T 7306) (mm)	基准的基本长度 (GB/T 7306) (mm)
	大径 $d = D$(mm)	中径 $d_2 = D_2$(mm)	小径 $d_1 = D_1$(mm)						
1/16	7.723	7.142	6.561	0.907	0.581	0.125	28	6.5	4.0
1/8	9.728	9.147	8.566					6.5	4.0
1/4	13.157	12.301	11.445	1.337	0.856	0.184	19	9.7	6.0
3/8	16.662	15.806	14.950					10.1	6.4
1/2	20.955	19.793	18.631	1.814	1.162	0.249	14	13.2	8.2
3/4	26.441	25.279	24.117					14.5	9.5
1	33.249	31.770	30.291	2.309	1.479	0.317	11	16.8	10.4
$1^{1/4}$	41.910	40.431	38.952					19.1	12.7
$1^{1/2}$	47.803	46.324	44.845					19.1	12.7
2	59.614	58.135	56.656					23.4	15.9
$2^{1/2}$	75.184	73.705	72.226					26.7	17.5
3	87.884	86.405	84.926					29.8	20.6
4	113.030	111.551	110.072					35.8	25.4
5	138.430	136.951	135.472					40.1	28.6
6	163.830	162.351	160.872					40.1	28.6

二、极限与配合(附表4、附表5)

优先及常用配合轴的极限偏差

代号		a	b	c	d	e	f	g	h					
基本尺寸(mm)		公							差					
大于	至	11	11	*11	*9	8	*7	*6	5	*6	*7	8	*9	10
-	3	-270 -330	-140 -200	-60 -120	-20 -45	-14 -28	-6 -15	-2 -8	-0 -4	0 -6	0 -10	0 -14	0 -25	0 -40
3	6	-270 -345	-140 -215	-70 -145	-30 -60	-20 -38	-10 -22	-4 -12	0 -5	0 -8	0 -12	0 -18	0 -30	0 -48
6	10	-280 -370	-150 -240	-80 -170	-40 -76	-25 -47	-13 -28	-5 -14	0 -6	0 -9	0 -15	0 -22	0 36	0 -58
10	14	-290 -400	-150 -260	-95 -205	-50 -93	-32 -59	-16 -34	-6 -17	0 -8	0 -11	0 -18	0 -27	0 -43	0 -70
14	18													
18	24	-300 -430	-160 -290	-110 -240	-65 -117	-40 -73	-20 -41	-7 -20	0 -9	0 -13	0 -21	0 -33	0 -52	0 -84
24	30													
30	40	-310 -470	-170 -330	-120 -280	-80 -142	-50 -89	-25 -50	-9 -25	0 -11	0 -16	0 -25	0 -39	0 -62	0 -100
40	50	-320 -480	-180 -340	-130 -290										
50	65	-340 -530	-190 -380	-140 -330	-100 -174	-60 -106	-30 -60	-10 -29	0 -13	0 -19	0 -30	0 -46	0 -74	0 -120
65	80	-360 -550	-200 -390	-150 -340										
80	100	-380 -600	-220 -440	-170 -390	-120 -207	-72 -126	-36 -71	-12 -34	0 -15	0 -22	0 -35	0 -54	0 -87	0 -140
100	120	-410 -630	-240 -460	-180 -400										
120	140	-460 -710	-260 -510	-200 -450	-145 -245	-85 -148	-43 -83	-14 -39	0 -18	0 -25	0 -40	0 -63	0 -100	0 -160
140	160	-520 -770	-280 -530	-210 -460										
160	180	-580 -830	-310 -560	-230 -480										
180	200	-660 -950	-340 -630	-240 -530	-170 -285	-100 -172	-50 -96	-15 -44	0 -20	0 -29	0 -46	0 -72	0 -115	0 -185
200	225	-740 -1030	-380 -670	-260 -550										
225	250	-820 -1110	-420 -710	-280 -570										
250	280	-920 -1240	-480 -800	-300 -620	-190 -320	-110 -191	-56 -108	-17 -49	0 -23	0 -32	0 -52	0 -81	0 -130	0 -210
280	315	-1050 -1370	-540 -860	-330 -650										
315	355	-1200 -1560	-600 -960	-360 -720	-210 -350	-125 -214	-62 -119	-18 -54	0 -25	0 -36	0 -57	0 -89	0 -140	0 -230
355	400	-1350 -1710	-680 -1040	-400 -760										
400	450	-1500 -1900	-760 -1160	-440 -840	-230 -385	-135 -232	-68 -131	-20 -60	0 -27	0 -40	0 -63	0 -97	0 -155	0 -250
450	500	-1650 -2050	-840 -1240	-480 -880										

注:带“*”者为优先选用的,其他为常用的。

表(摘自 GB/T 1800.3、1801—2009)(单位:μm)　　附表4

		js	k	m	n	p	r	s	t	u	v	x	y	z
等级														
*11	12	6	*6	6	*6	*6	6	*6	6	*6	6	6	6	6
0 -60	0 -100	±3	+6 0	+8 +2	+10 +4	+12 +6	+16 +10	+20 +14	–	+24 +18	–	+26 +20	–	+32 +26
0 -75	0 -120	±4	+9 +1	+12 +4	+16 +8	+20 +12	+23 +15	+27 +19	–	+31 +23	–	+36 +28	–	+43 +35
0 -90	0 -150	±4.5	+10 +1	+15 +6	+19 +10	+24 +15	+28 +19	+32 +23	–	+37 +28	–	+43 +34	–	+61 +50
0 -110	0 -180	±5.5	+12 +1	+18 +7	+23 +12	+29 +18	+34 +23	+39 +28	–	+44 +33	–	+51	–	+61
									–		+50 +39	+56 +45	–	71 +60
0 -130	0 -210	±6.4	+15 +2	+1 +8	+28 +15	+35 +22	+41 +28	+48 +35	–	+54 +41	+60 +47	+67 +54	+76 +63	+86 +73
									+54 +41	+61 +48	+68 +55	+77 +64	+88 +75	+101 +88
0 -160	0 -250	±8	+18 +2	+25 +9	+33 +17	+42 +26	+50 +34	+59 +43	+64 +48	+76 +60	+84 +68	+96 +80	+110 +94	+128 +112
									+70 +54	+86 +70	+97 +81	+113 +97	+130 +114	+152 +136
0 -190	0 -300	±9.5	+21 +2	+30 +11	+69 +20	+51 +32	+60 +41	+72 +53	+85 +66	+106 +87	+121 +102	+141 +122	+163 +144	+191 +172
							+62 +43	+78 +59	+94 +75	+121 +102	+139 +120	+165 +146	+193 +174	+229 +210
0 -220	0 -350	±11	+25 +3	+35 +13	+45 +23	+59 +37	+73 +51	+93 +71	+113 +91	+146 +124	+168 +146	+200 +178	+236 +214	+280 +258
							+76 +54	+101 +79	+126 +104	+166 +144	+194 +172	+232 +210	+276 +254	+332 +310
0 -250	0 -400	±12.5	+28 +3	+40 +15	+52 +27	+68 +43	+88 +63	+117 +92	+147 +122	+195 +170	+227 +202	+273 +248	+325 +300	+390 +365
							+90 +65	+125 +100	+159 +134	+215 +190	+253 +228	+305 +280	+365 +340	+440 +415
							+93 +68	+133 +108	+171 +146	+235 +210	+277 +252	+335 +310	+405 +380	+490 +465
0 -290	0 -460	±14.5	+33 +4	+46 +17	+60 +31	+79 +50	+105 +77	+151 +122	+195 +166	+265 +236	+313 +284	+379 +350	+454 +425	+549 +520
							+109 +80	+159 +130	+209 +180	+287 +258	+339 +310	+414 +385	+499 +470	+604 +575
							+113 +84	+169 +140	+225 +196	+313 +284	+369 +340	+454 +425	+549 +520	+669 +640
0 -320	0 -520	±16	+36 +4	+52 +20	+66 +34	+88 +56	+126 +94	+190 +158	+250 +218	+347 +315	+417 +385	+507 +475	+612 +580	+742 +710
							+130 +98	+202 +170	+272 +240	+382 +350	+457 +425	+557 +525	+682 +650	+822 +790
0 -360	0 -570	±18	+40 +4	+57 +21	+73 +37	+98 +62	+144 +108	+226 +190	+304 +268	+426 +390	+511 +475	+626 +590	+766 +730	+936 +900
							+150 +114	+244 +208	+330 +294	+471 +435	+566 +530	+696 +660	+856 +820	+1036 +1000
0 -400	0 -630	±20	+45 +5	+63 +23	+80 +40	+108 +68	+166 +126	+272 +232	+370 +330	+530 +490	+635 +595	+780 +740	+960 +920	+1140 +1100
							+172 +132	+292 +252	+400 +360	+580 +540	+700 +660	+860 +820	+1040 +1000	+1290 +1250

优先及常用配合孔的极限偏差

代号		A	B	C	D	E	F	G	H						
基本尺寸(mm)		公差													
大于	至	11	11	*11	*9	8	*8	*7	6	*7	*8	*9	10	11
-	3	+330 +270	+200 +140	+120 +60	+45 +20	+28 +14	+20 +6	+12 +2	+6 0	+10 0	+14 0	+25 0	+40 0	+60 0
3	6	+345 +270	+215 +140	+145 +70	+60 +30	+38 +20	+28 +10	+16 +4	+8 0	+12 0	+18 0	+30 0	+48 0	+75 0
6	10	+370 +280	+240 +150	+170 +80	+76 +40	+47 +25	+35 +13	+20 +5	+9 0	+15 0	+22 0	+36 0	+58 0	+90 0
10	14	+400 +290	+260 +150	+205 +95	+93 +50	+59 +32	+43 +16	+24 +6	+11 0	+18 0	+27 0	+43 0	+70 0	+110 0
14	18													
18	24	+430 +300	+290 +160	+240 +110	+117 +65	+73 +40	+53 +20	+28 +7	+13 0	+21 0	+33 0	+52 0	+84 0	+130 0
24	30													
30	40	+470 +310	+330 +170	+280 +120	+142 +80	+89 +50	+64 +25	+34 +9	+16 0	+25 0	+39 0	+62 0	+100 0	+160 0
40	50	+480 +320	+340 +180	+290 +130										
50	65	+530 +340	+380 +190	+330 +140	+174 +100	+106 +60	+76 +30	+40 +10	+19 0	+30 0	+46 0	+74 0	+120 0	+190 0
65	80	+550 +360	+390 +200	+340 +150										
80	100	+600 +380	+440 +220	+390 +170	+207 +120	+126 +72	+90 +36	+47 +12	+22 0	+35 0	+54 0	+87 0	+140 0	+220 0
100	120	+630 +410	+460 +240	+400 +180										
120	140	+710 +460	+510 +260	+450 +200	+245 +145	+148 +85	+106 +43	+54 +14	+25 +0	+40 0	+63 0	+100 0	+160 0	+250 0
140	160	+770 +520	+530 +280	+460 +210										
160	180	+830 +580	+560 +310	+480 +230										
180	200	+950 +660	+630 +340	+530 +240	+285 +170	+172 +100	+122 +50	+61 +15	+29 +0	+46 0	+72 0	+115 0	+185 0	+290 0
200	225	+1030 +740	+670 +380	+550 +260										
225	250	+1110 +820	+710 +420	+570 +280										
250	280	+1240 +920	+800 +480	+620 +300	+320 +190	+191 +110	+137 +56	+69 +17	+32 +0	+52 0	+81 0	+130 0	+210 0	+320 0
280	315	+1370 +1050	+860 +540	+650 +330										
315	355	+1560 +1200	+960 +600	+720 +360	+350 +210	+214 +125	+151 +62	+75 +18	+36 0	+57 0	+89 0	+140 0	+230 0	+360 0
355	400	+1710 +1350	+1040 +680	+760 +400										
400	450	+1900 +1500	+1160 +760	+840 +440	+385 +230	+232 +135	+165 +68	+83 +20	+40 0	+63 0	+97 0	+155 0	+250 0	+400 0
450	500	+2050 +1650	+1240 +840	+880 +480										

注:带“*”者为优先选用的,其他为常用的。

表(摘自 GB/T 1800.3、1801—2009)(单位:μm)　　附表5

	JS		K			M	N		P		R	S	T	U
等 级														
12	6	7	6	*7	8	7	6	7	6	*7	7	*7	7	*7
+100 0	±3	±5	0 -6	0 -10	0 -14	-2 -12	-4 -10	-4 -14	-6 -12	-6 -16	-10 -20	-14 -24	–	-18 -28
+120 0	±4	±6	+2 -6	+3 -9	+5 -13	0 -12	-5 -13	-4 -16	-9 -17	-8 -20	-11 -23	-15 -27	–	-19 -31
+150 0	±4.5	±7	+2 -7	+5 -10	+6 -16	0 -15	-7 -16	-4 -19	-12 -21	-9 -24	-13 -28	-17 -32	–	-22 -37
+180 0	±5.5	±9	+2 -9	+6 -12	+8 -19	0 -18	-9 -20	-5 -23	-15 -26	-11 -29	-16 -34	-21 -39	–	-26 -44
+210 0	±6.5	±10	+2 -11	+6 -15	+10 -23	0 -21	-11 -24	-7 -28	-18 -31	-14 -35	-20 -41	-27 -48	–	-33 -54
													-33 -54	-40 -61
+250 0	±8	±12	+3 -13	+7 -18	+12 -27	0 -25	-12 -28	-8 -33	-21 -37	-17 -42	-25 -50	-34 -59	-39 -64	-51 -76
													-45 -70	-61 -86
+300 0	±9.5	±15	+4 -15	+9 -21	+14 -32	0 -30	-14 -33	-9 -39	-26 -45	-21 -51	-30 -60	-42 -72	-55 -85	-76 -106
											-32 -62	-48 -78	-64 -94	-91 -121
+350 0	±11	±17	+4 -18	+10 -25	+16 -38	0 -35	-16 -38	-10 -45	-30 -52	-24 -59	-38 -73	-58 -93	-78 -113	-111 -146
											-41 -76	-66 -101	-91 -126	-131 -166
+400 0	±12.5	±20	+4 -21	+12 -28	+20 -43	0 -40	-20 -45	-12 -52	-36 -61	-28 -68	-48 -88	-77 -117	-107 -147	-155 -195
											-50 -90	-85 -125	-119 -159	-175 -215
											-53 -93	-93 -133	-131 -171	-195 -235
+406 0	±14.5	±23	+5 -24	+13 -33	+22 -50	0 -46	-22 -51	-14 -60	-41 -70	-33 -79	-60 -106	-105 -151	-149 -195	-219 -265
											-63 -109	-113 -159	-163 -209	-241 -287
											-67 -113	-123 -169	-179 -225	-267 -313
+520 0	±16	±26	+5 -27	+16 -36	+25 -56	0 -52	-25 -57	-14 -66	-47 -79	-36 -88	-74 -126	-138 -190	-198 -250	-295 -347
											-78 -130	-150 -202	-220 -272	-330 -382
+570 0	±18	±28	+7 -29	+17 -40	+28 -61	0 -57	-26 -62	-16 -73	-51 -87	-41 -98	-87 -144	-169 -226	-247 -304	-369 -426
											-93 -150	-187 -244	-273 -330	-414 -471
+630 0	±20	±31	+8 -32	+18 -45	+29 -68	0 -63	-27 -67	-17 -80	-55 -95	-45 -108	-103 -166	-209 -272	-307 -370	-467 -530
											-109 -172	-229 -292	-337 -400	-517 -580

三、常用的标准件(附表6～附表13)

六角头螺栓(单位:mm) 附表6

六角头螺栓—C级(摘自GB/T 5780—2016)

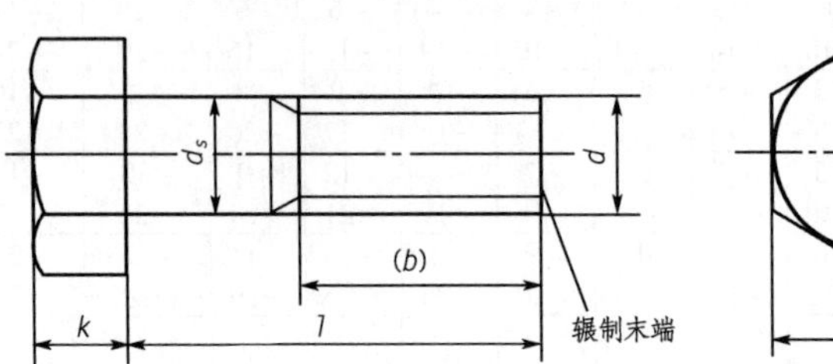

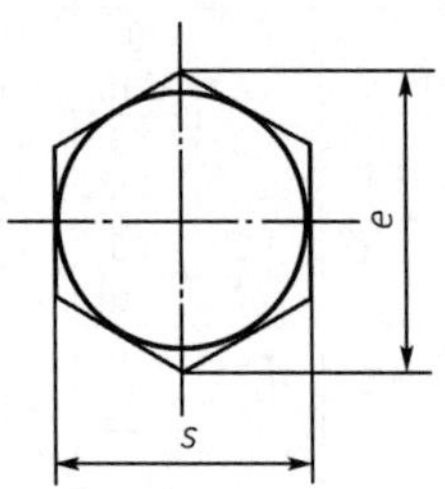

标记示例:

螺栓 GB/T 5780 M20×100(螺纹规格 d=M20、公称长度 l=100、性能等级为4.8级、不经表面处理、杆身半螺纹、C级的六角头螺栓)

六角头螺栓—全螺纹—C级(摘自GB/T 5781—2016)

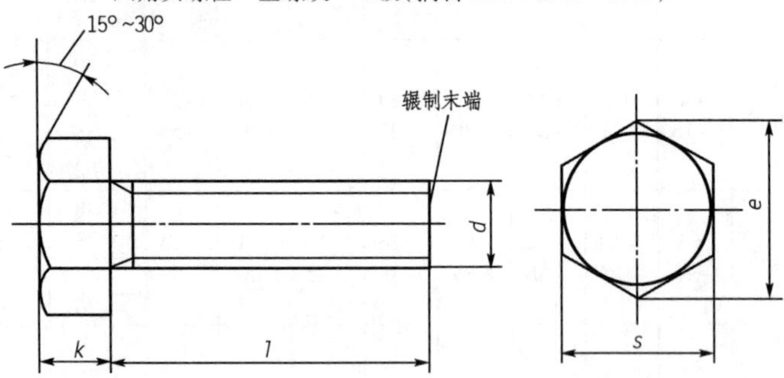

标记示例:

螺栓:GB/T 5781 M12×80(螺纹规格 d=M12、公称长度 l=80、性能等级为4.8级、不经表面处理、全螺纹、C级的六角头螺栓)

螺纹规格 d		M5	M6	M8	M10	M12	M16	M20	M24	M30	M36	M42	M48
$b_{参考}$	l≤125	16	18	22	26	30	38	40	54	66	78	–	–
	125<l≤200	–	–	28	32	36	44	52	60	72	84	96	108
	l>200	–	–	–	–	–	57	65	73	85	97	109	121
$k_{公称}$		3.5	4.0	5.3	6.4	7.5	10	12.5	15	18.7	22.5	26	30
s_{max}		8	10	13	16	18	24	30	36	46	55	65	75
e_{max}		8.63	10.9	14.2	17.6	19.9	26.2	33.0	39.6	50.9	60.8	72.0	82.6
d_{max}		5.48	6.48	8.58	10.6	12.7	16.7	20.8	24.8	30.8	37.0	45.0	49.0
$l_{范围}$	GB/T 5780—1986	25～50	30～60	35～80	40～100	45～120	55～160	65～200	80～240	90～300	110～300	160～420	180～480
	GB/T 5781—1986	10～40	12 50	16 65	20～80	25～100	35～100	40 100	50～100	60～100	70～100	80～420	90～480
$l_{系列}$		10、12、16、20～50(5进位)、(55)、60、(65)、70～160。(10进位)、180、220～500(20进位)											

注:1. 括号内的规格尽可能不用。末端按GB/T 2—2016规定。

2. 螺纹公差:8g(GB/T 5780),6g(GB/T 5871)。机械性能等级:d≤39时,按3.6、4.6、4.8级;d>39时,按协议。

双头螺柱(摘自 GB/T 897 ~ 900—1988)(单位:mm)　　附表 7

b_m = 1d(GB/T 897)　b_m = 1.25d(GB/T 898)　b_m = 1.5d(GB/T 899)　b_m = 2(GB/T 900)

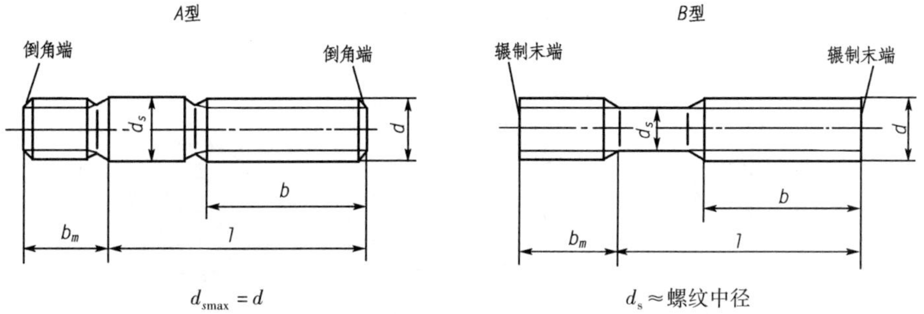

A型　B型

倒角端　倒角端　辊制末端　辊制末端

$d_{smax} = d$　　d_s ≈ 螺纹中径

标记示例:

螺柱　GB/T 900　M10 × 50(两端均为粗牙普通螺纹、d = 10、l = 50、性能等级为 4.8 级、不经表面处理、B 型、b_m = 2d 的双头螺柱)

螺柱　GB/T 900 AM10 - 10 × 1 × 50(旋入机体一端为粗牙普通螺纹、旋螺母端为螺距 P = 1 的细牙普通螺纹、d = 10、l = 50、性能等级为 4.8 级、不经表面处理、A 型、b_m = 2d 的双头螺柱)

螺纹规格 d	b_m(旋入机体端长度)				l(螺柱长度)/b(旋螺母端长度)
	GB/T 897	GB/T 898	GB/T 899	GB/T 900	
M4	-	-	6	8	16 ~ 22/8　25 ~ 40/14
M5	5	6	8	10	16 ~ 22/10　25 ~ 50/16
M6	6	8	10	12	20 ~ 22/10　25 ~ 30/14　32 ~ 75/18
M8	8	10	12	16	20 ~ 22/12　25 ~ 30/16　32 ~ 90/22
M10	10	12	15	20	25 ~ 28/14　30 ~ 38/16　40 ~ 120/26　130/32
M12	12	15	18	24	25 ~ 30/14　32 ~ 40/16　45 ~ 120/26　130 ~ 180/32
M16	16	20	24	32	30 ~ 38/16　40 ~ 55/20　60 ~ 120/30　130 ~ 200/44
M20	20	25	30	40	35 ~ 40/20　45 ~ 65/30　70 ~ 120/38　130 ~ 200/36
(M24)	24	30	36	48	45 ~ 50/25　55 ~ 75/35　80 ~ 120/46　130 ~ 200/52
(M30)	30	38	45	60	60 ~ 65/40　70 ~ 90/50　95 ~ 120/66　130 ~ 200/72　210 ~ 250/85
M36	36	45	54	72	65 ~ 75/45　80 ~ 110/60　120/78　130 ~ 200/84　210 ~ 300/97
M42	42	52	63	84	70 ~ 80/50　85 ~ 110/70　120/90　130 ~ 200/96　210 ~ 300/109
M48	48	60	72	96	80 ~ 90/60　95 ~ 110/80　120/102　130 ~ 200/108　210 ~ 300/121
$l_{系列}$	12、(14)、16、(18)、20、(22)、25、(28)、30、(32)、35、(38)、40、45、50、55、60、(65)、70、75、80、(85)、90、(95)、100 ~ 260(10 进位)、280、300				

注:1. 尽可能不采用括号内的规格,末端按 GB/T 2—2016 规定。

2. b_m = 1d,一般用于钢对钢;b_m = (1.25 ~ 1.5)d,一般用于钢对铸铁;b_m = 2d,一般用于钢对铝合金。

I 型六角螺母（单位：mm）

附表 8

I 型六角螺母—A 和 B 级（摘自 GB/T 6170—2015）

I 型六角头螺母—细牙—A 和 B 级（摘自 GB/T 6171—2016）

I 型六角型螺母—C 级（摘自 GB/T41—2016）

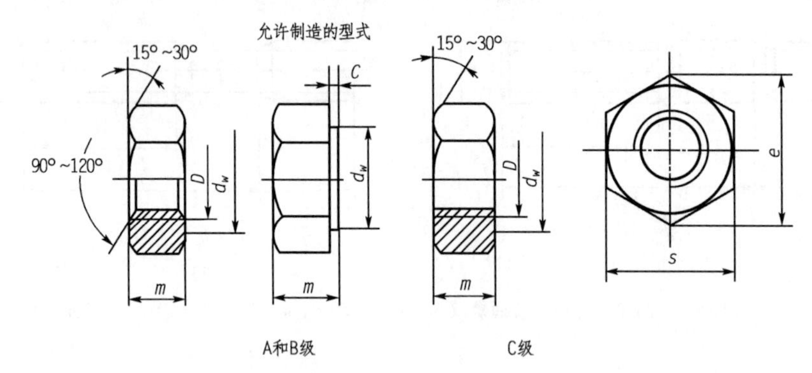

标记示例：

螺母 GB/T 41 M12

（螺纹规格 D = M12、性能等级为 5 级、不经表面处理、C 级的 1 型六角螺母）

螺母 GB/T 6171 M24 × 2

（螺纹规格 D = M24、螺距 P = 2、性能等级为 10 级、不经表面处理、B 级的 I 型细牙六角螺母

螺纹规格	D	M4	M5	M6	M8	M10	M12	M16	M20	M24	M30	M36	M42	M48
	$D \times P$	–	–	–	M8 × 1	M10 × 1	M12 × 15	M16 × 15	M20 × 2	M24 × 2	M30 × 2	M36 × 3	M42 × 3	M48 × 3
c		0.4	0.5		0.6			0.8					1	
s_{max}		7	8	10	13	16	18	24	30	36	46	55	65	75
e_{min}	A、B 级	7.66	8.79	11.05	14.39	17.77	20.03	26.75	32.95	39.95	50.85	60.79	72.02	82.6
	C 级	–	8.63	10.89	14.2	17.59	19.85	26.17						
m_{max}	A、B 级	3.2	4.7	5.2	6.8	8.4	10.8	14.8	18	21.5	25.6	31	34	38
	C 级	–	5.6	6.1	7.9	9.5	12.2	15.9	18.7	22.3	26.4	31.5	34.9	38.9
d_{wmin}	A、B 级	5.9	6.9	8.9	11.6	14.6	16.6	22.5	27.7	33.2	42.7	51.1	60.6	69.4
	C 级	–	6.9	8.7	11.5	14.5	16.5	22						

注：1. P——螺距。

2. A 级用于 $D \leqslant 16$ 的螺母；B 级用于 $D > 16$ 的螺母；C 级用于 $D \geqslant 5$ 的螺母。

3. 螺纹公差：A、B 级为 6H，C 级为 7H。机械性能等级：A、B 级为 6、8、10 级，C 级为 4、5。

垫圈(单位:mm) 附表 9

平垫圈—A 级(摘自 GB/T 97.1—2002)

平垫圈—C 级(摘自 GB/T 95—2002)

平垫圈 倒角型—A 级(摘自 GB/T 97.2—2002)

标准型弹簧垫圈(摘自 GB/T 93—1987)

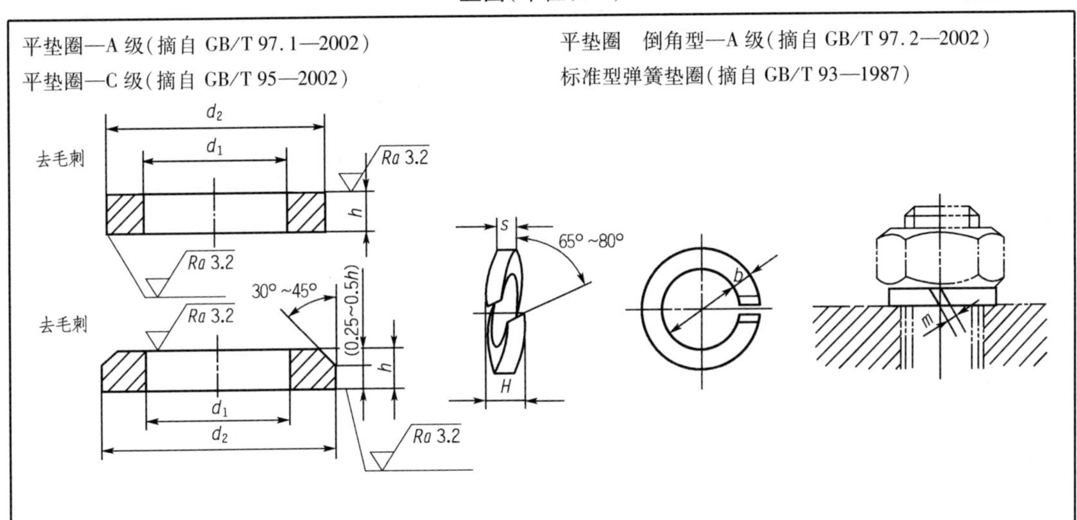

标记示例:

垫圈 GB/T 95 8-100HV(标准系列、公称尺寸 $d=8$、性能等级为 100HV 级、不经表面处理的平垫圈)

垫圈 GB/T93 10(规格 10、材料为 65Mn、表面氧化的标准型弹簧垫圈)

公称尺寸 d (螺纹规格)		4	5	6	8	10	12	14	16	20	24	30	36	42	48
GB/T 97.1—2002 (A 级)	d_1	4.3	5.3	6.4	8.4	10.5	13.0	15	17	21	25	31	37	–	–
	d_2	9	10	12	16	20	24	28	30	37	44	56	66	–	–
	h	0.8	1	1.6	1.6	2	2.5	2.5	3	3	4	4	5	–	–
GB/T 97.2—2002 (A 级)	d_1	–	5.3	6.4	8.4	10.5	13	15	17	21	25	31	37	–	–
	d_2	–	10	12	16	20	24	28	30	37	44	56	66	–	–
	h	–	1	1.6	1.6	2	2.5	2.5	3	3	4	4	5	–	–
GB/T 95—2002 (C 级)	d_1	–	5.5	6.6	9	11	13.5	15.5	17.5	22	26	33	39	45	52
	d_2	–	10	12	16	20	24	28	30	37	44	56	66	78	92
	h	–	1	1.6	1.6	2	2.5	2.5	3	3	4	4	5	8	8
GB/T 93—2002	d_1	4.1	5.1	6.1	8.1	10.2	12.2	–	16.2	20.2	24.5	30.5	36.5	42.5	48.5
	$s=b$	1.1	1.3	1.6	2.1	2.6	3.1	–	4.1	5	6	7.5	9	10.5	12
	H	2.8	3.3	4	5.3	6.5	7.8	–	10.3	12.5	15	18.6	22.5	26.3	30

注:1. A 级适用于精装配系列,C 级适用于中等装配系列。

2. C 级垫圈没有 *Ra*3.2 和去毛刺的要求。

平键及键槽各部尺寸（摘自 GB/T 1095～1096—2003）（单位：mm） 附表 10

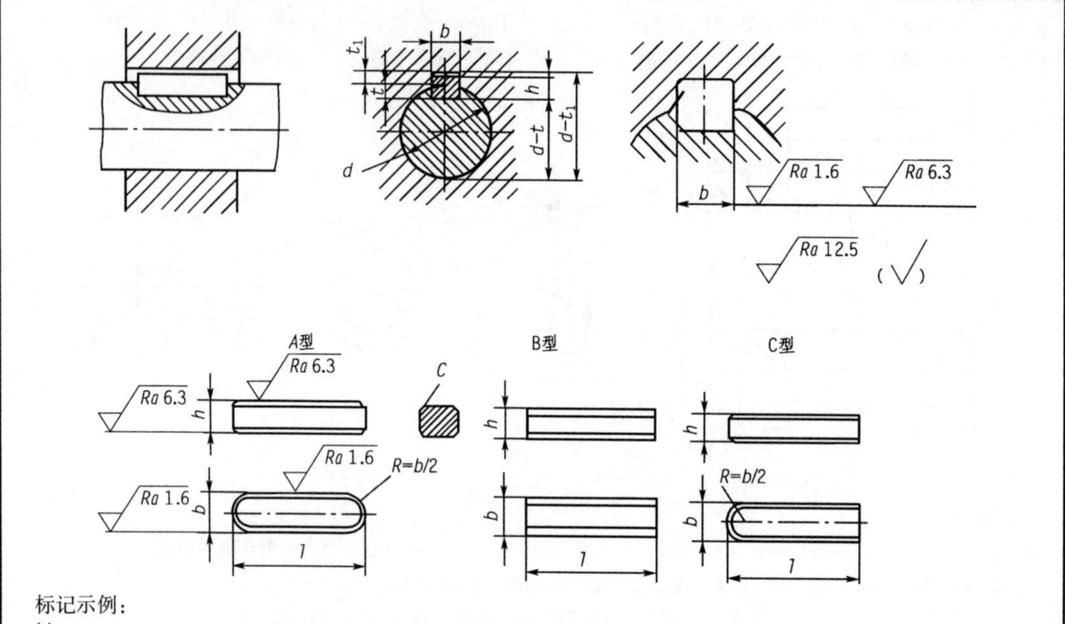

标记示例：

键　16×100　GB/T 1096（圆头普通平键、$b=16$、$h=10$、$l=100$）

键　B1b×100　GB/T 1096（平头普通平键、$b=16$、$h=10$、$l=100$）

键　C16×100　GB/T 1096（单圆头普通平键、$b=16$、$h=10$、$l=100$）

轴	键		键槽											
公称直径 d	公称尺寸 $b\times h$	长度 l	宽度 b						深度				半径 r	
			公称尺寸 b	极限偏差					轴 t		毂 t_1			
				较松键连接		一般键连接		较紧键连接						
				轴 H9	毂 D10	轴 N9	毂 JS9	轴和毂 P9	公称	偏差	公称	偏差	最大	最小
>10～12	4×4	8～45	4	+0.030 0	+0.078 +0.030	0 −0.030	±0.015	−0.012 −0.042	2.5	+0.1	1.8	+0.1 0	+0.08	0.16
>12～17	5×5	10～56	5						3.0		2.3		0.16	0.25
>17～22	6×6	14～70	6						3.5		2.8			
>22～30	8×7	18～90	8	+0.036 0	+0.098 +0.040	0 −0.036	±0.018	−0.015 −0.051	4.0	+0.2 0	3.3	+0.2 0		
>30～38	10×8	22～110	10						5.0		3.3		0.25	0.40
>38～44	12×8	28～140	12	+0.043 0	+0.120 +0.050	0 −0.043	±0.022	−0.018 −0.061	5.0		3.3			
>44～50	14×9	36～160	14						5.5		3.8			
50～58	16×10	45～180	16						6.0		4.3			
>58～65	18×11	50～200	18						7.0		4.4			
>65～75	20×12	56～200	20	+0.052 0	+0.149 +0.065	0 −0.052	±0.026	−0.022 −0.074	7.5		4.9		0.40	0.60
>75～85	22×14	63～250	22						9.0		5.4			
>85～95	25×14	70～280	25						9.0		5.4			
>95～110	28×16	80～320	28						10		6.4			
$l_{系列}$	6～2(2进位)、25、28、32、36、40、45、50、56、63、70、80、90、100、110、125、140、160、180、200、220、250、280、320、360、400、450、500													

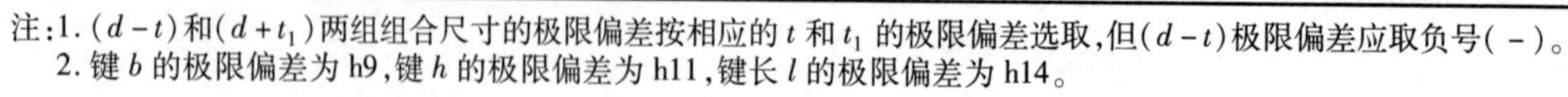

注：1. $(d-t)$ 和 $(d+t_1)$ 两组组合尺寸的极限偏差按相应的 t 和 t_1 的极限偏差选取，但 $(d-t)$ 极限偏差应取负号（−）。

2. 键 b 的极限偏差为 h9，键 h 的极限偏差为 h11，键长 l 的极限偏差为 h14。

普通圆柱销(摘自 GB/T 119—2000)(单位:mm) 附表 11

末端形状,由生产者确定

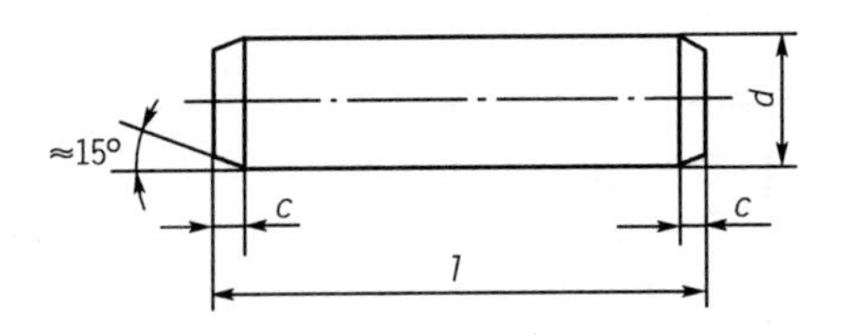

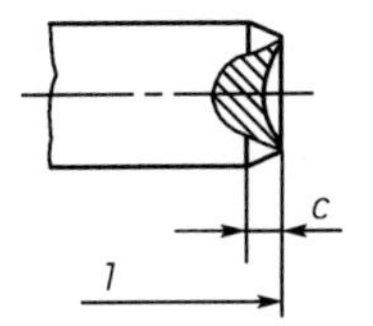

标记示例:

销 GB/T 119.1 6 m6×30

(公称直径 $d=6$、公差为 m6、公称长度 $l=30$、材料为钢、不经淬火、不经表面处理的圆柱销)

销 GB/T 119.1 10m6×30

(公称直径 $d=10$、公差为 m6、公称长度 $l=30$、材料为 A1 组奥氏体不锈钢、表面简单处理的圆柱销)

d(公称) m6/h8	2	3	4	5	6	8	10	12	16	20	25
$c\approx$	0.35	0.5	0.63	0.8	1.2	1.6	2	2.5	3	3.5	4
$l_{范围}$	6~20	8~30	8~40	10~50	12~60	14~80	18~95	22~140	26~180	35~200	50~200
$l_{系列}$(公称)	2、3、4、5、6~32(2 进位)、35~100(5 进位)、120~200(20 进位)										

圆锥销(摘自 GB/T 117—2000)(单位:mm) 附表 12

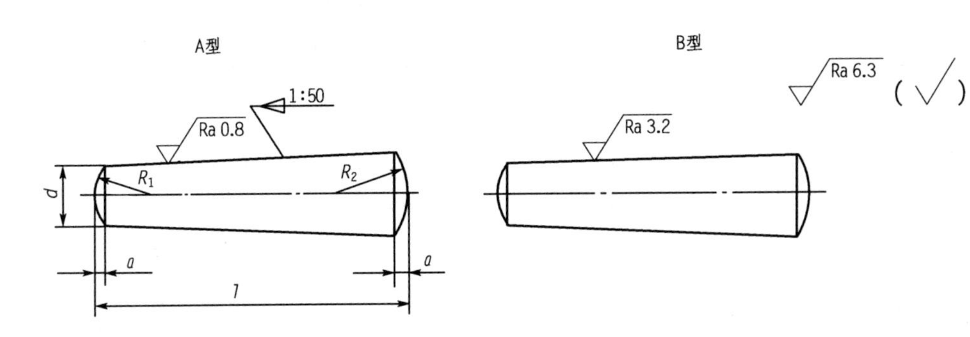

$$R_1\approx d \qquad R_2\approx \frac{a}{2}+d+\frac{(0021)^2}{8a}$$

标记示例:

销 GB/T117 A10×60(公称直径 $d=10$、长度 $l=60$、材料为 35 钢、热处理硬度 28~38HRC、表面氧化处理的 A 型圆锥销)

$d_{公称}$	2	2.5	3	4	5	6	8	10	12	16	20	25
$a\approx$	0.25	0.3	0.4	0.5	0.63	0.8	1.0	1.2	1.6	2.0	2.5	3.0
$l_{范围}$	10~35	10~35	12~45	14~55	18~60	22~90	22~120	26~160	32~180	40~200	45~200	50~200
$l_{系列}$	2、3、4、5、6~32(2 进位)、35~100(5 进位)、120~200(20 进位)											

滚 动 轴 承

附表 13

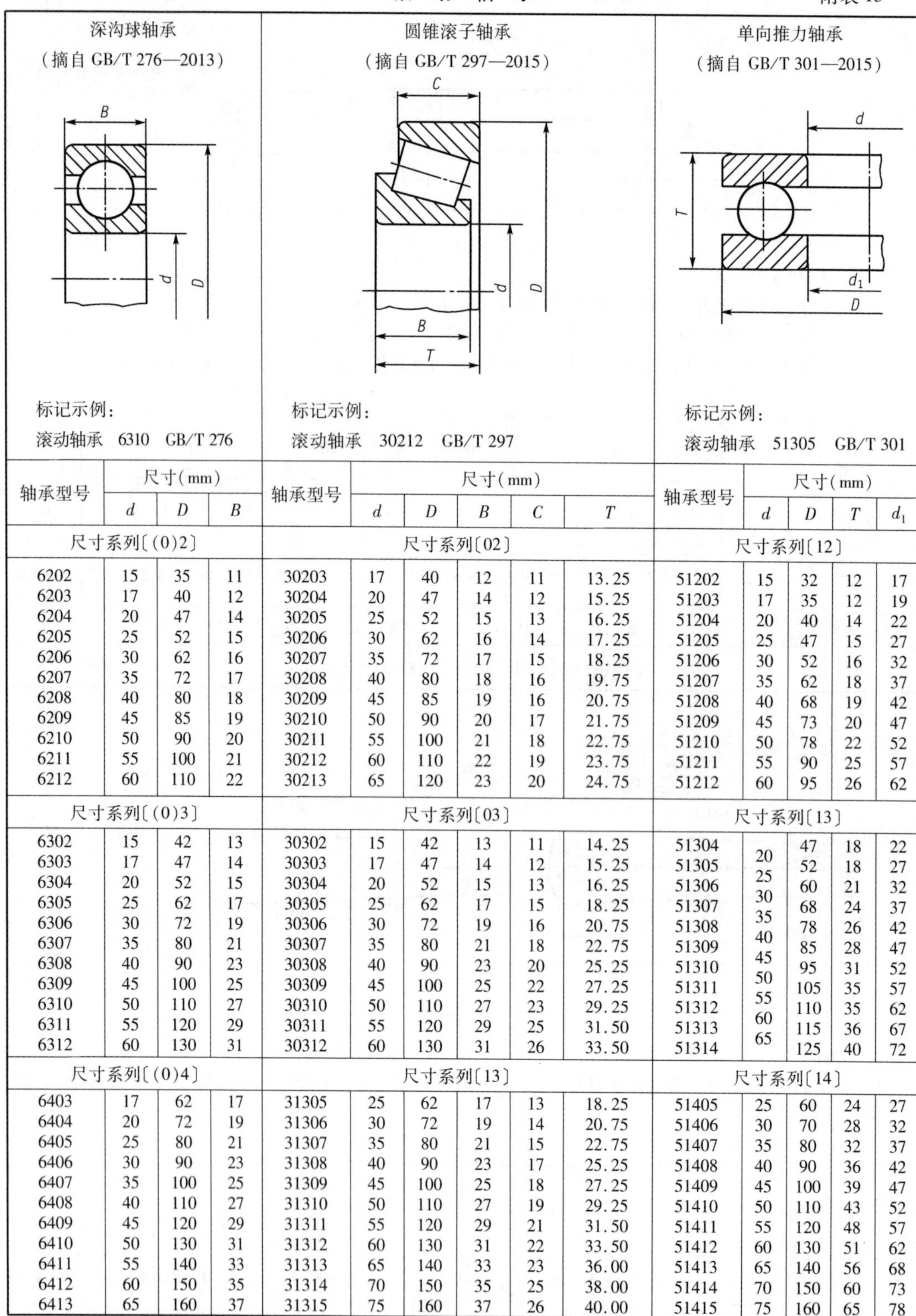

深沟球轴承（摘自 GB/T 276—2013）

标记示例：

滚动轴承　6310　GB/T 276

圆锥滚子轴承（摘自 GB/T 297—2015）

标记示例：

滚动轴承　30212　GB/T 297

单向推力轴承（摘自 GB/T 301—2015）

标记示例：

滚动轴承　51305　GB/T 301

轴承型号	尺寸(mm)		
	d	D	B
尺寸系列〔(0)2〕			
6202	15	35	11
6203	17	40	12
6204	20	47	14
6205	25	52	15
6206	30	62	16
6207	35	72	17
6208	40	80	18
6209	45	85	19
6210	50	90	20
6211	55	100	21
6212	60	110	22
尺寸系列〔(0)3〕			
6302	15	42	13
6303	17	47	14
6304	20	52	15
6305	25	62	17
6306	30	72	19
6307	35	80	21
6308	40	90	23
6309	45	100	25
6310	50	110	27
6311	55	120	29
6312	60	130	31
尺寸系列〔(0)4〕			
6403	17	62	17
6404	20	72	19
6405	25	80	21
6406	30	90	23
6407	35	100	25
6408	40	110	27
6409	45	120	29
6410	50	130	31
6411	55	140	33
6412	60	150	35
6413	65	160	37

轴承型号	尺寸(mm)				
	d	D	B	C	T
尺寸系列〔02〕					
30203	17	40	12	11	13.25
30204	20	47	14	12	15.25
30205	25	52	15	13	16.25
30206	30	62	16	14	17.25
30207	35	72	17	15	18.25
30208	40	80	18	16	19.75
30209	45	85	19	16	20.75
30210	50	90	20	17	21.75
30211	55	100	21	18	22.75
30212	60	110	22	19	23.75
30213	65	120	23	20	24.75
尺寸系列〔03〕					
30302	15	42	13	11	14.25
30303	17	47	14	12	15.25
30304	20	52	15	13	16.25
30305	25	62	17	15	18.25
30306	30	72	19	16	20.75
30307	35	80	21	18	22.75
30308	40	90	23	20	25.25
30309	45	100	25	22	27.25
30310	50	110	27	23	29.25
30311	55	120	29	25	31.50
30312	60	130	31	26	33.50
尺寸系列〔13〕					
31305	25	62	17	13	18.25
31306	30	72	19	14	20.75
31307	35	80	21	15	22.75
31308	40	90	23	17	25.25
31309	45	100	25	18	27.25
31310	50	110	27	19	29.25
31311	55	120	29	21	31.50
31312	60	130	31	22	33.50
31313	65	140	33	23	36.00
31314	70	150	35	25	38.00
31315	75	160	37	26	40.00

轴承型号	尺寸(mm)			
	d	D	T	d_1
尺寸系列〔12〕				
51202	15	32	12	17
51203	17	35	12	19
51204	20	40	14	22
51205	25	47	15	27
51206	30	52	16	32
51207	35	62	18	37
51208	40	68	19	42
51209	45	73	20	47
51210	50	78	22	52
51211	55	90	25	57
51212	60	95	26	62
尺寸系列〔13〕				
51304	20	47	18	22
51305	25	52	18	27
51306	30	60	21	32
51307	35	68	24	37
51308	40	78	26	42
51309	45	85	28	47
51310	50	95	31	52
51311	55	105	35	57
51312	60	110	35	62
51313	65	115	36	67
51314		125	40	72
尺寸系列〔14〕				
51405	25	60	24	27
51406	30	70	28	32
51407	35	80	32	37
51408	40	90	36	42
51409	45	100	39	47
51410	50	110	43	52
51411	55	120	48	57
51412	60	130	51	62
51413	65	140	56	68
51414	70	150	60	73
51415	75	160	65	78

注：圆括号中的尺寸系列代号在轴承型号中省略。

参考文献

[1] 中华人民共和国国家质量监督检验检疫总局.(GB/T 4458.1—2002)机械制图 图样画法 视图[S].

[2] 胡建生.机械制图[M].北京:机械工业出版社,2013.

[3] 袁世先,邓小君.机械制图[M].北京:北京理工大学出版社,2010.

[4] 金大鹰.机械制图[M].北京:机械工业出版社,2003.

[5] 钱可强.机械制图[M].北京:化学工业出版社,2002.

[6] 张永高.机械制图[M].北京:人民交通出版社,1999.